Hanno Charisius, Richard Friebe, Sascha Karberg

Biohacking

Hanno Charisius, Richard Friebe,
Sascha Karberg

Biohacking

Gentechnik aus der Garage

Mit Illustrationen von Veronique Ansorge

HANSER

Bibliografische Information der Deutschen Nationalbibliothek
Die Deutsche Nationalbibliothek verzeichnet diese Publikation in der
Deutschen Nationalbibliografie; detaillierte bibliografische Daten
sind im Internet über http://dnb.d-nb.de abrufbar.

1 2 3 4 5   17 16 15 14 13

© 2013 Carl Hanser Verlag München
Internet: http://www.hanser-literaturverlage.de

Herstellung: Thomas Gerhardy
Umschlaggestaltung und Motiv:
Hauptmann & Kompanie Werbeagentur, Zürich, Kim Becker
Satz: Kösel, Krugzell
Druck und Bindung: Friedrich Pustet, Regensburg
Printed in Germany

ISBN 978-3-446-43502-5
E-Book-ISBN: 978-3-446-43554-4

INHALT

OCCUPY BIOLOGY

Eine neue Spezies ist entdeckt worden. Gefunden wurde sie nicht im Amazonasgebiet, nicht auf Madagaskar oder Borneo, es ist auch keine fossile Übergangsform zwischen zwei Ur- oder Frühmensch-Arten. Um eine neue „Art" Mensch handelt es sich allerdings schon. Sie ist bislang nicht detailliert beschrieben. Über ihre Verhaltensweisen, ihre ökologische Bedeutung, ihr Vorkommen und die Zahl der zu ihr gehörenden Individuen weiß man wenig. Sicher ist nur, dass sie eine größere Bedeutung hat als ein neues Tiefseebakterium, ein bislang unbekannter Tropenschmetterling oder eine lange den Augen der Forscher verborgene nachtaktive Lemuren-Art – sowohl für Biologen als auch für den Rest der Menschheit. Denn zwischen genau diesen beiden ist sie ein Bindeglied, ein „missing link". Nicht einmal einen wissenschaftlichen Namen hat die neue Subspezies Mensch bislang, aber *Homo biologicus molecularis delectationis* – der Mensch, der als Amateur Molekularbiologie betreibt – könnte passen.

Seit ein paar Jahren geistern Geschichten über Leute, die sich in Garagen, Küchen, auf dem Dachboden oder im Hobbykeller eigene Labore einrichten, dort Gene analysieren und vielleicht sogar manipulieren, durch die Presse. Mit billig über Ebay und in Drogeriemärkten zusammengekauften Geräten und Zutaten sowie im Internet frei verfügbarem Know-how experimentieren sie angeblich vor sich hin und sind zu Dingen in der Lage, die bis vor kurzem nur in

Profilaboren möglich waren. Über die Gefahren – von unabsichtlich in die Umwelt geratenden Gentech-Organismen bis hin zu absichtlich gebastelten Biowaffen – wird von Journalisten und den von ihnen befragten Experten trefflich spekuliert, ebenso über die Chancen – von mehr demokratischer Teilhabe an einer wichtigen Technologie bis hin zur Biotech-Moulinette für die private Küche. Und in fast jedem dieser Artikel werden diese Bastel-Biologen der Gegenwart mit den Computerbastlern der 70er und 80er Jahre und mit den Web-Pionieren und Hackern verglichen, die für unsere von PCs, dem Internet, mobiler Kommunikation und sozialen Netzwerken geprägte Gegenwart maßgeblich mitverantwortlich sind.

Wird also in den Höhlen dieser neuen menschlichen Subspezies eine Revolution zusammengekocht, die mit jener elektronischen Revolution der letzten Jahrzehnte vergleichbar sein wird?

Je mehr wir darüber lasen und auch begannen, selbst zu recherchieren, desto mehr wurde uns klar, dass diese Biohacker, Do-it-yourself-Biologen, Biopunks, Outlaw Biologists oder was für Namen man ihnen auch gab, ebenso unerforscht waren wie ihr Lebensraum und das, was sie tun und wie sie es tun. Wir, das sind drei Journalisten, um die 40 Jahre alt, die normalerweise über Wissenschaft schreiben und die allesamt auch – vor einer gefühlten Ewigkeit – einmal ein Biologiestudium absolviert haben. Wir, das sind auch drei Freunde, die regelmäßig über den Job, den Spaß daran, die Frustrationen dabei und das, was „man mal machen sollte", diskutieren. Wann immer jene Heimwerker-Biologie zur Sprache kam, waren wir uns über eines einig: wie wenig substanziell über dieses Thema spekuliert wird. Irgendwann kam Sascha die Idee, was man angesichts dieser unerfreulichen Situation nun wirklich „mal machen sollte": Wer zumindest ansatzweise wissen und verstehen will, was Heimwerker-Biologen können und nicht können, auf welche Schwierigkeiten sie stoßen, welche Wege sie finden, um Probleme zu lösen, und welches Potenzial oder auch welche Gefahr ihr Tun jetzt und in der Zukunft mit sich bringen könnte, der muss selber Heimwerker-Biologe werden.

Wir beschlossen, es mit dieser Art von experimentellem Journalismus zu versuchen. Und wir hatten natürlich keine Ahnung, worauf wir uns da einließen.

Zwei Umzugskartons mit unserer Laborausrüstung, ein paar Aktenordner, einige Gigabyte auf unseren Festplatten, ein Stapel Rechnungen und etwas nicht Bezifferbares, was man als „Erfahrung" zusammenfassen könnte, bleiben uns nach fast drei Jahren. Und dieses Buch.

Wir haben Anfang 2010 begonnen zu recherchieren, Labormaterial zu kaufen, Biohacker der ersten Stunde in den USA zu besuchen, und im Herbst 2012 haben wir unser Labor bis auf weiteres in Umzugskartons verstaut. In der Zeit dazwischen haben wir Gene verschiedener Organismen, inklusive unserer eigenen, analysiert. Wir haben mit potenziell gefährlichen Genen hantiert. Wir haben ausprobiert und wissen jetzt einigermaßen, welche Methoden im Hobbylabor machbar sind, was man an Zeit, Geld, Geduld, Bildung und Frustrationsresistenz braucht, um im Amateurlabor Ergebnisse zu produzieren.

Wir sind in die Szene eingetaucht, wie es, ohne selbst Biohacker zu werden, nie denkbar gewesen wäre. Wir kennen viele ihrer Protagonisten inzwischen persönlich – und besser, als es durch ein oder zwei Interviews möglich gewesen wäre. Wir haben dabei versucht, uns nach der Maxime des großen Journalisten Hanns Joachim Friedrichs trotz unseres tiefen und persönlichen Einstiegs in das Thema und des persönlichen Kontakts mit vielen der Akteure „nicht gemein zu machen" mit denen, über die wir berichten wollten. Wir hatten mit ambitionierten Garagenbiologen ebenso zu tun wie mit Top-Forschern, mit Gründern von Gemeinschaftslabors ebenso wie mit dem FBI, mit Träumern ebenso wie mit dem Büro für Technikfolgen-Abschätzung des Bundestages. Und wir meinen, jetzt tatsächlich besser über diese neue Spezies informiert zu sein als zuvor und sogar ein paar Dinge gelernt zu haben, nach denen wir anfangs noch nicht einmal fragten.

Die Welt der Selbstmach-Biologie sieht am Ende dieser drei Jahre schon wieder ganz anders aus als am Anfang, neue Ideen zirkulieren, neue Wortführer dominieren die Diskussionen, und die Spezies selbst breitet sich aus.

All das wollen wir versuchen, in diesem Buch zu erzählen und einzuordnen.

Die Mitglieder der neuen Spezies, die wir hier beschreiben und in die wir uns selbst auf Zeit verwandelt haben, sind keine komplette Neuschöpfung. Sie haben ihre evolutionären Vorläufer nicht nur in den Computerhackern der vorigen Generation, sondern auch in den Amateur- und Gentleman-Forschern vergangener Jahrhunderte, zu denen so illustre Persönlichkeiten wie Leibniz, Goethe und Mendel zählten. Sie stehen in der noch viel älteren Tradition der Pflanzen- und Tierzüchter seit Anbeginn der Landwirtschaft, sind verwandt mit den Hobby-Astronomen, die in den vergangenen Jahrzehnten wichtige Entdeckungen machten, mit den unzähligen Käfer- und Schmetterlingssammlern, Vogelbeobachtern und den Freizeit-Botanikern mit ihren Herbarien. Sie haben ihre Vorläufer auch unter jenen Eltern, die nicht akzeptieren wollten, dass ihre Kinder früh an seltenen, zu wenig erforschten Krankheiten sterben, und sich in der wissenschaftlichen Literatur selbst auf die Suche nach Therapiemöglichkeiten machten.

Vor allem aber haben sie viel gemein mit all jenen, die noch nie akzeptieren konnten und wollten, dass Expertenwissen und Hochtechnologie nur in den Händen von politischen, wirtschaftlichen und wissenschaftlichen Eliten gut aufgehoben sein sollen, mit jenen, die Zugang forderten, Zugang durchsetzten. Sie haben einiges gemein sowohl mit Bildungsreformern wie Johann Comenius und Wilhelm von Humboldt, als auch mit jenen, die heute versuchen, die Energieproduktion zu dezentralisieren und zu demokratisieren.

Biotechnologie, Gentechnik, Genanalyse, Biomedizin werden zu den Technologien gehören, die dieses und − wenn es dann noch Menschen gibt − auch die folgenden Jahrhunderte definieren werden. Sie bieten immenses Potenzial, sie mit der gebührenden Vorsicht für gute Zwecke zu gebrauchen − oder sie zu missbrauchen. Anders als bei anderen Technologien, für die seltene Materialien wie etwa Plutonium oder hochkomplexe und fast unbezahlbare Anlagen wie etwa ein Fusionsreaktor nötig sind, ist Biotech inzwischen mit vergleichsweise billigen und einfach zu bedienenden Geräten und Reagenzien zu machen.

Die entscheidenden Zutaten heißen Wissen, Information, Code. Und darin liegt auch die unwiderlegbare Parallele zur Computertechnologie. Die hat innerhalb von weniger als zwei Generationen den Weg von riesigen, multimillionenteuren Rechenzentren in halbzentimeterdicke Hosentaschengeräte zurückgelegt, mit denen man telefonieren, navigieren, Musik hören – aber auch Kinderpornos downloaden, Computerviren verschicken, Menschen virtuell terrorisieren kann. Es ist unbestritten, dass in der Biotechnologie die Möglichkeiten vergleichbar rasant zu-, die Kosten vergleichbar rasant abnehmen. Anfang des Jahrhunderts kostete es etwa drei Milliarden Dollar, ein einziges menschliches Genom zu entschlüsseln, mittlerweile ist das zum Preis eines nicht einmal rostfreien Gebrauchtwagens zu haben.

Die Computer- und Web-Technologie entfaltet weitestgehend eine positive gesellschaftliche, individuelle Freiheiten und Entwicklungsmöglichkeiten fördernde, Autoritäten kontrollierende, demokratisierende Kraft. Zu verdanken ist das allerdings nicht vornehmlich wohlmeinenden Regierungen oder sozialbewussten Unternehmern, sondern Nutzern, Hackern, Aktivisten.

Kann Ähnliches im Bereich der Bioforschung und Biotechnologie passieren? Sind die Biohacker von heute vielleicht die ersten Vertreter einer Bewegung, die einmal „Occupy Biology" heißen wird, oder auch „Biotech of the 99 Percent"? Und welche Rahmenbedingungen sind nötig, damit eine positive Entwicklung wahrscheinlicher wird als eine negative? Das war, neben der Suche nach dem, was schon heute im Amateurlabor machbar ist, die zweite wichtige Frage, die wir uns gestellt haben.

Die meisten Science-Fiction-Visionen, in denen Biotechnologie eine Rolle spielt – von Huxleys *Brave New World* über *Blade Runner, Gattaca, The Sixth Day* und *Matrix* bis hin zu *The Cloud Atlas* –, sind düster. Ihnen allen gemein ist aber, dass eine autoritäre, totalitäre, Wissen und Technologie monopolisierende Elite die Fäden zieht. Doch das sind nicht die einzig denkbaren Visionen. Eine wirklich *schöne* neue Welt ist ebenso möglich. Stehen wir heute an einem Punkt, an dem wir selbst mitentscheiden können, in welche Biotech-Zukunft wir steuern? An einem Punkt, an dem wir selber Verantwortung übernehmen müssen, an dem wir die Biotechnologie und alle möglichen Varianten der modernen Biowissenschaft okkupieren sollten? Müssen wir uns die Zutaten, Werkzeuge und Codes dieser Technologien aneignen, um die Weichen richtig zu stellen?

Oder birgt die Biohacker-Bewegung vor allem unkontrollierbare, nicht tolerierbare Risiken? Sind diese vielleicht viel größer als die Chancen, und wäre es deshalb im Sinne der Gesellschaft, das Treiben in den Amateurlabors rigoros zu unterbinden?

Wer soll die Entwicklung im Auge behalten, beurteilen, begleiten, kontrollieren, regulieren? Überlassen wir es den Akteuren selbst, oder ist die Staatsgewalt hier gefordert? Oder stehen hier vielleicht auch jene in der Pflicht, die die Gentechnologie unwiderruflich in die Welt gebracht haben – die wissenschaftlichen Institutionen und Forschungseinrichtungen und die dort arbeitenden professionellen Wissenschaftler?

Bei aller Ernsthaftigkeit unseres Vorhabens und der Fragen, auf die wir Antworten suchten, hatten wir in diesen Jahren eine Menge Spaß. Wir haben skurrile Situationen durchlebt und interessante Persönlichkeiten getroffen. Angesichts im Dutzend scheiternder Experimente wurde auch unser Humor auf eine harte Probe gestellt, wir haben unsere selbstironischen Fähigkeiten geschult, sind in Fettnäpfchen ebenso wie in Hundehaufen getreten. Auch das breiten wir auf den folgenden Seiten einigermaßen schonungslos aus. Denn eines waren diese fast drei Jahre auf den Spuren jener neuen Spezies niemals: langweilig.

Kapitel 1 …

… in dem wir unser Erbgut in Schnaps schwimmen lassen, der DIY-Bio-Oberguru Mist baut, Katzen Laborzutaten fressen, zum ersten, aber nicht letzten Mal das FBI auftaucht, ein Mädchen Anfang 20 ihre Krankheitsgene analysiert und Kamm und Gel nichts mit Frisuren zu tun haben …

DAS SCHNAPSGLAS-GENOMPROJEKT

Mackenzie salzt nach. „Klar, das ist vollkommen ungefährlich", sagt er und streut noch ein paar weiße Kristalle in sein Glas, „ich hab das selbst schon mal gemacht." Vormachen will er es in diesem Moment aber nicht, schließlich braucht er noch einen klaren Kopf. Mackenzie Cowell oder „Mac", wie er sich gerne nennen lässt, sitzt mit neun anderen an einem großen Tisch und gibt ihnen einen Einführungskurs in Hobby-Gentechnik. Jeder einzelne der Teilnehmer hält in seiner Hand ein Schnapsglas. Es ist halb gefüllt. Inhalt: die jeweils eigene Spucke, etwas Spülmittel und Kontaktlinsenreiniger, eine Prise Salz und 75,5-prozentiger Alkohol. Es sind die Zutaten, die wir brauchen, um einen Blick auf unser eigenes Erbgut werfen zu können. Das Experiment, sagt unser Lehrer, ist so simpel und harmlos, dass man sich den Inhalt dieses Schnapsglases auch auf Ex genehmigen könnte. Der „Shot" sei einer der besten Drinks, die er je gemixt habe, meint Mac. Aber die Runde verzichtet lieber kollektiv.

Zwei Stunden früher: Es ist ein heißer Samstag im April 2010. Am schon fortgeschrittenen Morgen – Biohacker starten gerne etwas später – sind wir auf der Suche nach dem richtigen Haus in Somerville, einer Nachbarstadt von Cambridge in Massachusetts, gleich vor den Toren Bostons an der Ostküste der USA. Um zehn Uhr soll der Kurs beginnen: zwei Tage, 20 Dollar Unkostenbeteiligung. Mitzubringen ist nichts weiter als das eigene Erbgut. Wir finden die Hausnummer – und fragen uns, ob wir nicht vielleicht doch einem Scherz aufgesessen sind. Auf der Veranda sitzen drei Kerle, gezeichnet von irgendeiner Feier in der letzten Nacht. Sie spucken über das Geländer und machen sich offensichtlich lustig über unsere ratlosen Blicke. Schließlich weist uns einer den Weg zum Hinterhaus. „Ja, schon richtig, das wird schon das sein, was ihr sucht." Der Hof ist ein Parkplatz voller Sperrmüll – oder ist es Kunst? Mechanische Konstruktionen aus Holz, deren Zweck wir nicht verstehen. Dazwischen parkt ein windschlüpfriger Honda mit Hybridantrieb, daneben ein Wohnmobil, das Platz für eine Großfamilie bietet. Ein paar Motorräder ruhen noch im Winterschlaf unter Plastikplanen.

Hinter all den Hindernissen kauert ein Holzhaus mit einem großen Garagentor in der Frontwand. Auf der Tür klebt eine kleine amerikanische Flagge, offensichtlich sind in den USA selbst die Hacker Patrioten. Eine Klingel gibt es nicht, auf Klopfen keine Reaktion. Vielleicht hätten wir uns und unserem Erbgut an diesem ersten so richtig die Glieder wärmenden Frühlingstag doch lieber eine Bootstour zu den Walen vor Cape Cod gönnen sollen? Oder einen Besuch in Fenway Park, dem Bostoner Baseballstadion auf der anderen Seite des Charles River, um die famosen Red Sox zu sehen? Tausend Dinge, die man tun könnte an einem Frühlingstag, an dem die Natur hier an der Ostküste der USA in einer grünen Explosion erwacht.

Aber da wir nun schon mal hier sind, pressen wir die Stirn gegen die Scheiben der Tür und erkennen eine professionell eingerichtete Werkstatt für Holz- und Metallarbeiten. Als auf unser Klopfen noch immer niemand antwortet, drehen wir den Türknauf. Es ist offen, aber niemand ist zu hören oder zu sehen. Wir erkennen, wie penibel sauber die Werkstatt ist, an deren linker Wand etwa ein Dutzend Fahrradrahmen hängen. Extremer könnte der Kontrast zum verrümpelten Hof nicht sein – wir treten in einen Raum, der so geleckt wirkt, dass man sich die Schuhe ausziehen will. Entweder hier arbeiten die reinlichsten Handwerker der Welt oder hier wurde noch nie ein einziger Span aus einem Brett gefräst.

Hallo, ist da jemand? Ein Knarzen von oben, wir nehmen die Treppe zum zweiten Stock, und als wir halb hinauf sind, erscheint am oberen Ende ein rundes Gesicht mit Brille darauf und Locken drumherum. „Hallo Leute, willkommen im Boss-Lab. "

Das obere Stockwerk entspricht schon eher unseren Vorstellungen von einem biologischen Labor. An einem mannshohen orangefarbenen Stahlschrank steht die Warnung „Entzündbare Flüssigkeiten", daneben hängen an den schweren Türen Gedichte und Weisheiten aus dem Hacker-Alltag, hingepinnt mit Kühlschrankmagneten. Ein Regal über der Werkbank trägt Dosen und Flaschen. Destilliertes Wasser, etwas mit dem Namen „SybrSafe", Kontaktlinsenflüssigkeit, Haushaltsreiniger, alte Wodkaflaschen mit neuem Inhalt, der als chemische Formel über die Etiketten gekritzelt wurde. Eine Flüssigkeit namens „TBE" steht dort, daneben Natriumchlorid-Lösung, Salzsäure, Natronlauge und eine Dose Agar.

Agar, das wissen wir noch aus fernen Studientagen, kann man zu einem Gelee kochen, Nährstoffe hineinrühren und schließlich zum Beispiel Bakterien darauf wachsen lassen. Aber sicher lassen sich damit auch andere Dinge anstellen. Wir sehen Müllbehälter für festen und flüssigen Laborabfall, Ständer voller Pipetten, eine Zentrifuge, jede Menge leere Glas- und Plastikgefäße, eine Waage, einen Kühl- und einen Brutschrank, Rührmaschinen und ein Gerät, das, wie wir später erfahren, Erbgut kopieren kann.

Das Labor nimmt einen Teil des Obergeschosses dieses Hauses ein, das als Ganzes „Sprout" heißt und Nerds und Geeks aller Art eine Zuflucts- und Bastelstätte bietet, auf dass ihre Ideen sprießen (englisch: „to sprout") mögen. Irritierend ist nur, dass der Fußboden hier im Boss-Lab nicht so sauber ist wie unten im „Staubbereich". Das Laminat klebt ein bisschen unter den Schuhen, Wollmäuse kuscheln sich an die Füße der Regale und Tische.

Neben der Laborecke schließt sich eine Küchenzeile an. Wir sind uns nicht sicher, ob im Kühlschrank, der beide Bereiche trennt, Lebensmittel oder biologische Proben aufbewahrt werden – bis eine Frau in einer Art Poncho von einem Sofa neben der Treppe aufsteht. Während sie die Reste ihres Mittagessens hineinstellt, gibt sie auch kurz den Blick auf den Inhalt frei: Das Kühlgerät wird für beides genutzt.

Sprout ist so etwas wie eine öffentliche Werkstatt mit selbstauferlegtem Bildungsauftrag. Hier können Menschen herkommen, die lernen möchten, wie man eine Drehbank bedient, die einen Tisch schreinern oder unter Anleitung etwas wissenschaftlich untersuchen wollen. Ein pensionierter Physiker hat eben noch den Teilnehmern seines Kurses gezeigt, wie man Flöten baut und stimmt. An einem anderen Tisch beugt sich ein schwarzhaariger Mann tief über eine elektronische Schaltung, aus der sein Lötkolben weiße Dampfwölkchen aufsteigen lässt. Er ist ein Übergangsprivatier, der seine freie Zeit nutzt, um gemeinsam mit anderen Erfindern hier in diesem „Hackerspace" eine intelligente Stromspar-Steckdose zu entwickeln.

Die Gründer des Sprout wollten einen Platz schaffen, an dem jeder lernen, forschen und Neues basteln kann. Das klingt etwas merkwürdig an einem Ort, von dem aus man die Harvard University und das Massachusetts Institute of Technology (MIT), also zwei der bekanntesten Universitäten der Welt, innerhalb von zehn Minuten erreichen kann. Wahrscheinlich gibt es keinen anderen Platz auf der Welt, an dem es so viele Labore pro Quadratkilometer gibt wie hier in den nördlichen Vororten von Boston. Doch um Sprout-Mitglied zu werden, braucht man keinen Highschool-Abschluss und keinen Scheck über knapp 40 000 Dollar Studiengebühr pro Semester. Der Zugang zu dieser Forschungsstätte ist frei, abgesehen von fairerweise entrichteten Spenden und eventuellen, sehr niedrigen Kursgebühren.

Der noch ziemlich junge Mann mit der braunen Hornbrille, den braunen, etwas wilden Haaren und dem braunen Stoppelbart, der uns in Empfang nimmt, stellt sich mit kräftigem Händedruck als Mac vor. Mackenzie Cowell ist einer der Begründer der Do-it-yourself-Biologie-Bewegung, kurz DIY-Bio, und wir wollen von ihm die Grundtechniken des Biohackings lernen. In dem Werkstatthaus hat er eine Ecke angemietet und dort sein „Boston Open Source Science Laboratory" eingerichtet. Dass dies dann abgekürzt Boss-Lab ergibt, ist sicher kein Zufall. Obwohl erst 28 Jahre alt, stellt Mac so etwas wie den Archetyp des Biohackers dar. Er ist neugierig wie ein Kind und mit großem Mut zum Scheitern und dann eben Nochmalversuchen ausgestattet, sodass ihm kein Problem zu gewaltig erscheint.

Mac ist getrieben von einer Vision: Er will die biologische Forschung und ihre technische Anwendung zugänglich machen für Amateure. Er will kein Ingenieur sein oder Wissenschaftler, sondern spielen, basteln und sehen, was passiert. Ach, und Geld verdienen will er an der Bewegung auch irgendwann einmal. Mit Kursen zum Beispiel, oder dem Verkauf von Einsteigersets für Neu-Hacker. Mac glaubt daran, dass Biotechnologie in Zukunft so einfach und billig sein wird, dass sie nicht mehr nur in akademischen oder industriellen Labors machbar sein wird, sondern in jeder Küche, nicht komplizierter als Brot zu backen mit einem Backautomaten.

Im Sprout, das Menschen mit allerlei merkwürdigen Interessen unter seinem Dach versammelt, gilt sogar Mac als komischer Kauz. Ein Nerd-Nerd.

Als Biologie-Student des Davidson-Colleges in North-Carolina nahe der Banken-Metropole Charlotte hatte er schon 2005 an einem Wettbewerb namens iGEM teilgenommen, bei dem Studenten aus aller Welt aus einem Set von genetischen Bauelementen biologische Kreationen erschaffen. Von dem Erlebnis war er so begeistert, dass er kurzerhand nach Boston zog und bei den Organisatoren als Hilfskraft anheuerte. Sein Bio-Studium konnte er zunächst nicht fortsetzen, sodass er seinen gerade geweckten Gentechnik-Tatendrang außerhalb der Universität ausleben musste. Verwandte hatten ihm ein Konto mit ein paar Tausend Dollar darauf überschrieben. Mit dem Geld zog er los und kaufte die Laborgeräte einer pleite gegangenen Biotech-Firma, um sich ein Labor einzurichten. Doch alleine zu basteln war dem Studenten auf Dauer zu einsam. Anfang 2008 schrieb er ein paar E-Mails an Leute, von denen er wusste, dass sie ähnliche Interessen hatten. Zusammen mit Jason Bobe, einem anderen Biohacker der ersten Stunde, lud er zu einem ersten Treffen der Do-it-yourself-Biologen im Bundesstaat Massachusetts ein.

An einem Abend im Mai kamen 25 Interessierte in den Asgard Irish Pub an der Massachusetts Avenue, der Straße, die Boston, das MIT und die Harvard University miteinander verbindet. An dunklen Holztischen bei schwerem Bier schmiedete die Gesellschaft der Hobbybiologen Pläne für gemeinsame Forschungsprojekte. Nach ein paar mehr Bieren tüftelte man bereits an Konstruktionsplänen für Laborgeräte. Es herrschte Aufbruchsstimmung.

Etwa in dieser Zeit richteten Bobe und Cowell auch die Website DIYbio.org samt Mailingliste ein. Sie ist bis heute die erste Anlaufadresse für Biohacker aus aller Welt.

Neun Teilnehmer zählt Mac an diesem Aprilmorgen im Sprout. Ein Vater samt Sohn und Tochter sind gekommen, drei Mädchen im Highschool-Alter sowie drei Journalisten. Mac stellt eine braune Papiertüte auf den Tisch und fängt an auszupacken: Spülmittel, Salz, Kontaktlinsenreiniger, kleine Plastikbecher von der Größe eines Schnapsglases, Zahnstocher und eine Flasche braunen Rum mit 75,5 Volumenprozent Alkohol. „Jetzt extrahieren wir unsere DNA in einem Schnapsglas", sagt Mac und verteilt die Einwegplastikbecherchen. Die nächsten Minuten sitzt die Gruppe im Kreis und versucht, ihre Speicheldrüsen zur Massenproduktion anzuregen und das Sekret möglichst manierlich in den Behälter abzusondern. Um den Fluss zu stimulieren, lässt Mac auf dem Bildschirm seines Laptops gebratene Steaks aufleuchten, und noch ein Linsengericht für die Vegetarier in der Runde, „oder steht jemand auf Broccoli?"

Mac gibt das Wochenendseminar nicht allein. Als Verstärkung hat er die Biohackerin Katherine Aull eingeladen, die gerne Kay genannt werden möchte und wie der Gegenpol zu Cowell wirkt. Der redet schnell und deutlich, wie jemand, der es gewohnt ist zu referieren. Er macht Scherze, hat immer einen guten Vergleich parat und greift Fragen mit der Intuition eines begabten Lehrers auf. Er ist durch die vielen Interviews, die er in den letzten Jahren vor Fernsehkameras, Radiomikrofonen und schreibenden Reportern gegeben hat, trainiert. Aull ist nicht so redselig. Sie hat aber im Gegensatz zu Mac, dessen Talente weniger im Forschen und eher darin liegen, über DIY-Biologie zu referieren, Kursteilnehmern Techniken und Journalisten Visionen zu erklären, bereits ein eigenes Studienprojekt erfolgreich abgeschlossen. Im Jahr 2009, mit 24 Jahren, begann sie ihre eigenen Erbanlagen nach Krankheitsgenen zu durchsuchen. Sie gilt heute aufgrund der Versuche damals in ihrer Studentenbude als erste Biohackerin überhaupt, die auch wirklich etwas gehackt hat – dazu gleich mehr.

Mac und Kay – unterschiedlicher können zwei Menschen kaum sein, die gemeinsame Interessen verfolgen.

Der eine ist ein brillanter Verkäufer seiner Sache und beseelt von der Idee, Biologie in einen Volkssport zu verwandeln. Für Mac ist kein Problem zu groß. Zum Beispiel wird er später erzählen, dass er vergangene Nacht einen Bioreaktor entworfen hat, in dem Bakterien

Sonnenlicht in Biotreibstoff umwandeln sollen. Und er weiß, wie man die Webcam eines Computers in ein Mikroskop verwandelt. Super-Mac. Nur zwei der hundert Ideen, nach denen er seinen Mikroblog bei Twitter – „@100ideas" – benannt hat.

Am anderen Ende des Nerd-Spektrums steht Kay, die ihre Gene analysiert und die Ergebnisse für sich sprechen lässt. Konversation führt sie eher mit Bedacht als mit Macht. Auch sie ist bereits von Reportern von *Le Monde,* von *Sky News* und dem *Wall Street Journal* interviewt worden.

Zwischen den beiden Extremen gibt es eine Menge Platz für weitere Akteure. Da sind die Firmengründer, die den amerikanischen Traum in „Vom Reagenzglasspüler zum Millionär" umdichten wollen. Es gibt auch etablierte Hacker, denen elektronische Schaltkreise und Computercodes zu langweilig geworden sind und die es nun mit Genen versuchen wollen. Da sind zudem professionell geschulte Biologen und Gentechniker, die in ihrer Freizeit Projekte realisieren wollen, zu denen sie während der bezahlten Arbeitszeit nicht kommen oder für die sie ihr Chef nicht bezahlen möchte. Andere wieder glauben, den Tod oder Krebs überwinden zu können. Auch Väter und Mütter, die das Erbgut ihrer Kinder nach der Ursache für eine unbekannte Krankheit durchsuchen, gehören dazu. Andere wollen nur lernen, wie man einen genetischen Fingerabdruck erstellt, vielleicht um einen Vaterschaftstest durchzuführen, ohne ein offizielles Test-Labor einschalten zu müssen. Oder sie bringen sich mithilfe von Fachartikeln selbst bei, wie man nach der Geburt eines Babys Stammzellen aus der Plazenta gewinnen kann. Manche wollen ihr Essen analysieren oder Bäume zum Fluoreszieren bringen, einfach weil sie es cool fänden. Viele von ihnen sind Menschen, die forschen, aber nicht durch die Mühlen der Universitäten gequetscht werden wollen oder können, Schulabbrecher, die das Potenzial, aber nicht die Leidensfähigkeit haben für eine akademische Laufbahn, Unternehmer, die die Biohacker-Gemeinschaft mit bezahlbarer Ausrüstung versorgen wollen, und auch Wissenschaftler in Ländern, in denen öffentliche Forschung nicht mit Milliardensubventionen bedacht wird.

Kay und Mac sind die ersten von vielen Biohackern, die wir auf unserer Bildungsreise treffen. Wir sind unterwegs mit dem Ziel, selber Biohacker zu werden.

Endlich hat jeder eine ausreichende Menge Speichel in seinem zum Probengefäß umgewidmeten Schnapsbecher gesammelt. Jetzt kommt die Wissenschaft. Man kann Molekularbiologie sehr kompliziert klingen lassen, dann hätte Kay nur sagen müssen: „Wir lysieren die Zellen, isolieren die DNA und amplifizieren sie dann." Stattdessen sagt sie: „In der Spucke schwimmen Zellen aus unserer Mundschleimhaut. Die werden wir jetzt auflösen, das Erbgut daraus befreien und schließlich sichtbar machen." Ein Tropfen Spülmittel ist die erste Zutat. Wir hätten auch Shampoo nehmen können, es geht im Wesentlichen um einen Inhaltsstoff, der in beiden Drogerieprodukten enthalten ist: Natriumdodecylsulfat, eine Substanz, die den Reinigungsprozess erleichtert, weil sie Fett auflöst. Dazu müsse man wissen, erklärt Mac, dass Zellen nichts weiter seien als kleine Fettbläschen. Das Detergenz löst die Membranen der Zellen auf und gibt deren Inhalt frei, darunter jede Menge Proteine und das eigene Erbgut, die DNA.

Alle weiteren Schritte sind nur notwendig, um das Erbmaterial von dem übrigen Schlonz zu trennen, an dem wir heute nicht interessiert sind. Als Nächstes kommt ein Tropfen Kontaktlinsenreiniger dazu – kein Voodoo, versichert uns Mac, sondern Notwendigkeit. In dem Tropfen sind wie im Spülmittel verschiedene Substanzen, doch für uns wichtig sind bloß die sogenannten Proteasen. Das sind Enzyme, die andere Proteine zerstören. Ohne sie werden Kontaktlinsen nicht richtig sauber, und Erbgutmoleküle auch nicht. Damit der lange DNA-Strang halbwegs geordnet in die Zellkerne passt, wird er um Proteine herumgewickelt wie um Garnspulen. Wer also DNA „isolieren" will, muss möglichst viel von diesen Ordnungshaltern loswerden. Wir traktieren sie also mit den Protease-Enzymen aus der Augenoptik, die ähnlich auch in Fleisch-Zartmacher, Pampelmusensaft oder manchen Waschmitteln enthalten sind.

Den Cocktail mischen wir durch vorsichtiges Schwenken und würzen ihn mit einer Prise Salz. Dieser chemische Trick soll dazu führen, dass sich die noch in unserem Speichel gelöste DNA im letzten Schritt verklumpt. Das Ganze sollte man dann noch einmal eine Minute zwecks optimaler Vermischung locker aus dem Handgelenk schwenken.

Es gibt außer Mac und Kay niemanden am Tisch, der sich dabei nicht zumindest ein bisschen lächerlich vorkommt. Endlich tritt der

Rum auf den Plan, und wir kommen zum handwerklich anspruchsvollsten Teil. Der Hochprozentige soll in einer Schicht über unserer Speichel-Detergenzien-Mixtur schwimmen und sich nicht damit
mischen. Dazu gießen wir den Rum vorsichtig am Rand des Schnapsglases hinunter und beobachten, wie er sich als braunklare Schicht
über die grautrübe Melange legt.

Und dann stellen sich bei allen Teilnehmern die Härchen an den
Unterarmen auf. *Cutis anserina* nennt das medizinische Lexikon das
Phänomen, Gänsehaut in einem magischen Moment: Im braunen
Rum schlängeln sich weiße Fäden nach oben. Sie sehen bei allen
Teilnehmern gleich aus, sind aber sehr individuell. Es ist die DNA
von jedem Einzelnen von uns. Dass sie plötzlich in den Rum hinein-
wächst, hat damit zu tun, dass sie in Alkohol kaum löslich ist, sondern eher in wässerigen Flüssigkeiten. Es ist wie mit einem Tropfen
Öl in Wasser, er mischt sich nicht oder breitet sich breit auf der Oberfläche aus, sondern verhält sich so, dass er möglichst wenig Kontakt
mit dem Wasser hat – als rundes Fettauge.

Ähnlich verhält sich die DNA, wenn sie mit Alkohol in Berührung
kommt: Sie knüllt sich an der Grenze zwischen Spucke und Schnaps
zusammen, um ihre Oberfläche möglichst klein zu halten. Dabei
zieht das immens lange Molekül immer mehr von seinem Faden aus
der Probenlösung in den Alkohol hinein, bis wir es mit bloßem Auge
als weiße Schlieren sehen können. Mac wendet zwar ein, dass an dem
Erbgutstrang noch jede Menge Proteinschrott und Membranreste
kleben, aber das hören wir kaum noch. Mit einem Zahnstocher fischen
wir unsere Gene aus dem Becher. Dem Gefühl der Lächerlichkeit
beim Becherschwenken folgt ein kleiner Schauer der Nacktheit. Obwohl anhand der Glibberfäden noch nichts von unseren Erbanlagen
zu erkennen ist, so hängt hier doch etwas sehr Intimes von einem
Zahnstocher herunter. Die Gene in diesen Fäden bestimmen mit, was
wir sind. Wir haben, auch wenn wir in diesem Augenblick (noch)
nicht darin lesen können, jeweils das molekulare Buch unseres Lebens in der Hand.

Während Kay Aull mit Sascha und zwei weiteren Unerschrocke-
nen noch eine andere Methode zum Isolieren von DNA ausprobiert,
die ihrer Meinung nach besser ist und so auch in Kriminallabors benutzt wird, erklärt Mac dem Rest der Gruppe, wie die Erbgut-Kopier-

maschine funktioniert und was eine „Gel-Elektrophorese" ist. Zwar konnten wir unser Erbgut bereits mit bloßem Auge sehen, doch wenn wir uns einzelne Gene näher anschauen wollen, müssen wir sie zunächst vervielfältigen, diese Kopien dann von allem anderen trennen und schließlich sichtbar machen. Dafür brauchen wir die beiden Geräte.

Als Erstes setzt Mac die Kopiermaschine, die Platz für all unsere Proben hat, in Gang. Das Gerät heizt und kühlt im Grunde nur, steuert damit aber chemische Reaktionen, durch die ein einzelnes der etwa 20 000 Gene aus unserer Mundschleimhaut vervielfältigt wird. Sie wird eine Weile brauchen, um aus einigen wenigen Genkopien einige Milliarden herzustellen.

Die beiden letzten Schritte – reinigen und sichtbar machen – werden dann in einem Gel ablaufen, in dem unterschiedlich große Erbgutstücke mit ein wenig elektrischem Strom dazu gebracht werden, sich unterschiedlich schnell zu bewegen und sich dadurch räumlich zu trennen. Diese Gel-Elektrophorese, sagt Mac, muss man sich vorstellen wie ein Sieb. Das muss er aber erst einmal herstellen.

Zunächst wiegt Mac ein paar Gramm Agarose ab und streut das gelblich-weiße Pulver in eine Flüssigkeit, die er „Puffer" nennt. Es ist nichts als eine wässrige Lösung, die einen bestimmten, für die gerade gewünschte chemische Reaktion notwendigen pH-Wert garantiert. Die Mischung kommt für 60 Sekunden in die Mikrowelle, bis sie siedet. Von dem Pulver ist nichts mehr zu sehen, es hat sich aufgelöst. Behutsam, um keine Blasen zu produzieren, gießt Mac den geruchlosen Mix in eine kleine Wanne aus Plexiglas und versenkt so etwas wie einen Kamm mit nur zehn breiten Zinken in dem, was beim Abkühlen zu einem wackelpuddingartigen Gelee erstarren wird.

DNA-Moleküle sind wegen ihrer chemischen Zusammensetzung negativ geladen. Man kann sie sich wie kleine Magnete vorstellen, die vom Pluspol des elektrischen Feldes angezogen werden, das Mac später mithilfe von zwei Elektroden an die puffergefüllte Kammer samt Gel darin anlegen wird. Kleinere Moleküle bewegen sich schneller in Richtung Pluspol des elektrischen Feldes, weil sie leichter durch die winzigen Poren des Gels, die Mac als Sieb bezeichnet, hindurchfinden. So kommt es, dass sich die Erbgutmoleküle auf dem Weg durch das Gel ihrer Größe nach auftrennen.

Mac hat zehn Minuten gebraucht, um alles zu erklären. Das Kopieren der Gene dauert aber etwa drei Stunden. Pause. Nachdem wir morgens noch unschlüssig und unsicher nach dem Ausbildungslager für Biohacker gesucht hatten, wandern wir jetzt einigermaßen selbstbewusst und orientiert aus „unserem" Labor ins Freie. Immerhin haben wir unser eigenes Erbgut isoliert, und für die weiteren Experimente sind die Vorbereitungen bereits getroffen. Die den Speichelfluss anregenden Bilder haben ihre Wirkung auch nicht verfehlt. Unsere Mittagspause findet bei einem Mexikaner auf der Elm Street statt, die Burritos mit der frischen Guacamole sind besser als jeder „Mit-alles"-Döner in der Heimat. Heute und hier beginnt unsere eigene DIY-Biologie-Legende.

Doch die Bildung von Legenden ist schwer zu steuern. Auch zur Geburt des Begriffes DIY-Biologie selbst könnte es einen etwas spannenderen Gründungsmythos geben als das, was Mac davon zu erzählen weiß. „Eigentlich ist er eine Erfindung der Medien", sagt er. Es habe im September 2008 mit einem Interview mit dem *Boston Globe* begonnen, ein paar Wochen nach dem ersten Biohackertreffen in jenem irischen Pub in Cambridge. Während des Gesprächs mit der Journalistin sei irgendwann der Begriff Do-it-yourself-Biologie gefallen. Zunächst griffen weitere regionale Medien ihn auf. Aber bald hörte und las man den Begriff auch an der Westküste, und schließlich machte er die Runde um die ganze Welt.

Die neuere Geschichte der DIY-Biologie reicht allerdings noch mindestens zwei Jahre weiter in die Vergangenheit zurück. Ende April 2006 schrieb der ungarische Bioinformatiker Attila Csordás (sprich: tschor-dasch) in einem Blog-Post[1] eine Ermunterung an all diejenigen, die einen Blick in ihr eigenes Erbgut werfen oder Stammzellen in der eigenen Küche züchten wollen. „Jeder hat das Recht, mit Biomolekülen zu arbeiten und sogar mit Zellen", statuierte er, mahnte aber auch sogleich ethische Standards an: „Zellen und DNA sind ok, aber keine Experimente mit Tieren oder Menschen." Acht Monate später ließ er Taten folgen und veröffentlichte auf seinem Blog[2] eine bebilderte Anleitung, die in 21 Schritten zeigt, wie man aus der Plazenta eines Neugeborenen Stammzellen isolieren kann. Besonders schwierig dürften der dritte und vierte Schritt seines Protokolls sein:

„Sprechen Sie mit der zukünftigen Mutter und dem Vater und überreden Sie sie dazu, die Zellen zu Hause zu lagern." Und: „Überzeugen Sie den Arzt davon, dass er die Plazenta nach der Geburt in eine sterile Flasche steckt und auf Eis lagert." Er schätzte die Kosten für das notwendige Equipment damals auf ein paar Tausend Dollar. Viel Geld, gibt er zu, es sei aber besser angelegt als bei dubiosen Unternehmen, die als Dienstleistung anbieten, Nabelschnurblut des Neugeborenen einzufrieren, die Hoffnung der Eltern ausnutzend, dass sich daraus bei Bedarf heilbringende Stammzellen für die Therapie von Krankheiten gewinnen ließen.

Bei Csordás, der seine Idee damals bioDIY nannte, war die Zeit offensichtlich noch nicht ganz reif. Zwei Jahre später war es plötzlich anders, vielleicht auch, weil der Schauplatz jetzt nicht Budapest, sondern die Biotechregion Boston war. Plötzlich war die Aufmerksamkeit groß, sorgte der Hype für teilweise überzogene Erwartungen. Etablierte Wissenschaftler schwankten zwischen Freude über den Enthusiasmus der sich formierenden Gruppe und genervtem Kopfschütteln ob der plötzlich im eigenen akademischen Hinterhof „lärmenden Heranwachsenden", wie Mac es formuliert. Jedenfalls wurde DIY-Bio zu einer Art Marke.

Zurück im Sprout, nachdem wir den Weg dorthin nun zielstrebig und mit No-Bullshit-Blick durchschritten haben, zeigt das Display des Genkopierers an, dass es nun nur noch eine Viertelstunde dauert. Mac erklärt der Runde derweil, wie man die Pipetten benutzt. Mit den ein wenig wie schlanke Pistolen aussehenden Geräten kann man genau abgemessene Mini-Mengen Flüssigkeit von A nach B transferieren. Mac zeigt auch, wie man die winzigen Gefäße mit unseren Genkopien darin aufbekommt, ohne den Inhalt auf der Tischplatte zu verteilen, und wie man eine Probe davon mit der Pipette entnimmt, ohne den Rest zu verunreinigen. Dann ist noch wichtig, das winzige Tröpfchen Erbgut mit blauem Farbstoff zu versetzen, damit wir die Probe gleich besser sehen können, wenn wir sie in eine der etwa zwei mal fünf Millimeter großen Taschen im Gel spritzen, die der Kamm darin hinterlassen hat. Dann dürfen wir ran und die eigene DNA, die jetzt eigentlich gar nicht mehr eigene DNA ist, sondern nur eine Menge identischer Kopien davon, dem Gel, seinen

Poren und dem elektrischen Strom übergeben. Danach schließt Mac die Elektroden an und schaltet den Strom am Netzgerät ein. Wieder warten.

Mac glaubt, dass sich ein ähnliches DIY-Bio-Netzwerk auch ohne das Interview im Jahr 2008 und ohne ihn oder Jason Bobe gebildet hätte. „Vielleicht hätte es dann noch zwei oder drei Jahre gedauert. Aber alle Grundsteine waren bereits gelegt, als wir damit anfingen." Tatsächlich ist das Selber-Probieren und Basteln mit molekularer Biologie kein isoliertes Phänomen. Kaum eine traditionelle Branche ist sowohl in Amerika als auch in Europa seit Mitte der 90er Jahre so gewachsen wie die der Bau- und Heimwerkermärkte. Selbermachen können ist inzwischen mindestens so angesehen wie sich Fertiges oder gar Angefertigtes leisten können. In den USA hatte sich zudem früh eine spezielle Selbermach-Kultur entwickelt, die besonders durch die Möglichkeiten der Vernetzung im Internet Schwung aufnahm. Das Phänomen wurde von Medien aufgegriffen, Bastelmagazine wie *Make* und Messen wie *Maker Faire* entstanden und wurden in kurzer Zeit sehr erfolgreich. Es entwickelte sich wieder ein Bewusstsein, dass Produkte, die es zu kaufen gibt, deshalb noch nicht unbedingt fertig sein müssen, sondern vom Benutzer verändert und verbessert werden können – wenn man erst einmal verstanden hat, wie sie funktionieren. Hardware-Hacking hieß dieser Ansatz bald, obgleich er mindestens so alt ist wie die Idee, dass man ein gekauftes Kleid mit Schere, Nadel, Faden und ein bisschen Ahnung auch selber kürzer machen kann.

Zudem waren bereits andere Forschungsfelder von Amateuren infiltriert worden. Das fing bei der Archäologie an und hörte bei der Suche nach außerirdischem Leben noch lange nicht auf (siehe Kapitel 5).

Nicht nur die Medien interessierten sich sofort dafür, was Amateure so mit Erbgut in improvisierten Laboren anstellen können. Nur ein Jahr nachdem Mac die Website DIYbio.org ins Leben gerufen hatte, begann die amerikanische Bundespolizei FBI, Treffen mit den Biohackern zu organisieren, die von Jahr zu Jahr größer wurden. Während wir darauf warten, dass unsere Gene durch das Gel-Sieb wandern, diskutieren Mac und Kay, ob es wohl eine gute Idee wäre, einmal die Akten einsehen zu wollen, die das FBI wahrscheinlich über sie angelegt hat. Und sie fragen sich, wie viele der inzwischen über 2000 Mitglieder der DIY-Bio-Mailingliste wohl von Steuergeldern bezahlt werden, damit sie das Treiben dort im Blick behalten. Sie diskutieren das Thema so nüchtern, dass wir uns fragen, ob sie uns gerade veräppeln wollen. Aber Mac erklärt: „Diese Leute machen sich bei allen Treffen immer viele Notizen. Niemand weiß, was sie da aufschreiben, aber natürlich wandern die in irgendeine Akte."

Ob ihre E-Mail-Konten überwacht werden? Und wir damit inzwischen auch ins Blickfeld der Fahnder geraten sind? Während noch ein Schauder unsere Rücken hinunterläuft, hören wir Mac fluchen. Er steht an der Gel-Elektrophorese und schaut verzweifelt. „Wir müssen es morgen noch einmal versuchen." Er habe die Elektroden falsch herum angeschlossen, die Proben sind in die falsche Richtung gewandert und aus dem Gel herausgerutscht. Alle unsere Copy-Gene schwimmen jetzt in einem Pufferbad, und kein gesalzener Kontaktlinsenreiniger-Schnaps der Welt kriegt sie dort wieder heraus. Der Farbstoff immerhin zieht hübsche blaue Schlieren in der Flüssigkeit, in der das Gel badet.

Um es vorwegzunehmen: Niemand hat an diesem Wochenende einen anderen Blick auf sein eigenes Erbgut erhascht als jenen, den der weiße Glibber aus dem Schnapsglas ermöglicht hatte. Vielleicht sind die Unterschiede zwischen Amateuren und Profis doch größer, als mancher wahrhaben mag.

Ob dieser Gedanke uns selbst eher ermutigt oder verzweifeln lässt, wissen wir in diesem Moment nicht genau. Sind wir eigentlich Amateure oder Profis? Jeder von uns hat zumindest in grauer Vorzeit ein Biologiestudium hinter sich gebracht, der eine eher klassisch, der andere eher modern. Außerdem schreiben wir regelmäßig über Biotech-Themen, der eine nur ab und zu, der andere ständig. Labors von innen gesehen allerdings haben wir seit Jahren höchstens als Besucher. Sind wir totale, chancenlose Amateure, oder doch zumindest ein bisschen reaktivierte Profis, denen in der DIY-Biologie vielleicht doch einiges gelingen kann? Wir werden die Antwort bald erfahren.

Katherine „Kay" Aull ist, wie viele der DIY-Bio-Pioniere, alles andere als eine Amateurin. Am MIT hatte sie sich zur Bioingenieurin ausbilden lassen und dieses Studium mit einem Nacht-Job in einem Bio-tech-Unternehmen finanziert, das künstliche Gene herstellt.

Kay ist so groß, dass sie nicht so recht zu wissen scheint, wohin mit ihren langen, dünnen Gliedmaßen, aber wenn sie spricht, dann schwingt in ihrer Stimme trotz geringer Dezibel-Werte das Selbst-bewusstsein eines Menschen mit, der üblicherweise recht hat mit dem, was er sagt. Mit diesem Selbstbewusstsein entschied sie sich auch, ihr eigenes Labor in ihrem Kleiderschrank einzurichten. Wo andere Leute T-Shirts stapeln, da hat die heute 27-Jährige einen Gen-kopierer stehen, den sie für 90 Dollar bei Ebay ersteigert hat, und noch jede Menge andere Laborausrüstung, vor allem improvisierte: einen Reiskocher, zu einer Destilliermaschine für Wasser umgebaut zum Beispiel, oder einen Leuchttisch, der Erbgut sichtbar macht und aus blauen Weihnachtsdeko-Lichtern gebastelt ist.

Als wir Kay treffen, liegt ihr Experiment schon eine Weile zurück, doch ihr Schranklabor hat sie noch immer, für neue Versuche und Analysen. Während wir uns unterhalten, streichen uns die Katzen der Studenten-WG um die Beine. „Meine Regel ist, dass ich für die Heimexperimente nichts verwende, was giftig für Menschen oder Katzen sein könnte", sagt Kay und streichelt einen ihrer vierbeinigen Mitbewohner. „Tatsächlich hat meine Katze einmal ein Stück Aga-rose-Gel gefressen." Geschadet hat dem Tier das nicht.

Kay gilt heute – obgleich man es gerade aufgrund der informellen Natur der DIY-Bio-Bewegung nicht genau wissen kann – als die-jenige, die als Erste ernsthaft mit einem konkreten Ziel und erfolg-reich DIY-Biologie betrieben hat. Sie wollte wissen, ob sie ein Gen geerbt hat, das ihren Vater und einige andere in Kays Stammbaum an der Eisenspeicherkrankheit Hämochromatose hatte erkranken lassen. Bei Hämochromatose scheidet der Körper überschüssiges Eisen aus der Nahrung nicht aus, sondern lagert es in den Organen ab. Die Erkrankung tritt dann auf, wenn man von beiden Eltern je ein mutiertes Hämochromatose-Gen geerbt hat. Kay wollte im Heim-experiment prüfen, ob sie wie ihr Vater zwei defekte Genversionen hat. Wäre das der Fall, hätte sie noch rechtzeitig eine Therapie starten können, um bei sich Organschäden zu verhindern.

Um ihre Frage zu beantworten, brauchte sie ihr eigenes Erbgut, gewonnen aus der Mundschleimhaut, und sogenannte Primer als spezielle Zutaten für die in ihrem Schrank stehende Gen-Vervielfältigungsmaschine. Primer sind kleine, aber spezielle Stücke Erbmaterial, die es möglich machen, entweder das normale Gen zu vervielfältigen und später auf einem Gel sichtbar zu machen oder das krankhafte. Kay bekam sie über eine Biotech-Firma namens Codon Devices, für die sie eine Zeitlang gearbeitet hatte. Tatsächlich fand sie in ihrem Erbgut die mutierte Genkopie ihres Vaters. Sie konnte aber auch das intakte, von ihrer Mutter vererbte Gen bei sich nachweisen. Das heißt, sie wird mit großer Wahrscheinlichkeit nicht an Hämochromatose erkranken, da für den Ausbruch der Krankheit beide Genkopien defekt sein müssen.

Neue Wissenschaft, wie sie aus Profi-Laboren erwartet wird, war Kays Arbeit nicht, aber eine neue Weise, Wissenschaft anzuwenden: persönlich, individuell, und von der betroffenen, interessierten Person selbst durchgeführt.

Sie hätte auch einfach einen Gentest bei einem Arzt machen lassen können so wie ihr Vater. Es waren dessen eher schlechte Erfahrungen, die sie dazu antrieben, es selbst zu versuchen: „Der Doktor drückte ihm nur ein zehnseitiges Dokument in die Hand, das eigentlich für Genetiker, nicht für Laien bestimmt ist", erzählt Aull. „Mein Vater ist Ingenieur, kein Biologe, und quälte sich, das alles irgendwie zu verstehen." Das habe sie motiviert, den Gentest selbst zu versuchen, um „Leuten in einer ähnlichen Situation klarzumachen, dass Gentests keine Zauberei sind, sondern auch nicht schlimmer als ein Ölwechsel am Auto."

Dazu kam eine große Portion Ehrgeiz. Sie wollte zeigen, dass man „so etwas" in einem improvisierten 500-Dollar-Labor genauso bewerkstelligen kann wie in einem Institut mit Millionen-Budget. Dafür musste sie nicht die Wissenschaft oder auch nur einzelne Techniken neu erfinden, sondern nur die Art, Wissenschaft zu betreiben. Bei ihr kommt es eher auf Kreativität und Improvisationsfähigkeit an, und nicht auf die beste Ausrüstung. „Das Aufregendste an DIY-Biologie ist, dass es jeder tun kann, es ist keine Magie, sondern Chemie", sagt Kay Aull.

In ihrem Schranklabor hätte sie auch nach Erbanlagen für andere Krankheiten wie zum Beispiel Parkinson oder manche Formen von Krebs suchen können. Doch anders als bei Hämochromatose hätte sie dann mit der Diagnose nicht viel mehr anfangen können, als mit der Last dieses Wissens zu leben, bis die ersten Beschwerden auftreten. Denn bei den meisten Krankheiten, deren Risiko genetisch bestimmt oder zumindest mitbestimmt ist, gibt es bislang kaum oder keine Möglichkeiten, das Ergebnis eines Gentests zur Vorbeugung zu nutzen. „Jeder Mensch trägt solche genetischen Geheimnisse in sich, das Wissen darum kann sehr belastend sein", sagt Kay. Wer Do-it-yourself-Biologie betreibt, macht sich besser vorher Gedanken, ob die Resultate auch Schaden anrichten oder andere unbeabsichtigte Konsequenzen nach sich ziehen könnten.

Erstaunlich ist nicht nur, was Kay Aull mit einfachsten Mitteln über sich herausfinden konnte, sondern auch, wie wenig sie das Ganze – von Gebrauchtgeräten bis hin zu den speziellen Genfragmenten – kostete. Könnte ihr Gentest für die persönliche Genetik einmal das darstellen, was der erste Apple-Computer im Jahr 1976 für unseren digitalen Alltag heute bedeutet? Hat der erste selbstgemachte Gentest einen Weg in eine Zukunft der personalisierten Medizin eröffnet? Kay Aull blickte in ihre Erbanlagen und erspähte dabei weit mehr als nur ein Krankheitsrisiko – sie lernte etwas über sich selbst. In diesem Sinne ist sie wahrscheinlich tatsächlich die erste echte Biohackerin, denn bevor man eine Software oder eine Maschine umprogrammieren kann, muss man sie verstehen.

Kay, die heute in San Francisco lebt und dort „Quantitative Biologie" studiert – ein Fach, das versucht, Physik, Mathematik, Biologie, Informatik und Ingenieurswissenschaften unter einen Hut zu bringen –, ist vielleicht die erste echte DIY-Experimentalbiologin gewesen. Mac war vielleicht der erste DIY-Bio-Lobbyist. Die einzigen sind die beiden schon lange nicht mehr. Und um moderne Biologie außerhalb der Grenzen von Unis, Akademien und Biotech-Unternehmen zu betreiben, verlässt sich auch längst nicht jeder auf ein Kleiderschranklabor oder eine Ecke in einer Gemeinschafts-Bastelwerkstatt.

Kapitel 2 …

… in dem wir mitten in der Nacht ein Geheimlabor besuchen, uns über Teppichboden wundern, misstrauisch beäugt werden und ein paar Biotech-Pferde durchgehen sehen, um schließlich in New York großen Kindern auf dem Gen-Spielplatz zuzuschauen und an den deutschen Frauenfußball zu denken …

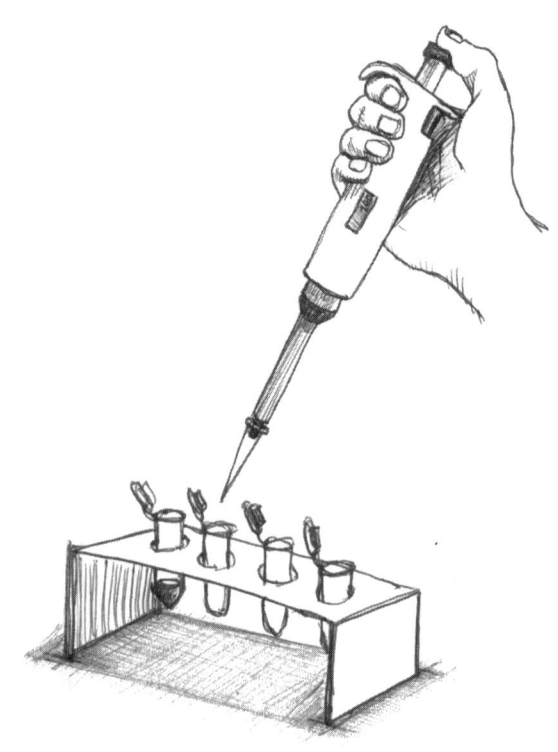

BIOTECH-SUBURBIA

John Schloendorn kämpft gegen den Tod. Nicht gegen seinen eigenen, sondern *den* Tod. Es ist ein für ihn unerträglicher Fehler der Natur, dass der menschliche Körper altert und irgendwann nicht mehr funktioniert. Deswegen kämpft er mit allen Mitteln, um den Schalter zu finden, der das Altern abstellt. Er kämpft mit seinem Herzen, seinem Hirn und selbst mit seinem eigenen Blut. Sein Arbeitsplatz ist allerdings kein Labor in einem Biotech-Konzern oder an einer Universität, sondern eine Garage im Silicon Valley.

April 2010. Über uns kalifornischer Frühlingssternenhimmel, um uns herum amerikanische Vorstadt. So wie man es sich vorstellt: Ein Einfamilienhaus sieht aus wie das andere, sogar die Grashalme vor jedem Anwesen sind auf dieselbe Millimeterlänge gestutzt. Es ist schon halb elf in der Nacht, aber hinter den Bäumen donnern die Autos über den Freeway, als müssten Tausende jetzt schnell sehr, sehr Wichtiges erledigen. Der Straßenzug hier aber wirkt schon wie im Tiefschlaf, was wahrscheinlich auch tagsüber nicht anders ist. Nur hinter drei Fenstern flackern noch bläulich Fernsehbilder. Das Haus, vor dem wir geparkt haben, ist dunkel. Dabei sollten wir hier John treffen.

Unter dem Garagentor hervor bricht sich ein dünner Lichtstrahl den Weg in die Nacht. Wir klingeln an der Haustür, und einen Augenblick später steht ein schlaksiger Mann vor uns, der uns ohne Umschweife durch eine fast leere Küche und einen kahlen

Raum, der wohl vom Architekten als Wohnzimmer gedacht war, zum Nebeneingang der Garage führt. „Hier", sagt John, 32 Jahre alt, und macht dabei eine Armbewegung, als würde er vom Turm einer Burg aus auf seine Ländereien weisen, „hier kämpfen wir gegen Krebs".

Johns Kopf wirkt zu groß auf dem bekittelten, schmalen Körper. Hoffentlich kann der Hals diese Denkmaschine tragen, denkt man. Er fuchtelt nervös mit seinen blauen Gummihandschuhen herum und blickt einem ungern direkt in die Augen. Seine Sätze beendet er oft mit einem kurzen Lachen. Aha, er ist unsicher, könnte man daraus schließen – und würde damit ziemlich weit neben der Wahrheit liegen. Er lacht, weil für ihn alles glasklar ist: „Menschen vom Tod zu heilen ist doch das Naheliegendste, was man tun kann." Und seine Hände sind so unruhig, weil noch so viel zu tun ist, auch kurz vor Mitternacht.

Unsere Augen sind noch immer damit beschäftigt, sich an das grelle Licht der Leuchtstoffröhren zu gewöhnen. Es ist wirklich eine Garage, eine amerikanische, ziemlich große. Es ist der längst zur Folklore verkommene klischeehafte Geburtsort von Technologiekonzernen, Software-Firmen, Rockbands – und Biotech-Unternehmen. Wir stehen im Hauptquartier und Labor von Livly, einem Nonprofit-Startup, das dem Tod die Stirn bieten will.

Schloendorn zeigt uns den Maschinenpark und stellt uns zwei seiner Helfer vor. Ein Mann hantiert an einer Art gläserner Werkbank mit Abzug. Unter Letzterem bleiben seine Proben steril, einerseits. Es kann aber auch nichts von dem, was auch immer in seinen Gefäßen wächst, an die Außenluft gelangen. Er nickt uns kurz zu und konzentriert sich dann wieder auf seine Arbeit. Ein weiterer Mann ist da, deutlich jünger, er schraubt an etwas herum, das wie ein Kühlschrank aussieht. „Unsere Neuanschaffung", sagt John, „in diesem Brutschrank werden wir bald Zellen wachsen lassen."

Die Wände stehen voll mit Geräten, es sieht aus wie bei den ganz normalen Biotech-Unternehmen, die wir als Journalisten immer wieder besucht haben. Nur gibt es diesmal kein Firmenschild und keine Visitenkarten. Die Nachbarn in der Wohnsiedlung würde das Treiben in diesem Haus verstören, fürchtet John. Sie ahnen nicht, was er und seine Mitstreiter hier tun. Neue Geräte schaffen die

Untergrundbiologen deshalb im Schutz der Dunkelheit in die Garage und versuchen auch sonst, keine Aufmerksamkeit auf sich zu lenken.

Ursprünglich hatte John einen Besuch von uns abgelehnt. Der Fall Steve Kurtz steckt Heimforschern wie ihm noch immer in den Knochen, obwohl er bereits ein paar Jahre zurückliegt. 2004 rief der Kunstprofessor von der State University of New York in Buffalo den Notarzt, weil seine Frau nicht mehr atmete. Als die Sanitäter eintrafen, sahen sie Kulturschalen für Bakterien, die er in Kunstwerken verwendete – und meldeten ihren Fund dem FBI.

Am nächsten Tag stürmte eine Spezialeinheit in Schutzanzügen das Haus, Kurtz wurde fast 24 Stunden lang verhört. Bald darauf stellte sich heraus, dass seine Frau an Herzversagen verstorben war. Die gefundenen Bakterien hatten damit nichts zu tun, sie waren vollkommen harmlos. Die Szenen aber, wie die Polizisten in weißen Schutzanzügen das Atelier ausräumen, liefen im Fernsehen (siehe dazu Kapitel 8).

John möchte die Kameras nicht auch auf sich und sein Team gerichtet sehen. Jedenfalls nicht, solange sie ihr Labor hier im Wohngebiet betreiben. Würden wir nicht selbst ein Amateurlabor betreiben wollen, hätte John einem Besuch wohl kaum zugestimmt.

Ein paar Stunden zuvor hatten wir uns mit Josh Perfetto getroffen, einem Software-Entwickler, der sich in seiner Freizeit selbst zum Hobby-Biologen umgeschult hat. Ein Artikel in einer Zeitschrift hatte ihn zu der Erkenntnis gebracht, „dass Gene auch nichts anderes sind als Informationseinheiten". Also wollte er lernen, wie man den Code des Lebens umprogrammiert.

Ziemlich schnell kam ihm der Gedanke, Bakterien dazu zu bringen, Biotreibstoff herzustellen. Energiekonzerne wurden bislang selten in Garagen gegründet, Perfetto hätte damit Geschichte schreiben können. Wie man Gene von Bakterien verändert, das konnte er sich im Internet anlesen, sein Job versorgte ihn mit dem nötigen Geld für den Ankauf der notwendigen Gerätschaften.

Was er nicht hatte, war Erfolg. Josh musste die schmerzliche Erfahrung machen, dass der Code des Lebens und das Material, auf dem er geschrieben ist, deutlich widerspenstiger sind als noch die komplizierteste Computer-Programmiersprache und die verkrustetste PC-Tastatur. Man muss penibel sauber arbeiten, diverse Geräte verstehen und bedienen können. Wenn man sich beim Mischen der Zutaten für ein Experiment vertan hat, kann man nie auf die „Zurück"-Taste drücken. Und schließlich braucht man schlicht sehr viel Geduld. Wenn etwas nicht klappt, dann kann man nicht einfach in den Programmzeilen auf dem Bildschirm nach dem Fehler suchen, einer fehlenden Variablen zum Beispiel oder einer falsch formulierten Funktion. Wenn ein molekularbiologisches Experiment nicht funktioniert, sieht man erst einmal gar nichts. Man muss es wiederholen, noch pingeliger sein und hoffen, dass es diesmal klappt. Wenn sich auch dann kein Erfolg einstellt, muss man durch weitere Experimente versuchen, den Fehler zu finden. Computern neue Tricks beizubringen ist jedenfalls bislang noch um Dimensionen einfacher als lebenden Zellen.

Das Labor, in dem Josh Perfetto die erste Euphorie und nachhaltige Frustration des Lebensprogrammierers durchlebte, ist im ersten Stock seines Hauses direkt neben dem Schlafzimmer. Der flauschige Teppichboden scheint nicht unbedingt der ideale Bodenbelag für einen Arbeitsplatz zu sein, an dem mit Flüssigkeiten, Bunsenbrennern und Bakterien hantiert wird. Auf unserem Road-Trip durch die Welt der Bio-Forscher haben wir uns aber langsam an Unkonventionelles gewöhnt. Josh hat hier jedenfalls alles, was man bräuchte, um ein kleines Biotech-Startup ins Leben zu rufen, fein säuberlich in einen großen Wandschrank sortiert. „Ich habe nach ein paar Monaten und vielen erfolglosen Experimenten aufgegeben", erzählt er lakonisch. „Ich hatte nicht den Eindruck, dass ich viel erreichen könnte hier, alleine, mit dem Wissen, das ich gesammelt habe." Dazu kam, nach einem Blick auf die Rechnungen der letzten Monate, eine weitere Einsicht: Auch wenn Hobbybiologen vieles gebraucht kaufen können, bleibt eine einigermaßen brauchbare Laborausrüstung inklusive Gen-Vervielfältigungsmaschine bislang oft ein teures Spielzeug.

Josh hat aber in Wirklichkeit gar nicht aufgegeben. Im Gegenteil. Aus den Frustrationen entsprang die Idee, eine Kopiermaschine für Gene zu entwickeln, die deutlich unter 400 Dollar kosten sollte.

Solche Geräte – wir hatten im „Sprout" nahe Boston bereits eines gesehen – kopieren und vervielfältigen bestimmte Abschnitte des Erbmaterials DNA. Sie beruhen auf dem Prinzip, dass die beiden Stränge dieses langkettigen Moleküls sich bei Erhitzen trennen und – wenn die Bausteine für solche Ketten und ein paar Enzyme in der Versuchslösung vorhanden sind – beim Abkühlen dann neue Ketten als Gegenstück ihrer selbst zusammensetzen. So verdoppelt sich die DNA. Wiederholt man den Vorgang mit Erhitzen und Abkühlen, vervielfacht sie sich (Details dazu siehe Kapitel 6).

Es ist ein einfaches Prinzip – Heizen, Kühlen, Heizen, Kühlen, Heizen ... Möglichst kontrolliert und automatisch. Der Prototyp, der auf einem Tisch in Joshs Labor steht, sieht aus wie ein aufgeschraubter und halb ausgeweideter Computer. Tatsächlich stammen die meisten der Bauteile aus dem Computerfachhandel, erklärt Josh. Die Stromversorgung ist die eines Desktop-Rechners, genauso wie der Lüfter. Die zentrale Steuereinheit ist ein Arduino-Prozessor, für den er in der Programmiersprache C++ Software geschrieben hat. Ein thermoelektrisches Bauelement, das die Proben in Sekundenschnelle aufheizt und abkühlt, ist so nicht als Computerzubehör zu haben. Er musste es für 31 Dollar bei einem Fachhandel bestellen, genauso wie einige andere Bauteile, die es nicht vorgefertigt gibt.

Doch die Bastelei, die letztlich zu diesem Prototypen führte, ließ Joshs finanzielles Polster weiter schmelzen. Zusammen mit seinem Kompagnon Tito Jankowski kam er schließlich auf die Idee, das Vorhaben auf die Internetplattform kickstarter.com zu stellen. Dort können Erfinder Geld einwerben, um ihre Ideen zu realisieren. In nur zehn Tagen bekamen sie die benötigten 6000 Dollar zusammen, um endlich richtig loslegen zu können. Es war nicht nur eine unverzichtbare Finanzspritze für die beiden, sondern auch eine Bestätigung, dass sie wohl nicht an einem völlig absurden Hirngespinst herumschraubten.

Während Perfetto erklärt, wie einfach sich die zukünftige Maschine per Computer bedienen lassen wird, steht plötzlich eine junge Frau mit langen schwarzen Haaren in der Tür, die sich als „Eri" vorstellt.

Eri Gentry ist heute so etwas wie der Netzwerk-Hub der Westküsten-Biohacker-Szene. Als Yale-Absolventin in Wirtschaft hat sie von Biotechnologie zunächst zwar wenig Ahnung, aber das gleicht sie durch Begeisterung mehr als wieder aus.

Als wir sie treffen, schmiedet Eri gerade den Plan, den ersten reinen Biohacker-Space der Welt aufzubauen, eine Laborwerkstatt, in der sich Unternehmer genauso einmieten können wie Hobbyforscher, Biohacker oder Gruppen, die etwas über Molekularbiologie lernen wollen. So ähnlich wie „Sprout" in Cambridge an der Ostküste, aber ohne Drehbänke und Standbohrmaschinen, dafür mit einer klaren Ausrichtung auf die Lebenswissenschaften. Im deutschen Förderjargon würde man das vielleicht Inkubator nennen, jedoch nicht mit Steuermitteln finanziert, sondern ebenfalls durch Geldsammeln über Kickstarter.

Bei Josh aufgetaucht ist Eri, weil sie weiß, dass wir da sind. Sie hat vor, uns unter die Lupe zu nehmen. Als „Gatekeeperin" ihres Buddies John Schloendorn will sie zuerst einmal vorfühlen, was wir wohl für Hintergedanken haben mögen. Wir erklären ihr, dass wir selbst ein Labor aufbauen und davor möglichst viel lernen wollen und nicht nur auf eine schnelle Story aus sind. Wir bestehen den Test und bekommen ein Lachen aus Eris dunklen Augen. Und die Adresse zu Johns verstecktem Suburbia-Labor.

Ohne Eri stünden wir also eine gute Stunde später nicht in der zum Labor umfunktionierten Doppelgarage, gegen das gleißende Neonlicht blinzelnd.

Der Mann von der gläsernen Werkbank ist schnell fertig mit seiner Arbeit und hat ein paar Minuten, um ein selbst gedrehtes Video zu zeigen. Zu sehen sind er und John, der ihm eine Nadel in die Armbeuge sticht und dabei in die Kamera erzählt, dass die Amateurforscher in ihrem eigenen Blut nach Abwehrzellen gegen Krebs suchen werden. Unwillkürlich verschränken wir die Arme vor der Brust.

John nennt das Labor in der Wohnsiedlung eine „Übergangslösung" und erzählt, dass sie bereits auf der Suche nach offiziellen Räumlichkeiten seien. Sie werden viel Platz brauchen, denken wir, denn die Maschinen in der Garage sind nur ein kleiner Teil dessen, was seine Gruppe in kaum einem Jahr zusammengesammelt hat. Das halbe Wohnhaus, zu dem das improvisierte Labor gehört, ähnelt einem Gerätelager: Regale, Zentrifugen, Bürotische, Kühlaggregate und Schüttelmaschinen stapeln sich hier. Dazu kommt ein Laborroboter, der das Pipettieren von kleinen Flüssigkeitsmengen weitaus präziser beherrscht als eine menschliche Hand und außerdem um ein Vielfaches schneller ist. Das alles sieht nicht nach Hobbyforschung aus, sondern nach einem großen Plan. Und in den Geruch von staubigen Büromöbeln und Desinfektionsmitteln mischt sich fadenfein eine Ahnung von Größenwahn. Was genau John, Eri und ihre Freunde hier vorhaben, erfahren wir an diesem Abend nicht. Nur, dass sie Abwehrzellen aus dem Blut für Attacken auf Krebszellen programmieren wollen. Und dass sie ihre Idee für so bahnbrechend halten, dass sie keine Details verraten wollen. Biotech-Konzerne könnten sie sonst aufgreifen und den Garagen-Forschern zuvorkommen.

Schloendorn ist alles andere als ein DIY-Biologe, auch wenn er mit der Szene sympathisiert: „Ich habe großen Respekt vor Leuten, die tun, was getan werden muss, um eine lebensrettende Technologie zum Laufen zu bringen", sagt er. Wenn man das nicht in einem offiziellen Labor machen könne, „dann halt in einer Garage, wo man ja eigentlich sogar mehr Möglichkeiten hat." Eine akademische Ausbildung braucht man seiner Meinung nach als Allerletztes, um erfolgreich zu sein. Es bedürfe lediglich harter Arbeit und mitunter persönlicher Opfer.

Der gebürtige Deutsche hatte gerade ein Biochemie-Diplom von der Universität Tübingen in der Tasche, als er Aubrey de Grey begegnete. De Grey, von der Ausbildung her Informatiker, ist ein schlaksiger Mann mit langem Bart und Pferdeschwanz, und er ist eine Art Anti-Aging-Guru, allerdings nicht von der kosmetischen Schiene. Altern ist für ihn einfach ein Design-Fehler, eine Krankheit, und zwar eine, die heilbar ist. Der Körper verfällt laut de Grey, weil sich mit der Zeit mehr und mehr Schäden in den Zellen ansammeln, die von den biologischen Reparaturtrupps nicht mehr behoben werden. Er nennt das eine „Nebenwirkung des Stoffwechsels", die zusammen mit noch ein paar anderen lästigen Störungen und giftigen Müllhalden inner- und außerhalb der Zellen letztlich zum Tode führen. Wenn man dem Körper beim Aufräumen helfen würde, so seine Hypothese, dann könnte man das Altern nicht nur aufhalten, sondern sogar umkehren. 1000 Jahre Leben seien dann kein Problem, sagt der Meister, und dass wir heute schon über das notwendige Wissen verfügen, um entsprechende Therapieverfahren entwickeln zu können.

De Greys Thesen wirkten wie ein Wegweiser für Schloendorn. Zunächst versuchte er, sich innerhalb der traditionellen Strukturen von Universität, Doktorarbeit und gelegentlicher Fachpublikation wissenschaftlich mit ihnen zu beschäftigen. Er ging nach Amerika und machte sich im Labor des Umweltingenieurs Bruce Rittmann an der Arizona State University an seine Doktorarbeit. Rittmann beschäftigt sich allerdings nicht mit dem Altern – und nur am Rande mit dem menschlichen Körper. Wasserverschmutzung, Bio-Energie und Ähnliches sind eher die Themen seiner Arbeitsgruppe. Als Schloendorn zu ihm kam, interessierte Rittmann unter anderem die Frage, wie man Bakterien nutzen könnte, um Umweltverschmutzungen zu beseitigen.

Schloendorn sah aufgrund von de Greys Lehre in Ablagerungen im Körper die Ursache des Alterns und wollte versuchen, mit Bakterien auch diese Müllhalden abzubauen. Rittmann hätte ihn unter normalen Umständen diesen einigermaßen verwegenen Ansatz wahrscheinlich kaum ausprobieren lassen. Doch Schloendorn war mit Geldern der SENS-Stiftung[3] ausgestattet. De Grey selbst hat diese Organisation 2009 gegründet. Er ist ihr Chef und wirbt mit ihr erfolgreich Gelder wohlhabender Sympathisanten ein, die von ewiger Jugend träumen. Der Informatiker de Grey hat selber noch nie in einem Labor mit jenen Zellen und Prozessen gearbeitet, über die er seine ziemlich kühnen Thesen verbreitet. Er hat dies auch nicht vor, doch mit den Mitteln der Stiftung finanziert er Projekte von Leuten wie Schloendorn.

Tatsächlich sind Ansichten wie die de Greys und seiner Anhänger nicht reine Hirngespinste von ein paar Leuten, die den Tod, auch wenn er erst kurz vor dem hundertsten Geburtstag kommt, als Zumutung sehen. Sie fußen auf zwei in der modernen Biologie zwar nicht unumstrittenen, aber durchaus sehr weit verbreiteten Überzeugungen:

Da ist erstens die These, dass alle Lebewesen, auch der Mensch, nur kybernetische, stoffwechselnde Maschinen sind. Im Grunde muss man demnach von diesen Maschinen nur alle Einzelteile und deren Funktionen verstehen, um sie warten und reparieren zu können wie etwa die Steprather Windmühle, die sich in der Nähe von Geldern heute noch so dreht wie direkt nach ihrem Bau Mitte des 15. Jahrhunderts.

Die zweite These, die vor allem für Schloendorns Ansatz eine Rolle spielt, ist die, dass es für jedes biologische Problem irgendwo schon längst eine Lösung gibt – oder etwas, was der Lösung sehr nahe kommt und sich leicht in die gewünschte Richtung umprogrammieren lässt. Sie kann sich etwa in den Genen von Tiefseebakterien oder eben in Schmutzwasser reinigenden Mikroben verbergen. Niemand anders als der Popstar unter den Biologen, J. Craig Venter, durchkämmt mit genau diesem Konzept als Rechtfertigung derzeit einerseits die Genome unzähliger Bakterien und bastelt andererseits an synthetischen Organismen, die irgendwann nach dem Wünsch-dir-was-Prinzip alles von sauberer Energie bis hin zu individuell wirksamen Medikamenten herstellen sollen.

Schloendorn machte sich also mit dem von de Greys Todes-abschaffungsstiftung bereitgestellten Geld an seine Dissertation. Die brachte noch nicht den erhofften Durchbruch in der Bekämpfung des Alterns, trug aber zumindest die Worte „Fortschritt hin zu medizinischer Bioheilung", gefolgt von den Namen der untersuchten Bakterienenzyme, im Titel. Es war ein Mini-Fortschritt, bei dem noch nicht einmal klar war, ob er nicht vielleicht doch in eine Sackgasse führte. Für Schloendorn jedenfalls ging alles zu langsam, und das akademische Umfeld mit skeptischen Chefs, ewigen Test- und Noch-maltest-Prozessen und dem Zwang zu wissenschaftlichen Publikationen empfand er als Korsett.

Schloendorn zog in eine Lagerhalle, um dort unabhängig seine Forschung fortzusetzen.

Er heuerte jene Eri Gentry als Helferin an. Die hatte gerade ihr Wirtschaftsstudium in Yale abgeschlossen und wohnte nun wieder in ihrem Elternhaus in Arizona, um in Ruhe Pläne für die Zukunft zu schmieden. Schnell stellte sie fest, dass sie sich in dem improvisierten Labor in der Wüste wohler fühlte als in klimatisierten Bankgebäuden oder Universitäten, die auch sie als eher lähmende Institutionen sieht. Es sei so mühsam, sagt sie, dass man Fachartikel veröffentlichen muss, um Anerkennung zu finden, und dass man Vorgesetzte fragen muss, ob man diese oder jene Untersuchung anfangen dürfe. Kein Wunder, dass sie sich mit Schloendorn schnell gut verstand.

So wurde die Idee von Livly geboren. Es sollte nicht bloß ein weiteres Biotech-Startup sein. Eri und John entwarfen die Firma als Hort für Leute mit Ideen, die sie in den etablierten industriellen und akademischen Umfeldern nicht umsetzen können, weil sie dort zu vielen Zwängen unterliegen.

Mit diesen Grundüberzeugungen und ein paar konkreten Plänen im Kopf zogen die zwei 2009 aus Arizona nach Mountain View in Kalifornien. Der Feind hieß jetzt nicht mehr altmachender Stoffwechselmüll, sondern Krebs, was für Schloendorn aber kein qualitativer Unterschied war, sondern nur eine kleine, sinnvolle Verschiebung des Fokus von einer tödlichen Nebenwirkung des Lebens zur anderen.

In Mountain View untersucht Schloendorn Abwehrzellen. Er glaubt, dass diese zentralen Dienstleister des Immunsystems, von denen bekannt ist, dass sie auch Krebszellen angreifen können, bei manchen Menschen besonders effektiv arbeiten und jeden Tumor zerstören können. Er will herausfinden, was diese Krebskiller von anderen Abwehrzellen unterscheidet. Als Versuchsmaterial stehen ihm Blutproben − seine eigenen und die seiner Partnerin Eri − zur Verfügung, als Labor die eigene Küche.

Beide sind weder Arzt noch Krankenschwester. Aber über YouTube-Videos und unter Schmerzen und mit malträtierter Ellenbeuge als Begleiterscheinung haben sie gelernt, wie man Menschen Blut abnimmt. Die für die Versuche notwendigen Krebszellen habe er von einem Wissenschaftler von einer Universität bekommen, der ihr Projekt unterstützen wollte, sagt Schloendorn. Weitere Details verrät er nicht, denn es war ein Deal, der eher an der Grenze der Legalität abgelaufen ist. Solche Zelllinien bekommt man jedenfalls nicht einfach so auf Nachfrage, die meisten von ihnen sind durch Patente oder andere Verwertungs- oder Persönlichkeitsrechte geschützt.

Eri kam auf die Idee, wie man eine Transportbox aus Plastik mit einem Feinstoff-Filter in eine semisterile Werkbank umfunktionieren könnte. In diesem Provisorium ließen sie ihre eigenen Abwehrzellen auf die Krebszellen los. Weil menschliche Zellen an normaler Luft nicht wachsen, sondern nur bei deutlich höheren Kohlendioxidkonzentrationen, legten sie ihre Proben in Plastiktüten, in denen sie zuvor etwas Trockeneis – gefrorenes CO_2 – aufgelöst hatten. Was dann in ihren Testschälchen geschah, beobachteten sie durch eine zum Mikroskop umgebaute Webcam.

In Schloendorns Proben passierte nichts, Gentrys Blutzellen hingegen attackierten den Krebs und zerstörten die Zellen. Mit diesem Befund warben sie bei einem Sponsor immerhin so viel Geld ein, dass sie sich mehr Ausrüstung kaufen konnten und mit ihrem Labor von der Arbeitsplatte in der Küche in die Garage des Einfamilienhauses umziehen konnten, nur ein paar Minuten entfernt von Googles Hauptquartier.

Doch Livly sollte nicht ewig leben. Das Unternehmen hatte mit Spendengeldern arbeiten sollen, bekam aber nach ersten kleinen Finanzierungserfolgen nicht mehr genug zusammen. Außerdem habe es einen Patentstreit mit einer Universität gegeben, erzählt Gentry.

Nur Monate, nachdem John uns am späten Abend in seiner Garage empfangen hatte, haben er und Eri die Firma aufgelöst und das Haus geräumt.

„Das alles hat uns gezeigt, dass die Welt noch nicht bereit ist für solche Ideen", sagt Gentry rückblickend. Doch statt in Depressionen zu verfallen und das System zu verfluchen, versuchten sie einfach etwas Neues: Gentry und Schloendorn wandelten die Überbleibsel ihres Untergrundlabors in einen Hackerspace namens Biocurious – mit Gentry als Sprachrohr und Geldsammlerin – und ein neues Unternehmen namens Immune Path – mit Schloendorn als Chef – um.

Mit frischem Kapital von den Konten des deutschstämmigen Silicon-Valley-Starinvestors Peter Thiel, der auch Facebook-Gründer Mark Zuckerberg einst mit Durchhaltegeld versorgte, wollte Schloendorn den Weg der Zell-Therapie weiter verfolgen. Doch der große Durchbruch blieb weiterhin aus, und auch die finanziellen Ressourcen versiegten bald. Zwar hätten er und sein Team „herausgefunden, wie man embryonale Stammzellen in weiße Blutkörperchen verwandelt", berichtet Schloendorn zwei Jahre später. Damit sei er in der Lage gewesen, Mäuse vor einer der Folgen einer Infektion zu bewahren, die in unbehandelten Tieren tödlich verlief.

Trotzdem konnte er keine Anschlussfinanzierung finden und ist im Sommer 2012 wieder einmal umgezogen – von einem Industrie-

komplex in eine Garage. Noch immer träumt er von einer Zell-Therapie gegen das Altern. „Ich finde die Idee, alte, funktionsuntüchtige
Zellen durch junge, gesunde zu ersetzen, noch immer überzeugend",
sagt er – besonders weil man mit diesem Ansatz nicht einmal genau erforschen müsse, wie die Krankheiten im Detail entstehen und
ablaufen, um sie heilen zu können: „Man muss nicht verstehen,
wie ein Pferd funktioniert, um es dorthin laufen zu lassen, wo man
hin möchte", zitiert er den von ihm noch immer verehrten Aubrey de
Grey.

Bislang sind ihm die Pferde meist durchgegangen, egal auf welches er in diesen wenigen Jahren setzte – Mikroben-Müllabfuhr,
Immun-Krebsbekämpfung, Infektionsbekämpfung. Ans Aufgeben
oder gar an eine Rückkehr nach Deutschland denkt er aber noch
lange nicht. „Die Kultur dort ist nicht unbedingt freundlich für
Menschen mit meinem Beruf", so Schloendorn. An der heimatlichen
Uni in Baden-Württemberg nannten ihn einige seiner Kommilitonen
einen „Babymörder", wenn er nur über Stammzellen sprach. Er liebt
die Freiheit, die er in Amerika empfindet.

Schloendorn will weitermachen, jetzt eben wieder in einer Garage.
Ein Projekt auch einmal fallen zu lassen, und vielleicht auch bald
das nächste, und wieder und wieder mit einer neuen Idee oder einer
Variante derselben Idee neu anzufangen, ist für ihn kein Scheitern.
Es ist ein Teil der Freiheit, die er als Angestellter in einem Biotech-
Unternehmen oder gar als Uni-Forscher in dieser Form nie haben
würde.

Um seine Arbeit im neuen Garagenlabor finanzieren zu können,
hat Schloendorn die Firma OpenBiotech[4] gegründet. Mit ihr vertreibt er biotechnologische Verbrauchsmaterialien über eine Website. Keine Forschung hier, sondern Dienstleistung als Nebenerwerb.
Gedacht ist das Angebot einerseits für Profis, die auch aufs Geld
schauen müssen, aber vor allem für Freizeit-Wissenschaftler. Open-
Biotech ist damit eines der ersten Service-Unternehmen für die
wachsende Zahl von Hinterhof-Biotechs, Geeks und Amateurforschern.

Auch Josh Perfetto und Tito Jankowski haben mit dem Kapital von
der Kickstarter-Plattform ein weiteres Startup gegründet, das sich an
Forscher mit kleinem Geldbeutel wendet. Daneben gibt es eine Reihe

weiterer Beispiele, mit derselben Klientel als Zielgruppe. Backyard Brains etwa ist ein Kleinstunternehmen, das die „Spikerbox" vertreibt, mit der man Nervensignale von Insekten abfangen und auf dem angeschlossenen Smartphone anzeigen lassen kann. Das Gerät ist dermaßen vielseitig, preiswert und einfach zu bedienen, dass es bereits in dem renommierten Fachblatt *PLOS ONE* als ein wertvolles Werkzeug für die Neuroforschung gefeiert wurde.

All das erinnert ein wenig an die Firmen, die einst versuchten, die ersten leicht zu bedienenden Personal Computer auf den Markt zu bringen. Eine davon hieß Apple. Oder die ersten Unternehmen, die Software für den privat genutzten Computer anboten. Eine davon hieß Microsoft.

Der Vergleich der frühen Computer- und Softwarebastler mit den heutigen Biohackern wird in den Artikeln, die in den vergangenen Jahren über die Szene und ihre Protagonisten erschienen sind, fast durchgängig bemüht. Doch dass zwischen den Garagenbastlern und Outlaw-Biotech-Unternehmern von heute schon der Steve Jobs der Biotech-Küchen-Apps, der Bill Gates der Haus- und Garten-Genprogrammierer oder der Michael Dell der Genanalysemaschinen-Direktvermarktung herumwerkelt, wäre eine eher gewagte Prognose. Die Computerhacker von einst, von denen ein paar zu Milliardären wurden, bewegten sich jedenfalls in einem sehr anderen Umfeld als die Biohacker und DIY-Biologen von heute. Anders als damals ist das, was sie machen, kommerziell längst durch unzählige Biotechfirmen erschlossen, begleitet von Myriaden konventioneller Startups, die stetig sprießen und verdorren.

Dazu kommt jene die DIY-Bewegung geradezu definierende Open-Source-Mentalität, die es bislang auch einem Hansdampf wie John Schloendorn schwer macht, etwa mit seiner OpenBiotech-Firma einigermaßen Geld zu verdienen. Denn dafür ist Open Source meist schlicht zu „open". Ein echter DIY-Biologe oder eine wahre Biohackerin sieht es immer als Herausforderung an, das, was er oder sie braucht, möglichst billig und einfach und nach den per definitionem offenen Anleitungen selber herzustellen, sei es eine kleine Gel-Steuerbox oder eine Pufferlösung für Zellkulturen. In der DIY-Bio-Diskussionsgruppe gibt es zu dem Thema teilweise heftige Auseinandersetzungen. Je mehr Zeit jemand investiert und je weniger

Geld er anderweitig verdient, desto lauter werden die Klagen. Es sind Beschwerden darüber, wie andere DIY-ler die Kopier- und Remix-Kultur für sich nutzen, ohne bereit zu sein, ihren Kollegen ein wenig Einkommen für deren Ideen oder Produkte zuzugestehen. Wer Geld mit Hobby-Biologie verdienen muss, für den oder die ist es eben kein Hobby mehr. In einem Open-Source-Umfeld mit guter Arbeit auch Umsatz zu erwirtschaften, ist zwar möglich, aber schwieriger als mit einem guten patentierten Produkt. Auch Schloendorn etwa hält inzwischen ein paar Patente. Und mancher Top-Biohacker oder DIY-Biologe wird, um die Familie zu versorgen oder den Traum von der Berghütte in Montana zu verwirklichen, sicher früher oder später die Seiten wechseln. Deshalb ist es eher wahrscheinlich, dass die Biotech-Marktführer der näheren Zukunft noch im traditionellen Wirtschaftsumfeld heranwachsen werden. Die dafür nötigen Ideen aber könnten durchaus im DIY-Umfeld Gestalt annehmen. Und auch Legenden können hier durchaus geboren werden. Web-Erfinder Tim Berners-Lee oder Wikipedia-Gründer Jimmy Wales sind keine Multimillionäre, aber sie und ihre Familien müssen auch nicht hungern. Und verehrt werden sie sowieso.

Während John weiter alleine oder mit ein paar wenigen Gleichgesinnten an der Umsetzung seiner Ideen bastelt, ist Eri einen anderen Weg gegangen. Sie ist überzeugt, dass Biohacker nicht nur online und über die Open-Source-Produkte, die sie billig vertreiben, vernetzt sein können, sondern auch tatsächlich, räumlich, physisch und nicht-virtuell zusammenarbeiten sollten.

Ein Jahr nachdem Eri die Idee für ein Biohacker-Gemeinschaftslabor hatte, besuchen wir die frisch bezogenen Räume von „Biocurious" im kalifornischen Sunnyvale. So lange mussten sie und ihre Mitstreiter suchen, bis sie einen passenden Raum gefunden hatten – und einen Vermieter, der ein Amateurlabor in seinen Räumen duldet. „Ich musste lernen", sagt Gentry, „dass es sehr schwierig sein kann, einen großen Raum zu mieten, selbst wenn man 30 000 Dollar Spendengelder auf dem Konto hat".

Im eigentlich als (zumindest Computer-) hackerfreundlich bekannten Mountain View waren zudem die verantwortlichen Stadtplaner gegenüber den „verrückten Labor-Hacker-Leuten" misstrauisch, sagt Kristina Hathaway, die sich als Mit-Initiatorin damit persönlich angesprochen fühlen musste. Die Behörden verhängten strenge und kostspielige Auflagen für das Labor, mit dem Erfolg, dass Eri, Kristina und ihre Mitstreiter lieber anderswo suchten. In Sunnyvale wurden die Biohacker von der Stadtverwaltung dann ohne Bedenken empfangen. Ihr Club liegt in einem jener langweiligen, rechteckigen, einstöckigen Gewerbegebäude, wie es sie zu Tausenden im Silicon Valley gibt. Links ein griechisches Restaurant, rechts irgendwelche Bürofirmen als Nachbarn, drumherum der obligatorisch riesige Parkplatz mit automatisch bewässertem Abstandsgrün. Obendrüber der stets blaue und weite kalifornische Himmel.

Vor dem Hintereingang sägt Raymund McCauley plastikbeschichtete Spanplatten für die Labortische zurecht, unterstützt von Kristina Hathaway. Do-It-Yourself ist hier keine Phrase, aber anders als im Sprout in Cambridge ist Holzbearbeitung bei Biocurious nur Mittel zum Zweck. McCauley, Hathaway und Gentry sind die treibenden Kräfte hinter der Initiative. „Wir haben einen Kern von Freiwilligen, etwa zehn bis zwölf, die helfen", erklärt Gentry, die uns stolz in dem Labor herumführt, das neben zwei kleineren Büros vor allem aus einem etwa 50 bis 60 Quadratmeter großen fensterlosen Raum besteht, der gerade in einen Arbeits- und einen Konferenzbereich aufgeteilt wird, indem ein paar Regale quergestellt werden. „Biocurious ist die größte Do-It-Yourself-Biologen-Gruppe im Land, etwas mehr als 500 Personen", sagt Gentry, und man merkt ihr die Routine an, mit der sie inzwischen für die Biohacker der Region spricht. „Die Bewegung hat zudem ungefähr 2000 Leute auf dem E-Mail-Verteiler, und sie wächst."

Mitgründerin Kristina Hathaway, eine selbstständige Personalberaterin für Firmen der Bay-Area, gleicht, ähnlich wie Eri, ihren Mangel an universitärer Biologie-Ausbildung durch Energie und echte „Bio-Neugier" aus. Es gebe drei Typen von Biocurious-Nutzern, erklärt sie: Zum einen seien da Jung-Unternehmer, die eine Startup-Idee verfolgen, zum anderen Leute, die einfach ein Interesse an Biotechnologie haben, so wie sie sich auch für andere Hochtechnologie begeistern können, und schließlich eine dritte, bunte Gruppe aus Hobby-Forschern, Highschool-Lehrern und Studenten, Bürger-

Forschern und vielen minderjährigen Schülern. Gerade dieses breite Interesse habe sie „wirklich überrascht".

Wer bei Biocurious experimentieren will, braucht eine Mitgliedschaft. „So ähnlich wie im Fitness-Studio", sagt Hathaway. Man bekomme Zugang zum Labor, der Ausstattung, den Kursen, Meetings – und das sieben Tage die Woche. Die Kurse „Saturday Morning Science" und „Mad Science Skills" richten sich an Kinder, Teens und Tweens, die noch nie eine Pipette gehalten haben und die die ersten Schritte einer DNA-Extraktion oder PCR lernen wollen. Erwachsene sind eher an Kursen wie „Biotechnologie als Geschäftsmodell" oder „Gründer-Legenden" interessiert, bei denen Unternehmer aus der kalifornischen Life-Science-Branche erzählen, wie sie ihre Träume verwirklicht haben.

Hathaway freut sich, dass die Gentech-Kurse, die Biocurious fast täglich organisiert, zu 70 Prozent von Frauen und Mädchen frequentiert werden, und schwärmt von „acht Jahre alten Gentechnikerinnen". Zwar hat es lange gedauert, bis Biocurious endlich Wirklichkeit wurde, doch Hathaway ist zufrieden: „Das Beste, was wir bisher geschafft haben, ist, dass wir es tatsächlich getan haben", denn es sei nur dann eine Biohacker-Bewegung, wenn man sich auch bewege. Die Dinge kommen nicht aufgrund einer Idee ins Rollen, sagt Hathaway, „es beginnt mit Menschen, die etwas tun."

Am Tag nachdem wir Biocurious Richtung Ostküste verlassen müssen, besucht George Church das Labor, ein Mann, bei dem kaum Chancen bestehen, dass er jemals selbst zum Amateurbiologen werden wird. Church ist Genomforscher an der Harvard University, einer der Top-Forscher seines Fachs (siehe dazu auch Kapitel 7). Er ist ein Mann, der so viele menschliche Genome wie möglich entschlüsseln, ja im Grunde jeden Menschen mit einem Blick in sein eigenes Genom beglücken möchte. „Ich bin fast durchgedreht", erzählt Hathaway später, „ich bin keine Bioinformatikerin oder Genetikerin, und trotzdem sitzt mir der Gott der Genomik in unserem Gruppenkreis gegenüber, sieht mich an und hört mir zu." Church gehört zu den ersten prominenten Unterstützern von solchen Initiativen. Er schreckt auch vor gewagten Einordnungen der Bewegung nicht zurück. Dem *Wall Street Journal* sagte Church nach seinem Besuch in Sunnyvale, für ihn seien Biocurious und andere solche Labore vergleichbar mit „den Elektronikhackern der 1970er Jahre in ihren Garagen."[5] Andere solche Labore sind in den vergangenen Jahren in einigen Städten entstanden. In den USA spiegelt sich hier auch wieder einmal die Tech-Konkurrenz zwischen Ost- und Westküste wider.

Es ist Mitte Juli 2011 und unerträglich heiß und schwül in New York. Unser klimatisiertes Hotelzimmer in Queens verlassen zu müssen ist eine Zumutung. Aber wir müssen uns auf den Weg nach Brooklyn machen. Wir sind mit Russell Durrett verabredet, einerseits Biologie-Doktorand an der Cornell University, andererseits einer der Gründer des ersten Gemeinschaftslabors für New Yorker Biohacker: „Genspace". Wir tippen „662" in die Sprechanlage ein, wie es ein an die ranzige Eingangstür gepappter Zettel den Besucher anweist. Die Tür öffnet sich zu einem schmalen Flur, in dem alte Fahrräder, Türblätter, Lattenroste, Schränke, Bilder, halbfertige Skulpturen und anderes Gerümpel Spalier stehen auf dem Weg zum Fahrstuhl. Wir erinnern uns an die nicht ganz unähnliche Szenerie, die im Bostoner Vorort Somerville unseren Weg ins „Sprout" gesäumt hatte, und denken uns, dass es wohl so sein muss.

Der Fahrstuhl ist eng, riecht streng, ist alt und wenig vertrauenerweckend. Überhaupt scheint das ganze Gebäude eine Renovierung nötig zu haben. Unverkleidete Rohre ziehen an ergrauten Decken und Wänden entlang, und überall liegt und steht mehr oder weniger flohmarktfähiges Gerümpel. Der Eigentümer, erklärt Russell, der uns im siebten Stock in Empfang nimmt, habe das Haus zwar bis unters Dach vollgestellt mit seinen eigentümlichen Sammlerstücken, doch er sei auch ein „Idealist" und stelle kreativen New Yorkern billigen Raum zum Verwirklichen ihrer Ideen zur Verfügung. Davon profitieren auch die New Yorker Biohacker. Zwar gibt es – zu unserer Enttäuschung – keine Klimaanlage. Doch Russell & Co haben auf den rund 55 Quadratmetern genug Platz für ein paar Büroplätze, einen Konferenzraum mit Ausblick über Brooklyn und das Herzstück: ein komplett eingerichtetes Labor, das für unsere Augen nicht von einer professionellen Forschungseinrichtung zu unterscheiden ist.

In dem etwa zehn Quadratmeter großen Rechteck, das bis unter die rund drei Meter hohe Decke mit Plexiglasfenstern und feiner

Gaze vom Großraum abgetrennt ist, steht das komplette Arsenal von Laborgeräten und Utensilien, die man braucht, um ernsthaft Forschung zu betreiben oder biotechnische Kunststücke zu vollbringen. Durrett ist ausgesprochen stolz darauf, dass das Labor sogar die strengen Sicherheitsbestimmungen für gentechnische Veränderungen in Deutschland erfüllen würde: Ein Schild „BL-1" kennzeichnet den „Biosafety-Level-1". So verhindere zum Beispiel die Gaze, dass Fliegen ins Labor hineingelangen, auf Bakterienkulturen landen und sie nach draußen befördern könnten. Vor dem Forschungsquader hängen die vorgeschriebenen Laborkittel ordentlich am Kleiderständer.

Ein Schild weist darauf hin, dass Essen und Trinken im Labor verboten sind. Und für gentechnische Experimente mit Bakterien, versichert Durrett, werden nur sogenannte Sicherheitsstämme verwendet, wie der K12-Stamm des Darmbakteriums *Escherichia coli,* eine in den 80er Jahren entstandene Mutante, die weder Gifte produzieren noch außerhalb des Labors überleben kann. Der Abfall werde vorsichtshalber von einer spezialisierten Entsorgungsfirma abtransportiert – obwohl der überwiegende Anteil der Experimente gar keinen „hazardous waste" produziert, meint Durrett.

Für rund hundert Dollar Monatsbeitrag stellt Genspace jedem interessierten New Yorker alle Materialien und das Laborequipment zur Verfügung, die für „einfaches gentechnisches Verändern von Bakterien" nötig sind. Experimente, die darüber hinausgehen, seien möglich, erklärt Durrett, doch müssen sie von Genspaces wissenschaftlichem Beirat geprüft und abgesegnet werden.

Angefangen hat es mit einer Handvoll interessierter New Yorker, die sich über die DIYbio-Website fanden und zu Hause in ihren Küchen trafen, um ein paar simple Experimente, wie das Isolieren von Erbgut aus Mundschleimhautzellen, auszuprobieren. Doch schnell wurde den Heimwerkern klar, dass sie in einem richtig ausgestatteten Labor viel mehr erreichen und mehr Spaß haben könnten. Zunächst suchten sie sich eine Ecke in einem New Yorker Hackerspace, dem New York Resistor,[6] der von Elektro- und Computerbastlern bevölkert wird. Es war ein auf den ersten Blick naheliegender Schritt. Auch die Biohacker der Bostoner Gegend experimentieren nach wie vor in ihrer Bastel-Ecke im Hackerspace „Sprout". Und die Kollegen der Bay-Area in und um San Francisco fanden lange im „Hacker-Dojo" Unterschlupf, wo bis dahin eher mit Lötkolben als mit Pipetten hantiert worden war.

Aber so ähnlich die Geisteshaltung von Computer- und Biohackern auch sein mag, die technischen und räumlichen Anforderungen sind grundverschieden. So brauchen Biohacker beispielsweise einen Wasseranschluss, den es in manchem Hackerspace bestenfalls auf dem Klo gibt. Auch eine Gasleitung, um einen Bunsenbrenner anschließen zu können, ist hilfreich, oder ein Abzug, den man vielleicht sogar mikrobensicher machen kann. Die Computer-Nerds kommen mit den Bio-Geeks auch nicht unbedingt immer gut klar. Bei einem Besuch im Noisebridge-Hackerspace in San Francisco etwa erzählte uns Francisco Jimenez, der dort mit Tropenfruchtessig experimentiert, von den Beschwerden der Computer-Geeks über Gärgerüche und eine generell angeekelte Abneigung gegen die „nasse" Laborarbeit der Biohacker. Diese wiederum regten sich über die nicht unbedingt gesunden Dämpfe der Lötkolben auf den Computerplatinen auf.

Inzwischen sind von Noisebridge und aus dem Hacker-Dojo einige in den reinen und unvergleichlich besser ausgestatteten Biohackerspace von Eri und Kristina in Sunnyvale umgezogen. Auch die New Yorker fanden 2010 ihren eigenen Platz in Brooklyn. Dort haben sie nicht nur alle Möglichkeiten, ein eigenes Labor einzurichten, sondern auch Platz genug, um „den New Yorkern etwas zurückzugeben", sagt Ellen Jorgensen, Mitgründerin und Präsidentin von Genspace.

Jorgensen arbeitet seit 25 Jahren als Molekularbiologin und leitete bis 2009 eine Forschungsgruppe bei der Firma Vektor Research, wo sie Auftragsforschung koordinierte. Inzwischen gehört sie zur Fakultät des New York Medical College, aber in einer Zwangspause nach Schließung ihres Labors bei Vektor Research wurde die ruhige und doch energiegeladene Forscherin auf die gerade keimende Biohacker-Szene aufmerksam − und entwickelte sich schnell zu einer Art Sprecherin der Szene. Inzwischen hat sie bereits einen TED-Talk[7] in Dublin bestritten und auch einen Vortrag auf der DLD-Konferenz[8] in München gehalten. Beides sind Konferenzen, auf denen Menschen ihre Ideen einem illustren, bunt gemischten Publikum aus

Investoren, Politikern, Unternehmensgründern und anderen Denkern präsentieren können.

Bei solchen Gelegenheiten ist es Jorgensen stets wichtig klarzustellen, dass „wir keine Gruppe selbstsüchtiger Hobbyisten sind, die mit gefährlichen Sachen hantieren". Aus der Stadt kommend, die wie keine andere unter den Folgen der Terroranschläge des 11. September 2001 gelitten hat, wolle sie Biotechnologie „demystifizieren und die Gesellschaft aufklären", sagt sie. Dutzende von „Biotech-Crash-Kursen", „Biohacker Boot Camps" oder Seminaren wie „DIY-Neurowissenschaft" und „Einführung in die Synthetische Biologie" haben Jorgensen und ihre Mitstreiter inzwischen gegeben. „Wer hier mit seiner 14-jährigen Tochter gentechnische Experimente gemacht hat, ist am Ende nicht mehr ganz so ängstlich", sagt Jorgensen. Ihr Hackerspace ist damit auch zu einer Bildungseinrichtung geworden und füllt eine Lücke, die die meisten großen Forschungsinstitutionen bislang eher vernachlässigen. Er ist aber auch ein Ort, wo wirklich gehackt werden kann.

Ausgestattet mit den Hinterlassenschaften aus dem geschlossenen Labor von Vektor Research, läuft zum Zeitpunkt unseres Besuches in Brooklyn bereits eine ganze Reihe von Experimenten.

Ein Angestellter von Google etwa kommt an Wochenenden und nächtens, um Bonsai-Bäume zu züchten, die nach Pfefferminz duften oder ungewöhnliche Farben haben. Jorgensen selbst hat sich vorgenommen, Genprofile von Pflanzen in der Tundra Alaskas zu sammeln. Dazu überprüft sie eine Art genetischen Fingerabdruck der gefundenen Gewächse, der auch als „genetischer Strichcode" bezeichnet wird. Denkt man solche Ansätze weiter, hat man schnell eine Zukunft vor sich, in der viele einzelne Amateurforscher per Crowdsourcing molekulare Daten aus der Natur sammeln und vielleicht auch selber analysieren könnten. Es wäre die bislang modernste Version jener Bürgerwissenschaft, deren Anfänge Jahrhunderte zurückliegen (siehe Kapitel 5). Sie würden die Daten aus Interesse und Engagement für ein größeres Projekt sammeln und weitergeben, vielleicht an einen Uni-Forscher, der selber finanziell und zeitlich niemals diesen Aufwand zu treiben in der Lage wäre.

Ein paar Schritte weiter arbeitet Genspace-Mitgründer Oliver Medvedik mit ähnlicher Technik wie Jorgensen an einem Experiment, mit dem er Bakterien bestimmen will, die – so ist er überzeugt – in der dünnen Luft der Stratosphäre leben. Dafür bastelt er handballgroße Experimentierkammern, die er an deutlich größere heliumgefüllte Ballons binden und in 30 bis 32 Kilometer Höhe aufsteigen lassen will. Dort soll sich die Kammer kurz öffnen und Bakterien aus der umgebenden Luft einfangen, deren genetisches Profil dann mithilfe eines Kollegen an der Cornell University ausgelesen werden könnte. Solche Experimente sind alles andere als absurde Phantasien von Möchtegern-Astronauten. Erst 2009 fanden indische Forscher in Höhen von 20 bis 40 Kilometern tatsächlich drei neue Arten von Bakterien, die mit besonderer Resistenz gegen UV-Strahlung offenbar an die harschen Bedingungen am Rande der Atmosphäre angepasst sind.[9] Mit Medvediks Technik könnten Hunderte von Hobby-Forschern nach Bakterien suchen, die am Rande des Weltalls herumfliegen. Der Lebensraum dort oben ist jedenfalls größer als die Tiefsee, ein paar mehr und geographisch verstreute Ballon-Expeditionen können da sicher nicht schaden.

Als wir Genspace besuchen, hat Medvedik allerdings keine Zeit für seine Strato-Box. Im Labor steht der Einführungskurs in synthetischer Biologie an, den er leitet. „Ich stelle gerade die Zutaten zusammen, die wir später in dem Kurs brauchen werden", sagt Oliver. Er hat so viel Routine im Pipettieren, dass ihn ein Gespräch nebenher nicht abzulenken scheint. Das ist eine hohe Kunst, wie wir später bei unseren ersten eigenen Versuchen erkennen werden.

„Die Kursteilnehmer sollen einen genetischen Schaltkreis konstruieren", sagt Oliver, und es klingt so selbstverständlich wie die einfachste Elektrobastelei einst im Werkunterricht. Der Schaltkreis seiner Kursteilnehmer allerdings wird sich auf den Chromosomen lebender Bakterien befinden. Die Glühlampe aus dem Werkunterricht ist in diesem Versuch ein Gen, den Schalter stellt ein Erbgutabschnitt vor dem Gen dar und den Finger, der den Schalter bedient, irgendeine Substanz, die von außen der Mikrobennährlösung beigegeben wird. Durch sie wird das Gen angeschaltet und das Bakterium zum Beispiel dazu gebracht, im Dunkeln zu leuchten. Das ist die einfache Variante. Es geht auch mit mehreren Schaltern und mehreren Genen, die sich gegenseitig an- und wieder ausknipsen, sodass die Mikroben periodisch leuchten, und so weiter.

Medvedik ist ein gutes Beispiel für den Großteil der sogenannten „Amateurbiologen", die sich von der DIY-Biologie angezogen fühlen. Denn wie viele andere, die in dem Feld Beachtung finden, ist er überhaupt kein Amateur. Er ist Molekularbiologe, hat einige Jahre an der Harvard University gearbeitet und gehört mittlerweile der Fakultät der Cornell University an.

Warum er denn dann nicht in den Labors seiner Universität an seinem Stratosphärenprojekt arbeitet, fragen wir ihn. „Ich habe eine ganze Reihe von Ideen und Konzepten, die ich dort nicht, hier aber schon umsetzen kann." Und es sei auch ein soziales Experiment, wohin sich diese DIY-Bio-Bewegung entwickle. Was ist hier anders? „In einem Profi-Labor wäre ich wohl nie von Reportern und Film-Crews ausgefragt worden", sagt Medvedik lachend. „Nein, im Ernst, wir bieten Kurse für die Öffentlichkeit. Jeder, wirklich jeder kann kommen." Es interessiere nicht, wie viel oder wie wenig Hintergrundwissen man mitbringe, „wir erklären alles, was nötig ist, um in einem molekularbiologischen Labor arbeiten zu können. Man muss sich für kein vierjähriges Studium anmelden, man muss keine Studiengebühren bezahlen." Welches Projekt man machen wolle, liege ganz bei jedem selbst. „Aber es muss klar sein, dass es ein sicheres Projekt ist und dass man weiß, was man tut."

Aber ist das kein Widerspruch – mit wenig Wissen loszulegen und gleichzeitig zu wissen, was man tut? Und was, wenn jemand ein offenbar verrücktes Projekt starten will?

„Dann sagen wir nein!", so einfach sei das, sagt Medvedik. Dafür sorgt nicht zuletzt der wissenschaftliche Beirat, dem namhafte Wissenschaftler wie George Church oder auch Dana Perkins, Biowaffenexpertin des Gesundheitsministeriums (U.S, Department of Health and Human Services), angehören. Wenn jemand noch nicht wisse, was er tue, dann helfe man ihm, solange es ein sicheres Projekt ist, erläutert Medvedik: „Aber wenn jemand zum Beispiel mit Krankheitserregern arbeiten will, die nicht mehr unter Biosafety-Level-1 fallen, bleibt es bei einem klaren Nein."

Wir fragen ihn, ob so eine Situation bereits aufgetreten ist.

„Wir hatten einen Fall, bei dem jemand Bakterien kultivieren wollte, die normalerweise auf der menschlichen Haut wachsen", erzählt Medvedik. „Wir waren unschlüssig, haben unseren wissenschaftlichen Beirat konsultiert und am Ende beschlossen, dass wir uns nicht hundertprozentig wohlfühlen damit." Und das, obwohl der Mann durchaus kein Amateur gewesen sei, sondern nach eigenen Angaben sogar schon in einem Labor höherer Sicherheitsstufe gearbeitet hatte.

Die meisten Projekte passieren die selbstauferlegten Sicherheitskontrollen aber ohne Probleme: Sei es das Konstruieren von Bakterien, die Arsen aufspüren, Algen, die Lichtenergie in Biotreibstoff umwandeln, oder das Wettrennen verschiedenfarbiger Bakterienkulturen über eine Agarplatte.[10] Jorgensen, die wie Tausende andere Freiwillige ihr eigenes Erbgut im Rahmen des Personal Genome Projects der Harvard University sequenzieren und öffentlich einsehbar machen lässt, will New Yorkern auch im Genspace ermöglichen, ihre eigenen Gene auf Mutationen zu durchsuchen, die mit Krankheiten in Verbindung gebracht werden können.

„Was die Leute hierherkommen lässt, ist ihre Leidenschaft für Wissenschaft und nicht, dass sie damit ihren Lebensunterhalt verdienen müssten", erklärt Jorgensen. Gerade deshalb kämen auch so viele Profi-Forscher. Das Basteln hier scheint für viele wie eine Art Ausgleichssport zu wirken. „Der Unterschied zu einem professionellen Labor ist, dass man hier die Freiheit hat, Dinge zu erforschen, die ökonomisch oder medizinisch scheinbar keinen Sinn ergeben", sagt Jorgensen. Ein Drittel der Genspace-Nutzer seien Künstler, die zum Beispiel genetische Merkmale aus dem Erbgut von zufällig gefundenen Haarresten herauslesen und dann aus den Genen abstrahierte „Porträts" von den dazugehören Menschen zeichnen wollen. Es ist ein Experiment, das sehr viel Raum für künstlerische Interpretation lässt, denn derzeit kann man aus den Genen eines Haares zwar erkennen, ob der Mensch zu dem Haar an einer Erbkrankheit leidet. Über das Aussehen aber verraten die Gene nach heutigem Kenntnisstand gerade einmal die Farbe von Haut, Haaren und Augen, und das Geschlecht.

Ein anderer Künstler verändert isolierte Bindegewebszellen von Mäusen, so genannte 3T3-Zellen, so, dass sie nach jeder Zellteilung die Farbe wechseln. „Und eine weitere Biokünstlerin arbeitet mit *Paenobacillus vortex* – Bakterien, die wunderschöne Muster hervorbringen, wenn man ihre Nahrung verändert", und erfüllt damit das Motto von Genspace, mit dem man auf der Website begrüßt wird: „Erinnert ihr euch an die Zeit, als euch Wissenschaft noch Spaß gemacht hat?"

In diesem Spruch scheint mancher Forscher sich selbst wiederzufinden. Viele haben immer ein Nebenprojekt im Kopf, an dem sie schon immer arbeiten wollten, zu dem sie aber in ihrem beruflichen Alltag nie die Möglichkeit hatten. Das bestätigt uns auch Romie Littrell, ein Biohacker aus Los Angeles, als wir ihn später treffen. Er selbst hat lange Jahre in Universitätslabors gearbeitet, unter anderem am MIT in Cambridge. Er weiß, dass die meisten Profis nicht an Projekten arbeiten, an denen ihr Herzblut hängt. Und nebenher haben sie kaum Zeit für ihre eigenen Forschungsinteressen. „Ich habe viele gesehen, bei denen sich Begeisterung in Apathie und Hass gegen die eigene Arbeit gekehrt hat", sagt Littrell. „Wieder den Blick für die Faszination der Biologie zu öffnen, ist für mich der wichtigste Grund, Biologie im DIY-Stil zu betreiben."

Jorgensen räumt ein, auch sie habe anfangs die „herablassende Attitüde" gehabt, dass, wenn irgendwelche Leute mit Biologie herumpfuschen, sie besser einen Profi dabeihätten, damit sie nicht „irgendetwas Dummes" tun. Aber inzwischen wisse sie, dass Leute, die sich auf DIY-Biologie einließen, in der Regel Bescheid wüssten. „Womit mich die DIY-Biologie letztlich geködert hat, war der Enthusiasmus, die Leidenschaft für Wissenschaft", sagt Jorgensen. Das sei ein Gefühl, weswegen man überhaupt die Forscherlaufbahn einschlage, „und das macht es so aufregend, hier zu sein".

Aber was kann, bei allem Enthusiasmus, dabei herauskommen? Können semiprofessionelle Labors wie Genspace oder Biocurious oder gar Kleiderschranklabors wie das von Kay Aull irgendetwas Substanzielles zur Forschung oder zum Fortschritt beitragen? Das zu beantworten, dafür sei es viel zu früh, sagt Jorgensen. „Man kann argumentieren, dass man frische Perspektiven und neue Ideen bekommt, wenn man Leute mit radikal unterschiedlichem Hintergrund zusammenbringt, aber es kann auch sein, dass Forschung inzwischen so kompliziert ist und so viel Expertise und Infrastruktur erfordert, dass DIY keinen nennenswerten Beitrag leisten kann."

Aber was ist eigentlich ein „nennenswerter Beitrag"? Eine Fachpublikation, ein neues Medikament, ein nobelpreisreifer Durchbruch?

Oder schon eine kleine Datenlieferung über die Gene der Bakterien im heimischen Feuerlöschteich? Oder sind die Kurse, in denen Großmütter mit ihren Enkeln lernen, Bakteriengene herumzuschubsen, viel wichtiger, weil sie Bildung über eine Schlüsseltechnologie der Zukunft transportieren?

Jorgensen jedenfalls spricht von einem großen Potenzial, auch für echte Forschung und echten Fortschritt: „Ich kann mir durchaus vorstellen, dass Genspace irgendwann auch einen wissenschaftlichen Fachartikel publiziert", in einer von Experten begutachteten Fachzeitschrift, in der auch Profi-Forscher veröffentlichen. „Wir werden sehen, schließlich gibt es uns erst ein paar Monate."

Tatsächlich steht die DIY-Biologie in Gemeinschaftslabors heute dort, wo sich der Frauenfußball in der Bundesrepublik Anfang der 70er Jahre befand. Ganz am Anfang. Möglich ist vieles, die Herausforderungen aber sind nicht rein sportlicher Natur.

Kapitel 3 ...

... in dem wir eine Englischlehrerin in der Genküche besuchen, Bio-bastler im ganz normalen Amerika kennenlernen, eine Forscherlegende in ihrem Büro fast verschüttet vorfinden, in dem wir auch lernen, wie zwei Toms sehr verschieden und sich im Grunde doch auch sehr ähnlich sein können, uns etwas von Biohandys vorschwärmen lassen und ein Professor zum Hacker wird ...

FAST FOOD AUS DER GENKÜCHE

„Mein Name ist Bernadette, ich liebe die Wissenschaft, und ich bin hier, weil es eine großartige Gelegenheit ist, Laborerfahrung zu sammeln, wovon ich bisher keine habe." So stellt sich uns mit tiefer, rauchiger Stimme Bernadette Gallagher vor. Die 48-jährige Lehrerin – irischer Einschlag unverkennbar – unterrichtet an einer Highschool englische Literatur, ist Mutter dreier Kinder, steht jeden Morgen um 4:45 Uhr auf, arbeitet bis nachmittags um fünf. Sie hat praktisch keine Ahnung von Biologie. Und nimmt es trotzdem mehrmals wöchentlich auf sich, fast 50 Kilometer über die verstopfte Autobahn aus Annapolis nach Baltimore zu fahren, um ihrem Enthusiasmus für Bio- und Gentechnik zu frönen. Ihr Mann teilt ihre Begeisterung eher weniger, erzählt sie, es nervt ihn, dass sie ihre Freizeit nicht mit ihm verbringt und an manchen Abenden bis zehn Uhr im Genlabor bleibt.

Doch Bernadette Gallagher ist „hooked", hat Feuer gefangen. Sie ist Teil eines Teams, das für das Community College of Baltimore County am iGEM-Wettbewerb teilnimmt, den das Massachusetts Institute of Technology (MIT) seit 2004 jährlich Anfang November veranstaltet. Ziel der Organisatoren ist es, einen neuen, von Ingenieursdenken getriebenen Zweig der Lebenswissenschaften voranzubringen: die Synthetische Biologie.

Eigentlich richtet sich iGEM (international Genetic Engineered Machine) vor allem an Studenten. Die sollen einen Sommer lang ihrer Phantasie freien Lauf lassen und versuchen, einen Organismus wie das Darmbakterium *Escherichia coli* (kurz *E. coli* genannt) gentechnisch so umzuprogrammieren, dass er tut, was die Jungforscher wollen. Zum Beispiel auf ein chemisches Kommando hin Gasbläschen produzieren, sodass die Bakterien wie mit Schwimmflügeln ausgestattet an die Oberfläche der Kulturflüssigkeit steigen und abgefischt werden können. Oder Bierhefe mit Genen versehen, die die Maß außer nach Hopfen und Malz auch nach Zitrone schmecken oder sie fluoreszieren lassen. Oder Bakterien zu mikrobiellen Spürhunden umfunktionieren, die anschlagen, wenn Fleisch nicht mehr genießbar ist.

Das sind nur ein paar von mittlerweile 785 Projekten, die iGEM-Teams seit 2004 verfolgt haben. Fast alle klingen in ihrer Beschreibung jeweils nach einem unmöglichen Unterfangen für Studenten, die erst ein paar Grundlagenvorlesungen gehört und oft noch nicht einmal erste Laborpraktika gemacht haben. Das dachten anfangs auch viele Kritiker, und tatsächlich können – ganz wie in der Profi-Forschung – nicht alle Ideen umgesetzt werden.

Doch erstaunlich viele der Bakterien-Maschinen funktionieren letztendlich. Mittlerweile nehmen so viele Teams aus aller Welt an dem Wettbewerb teil, dass 2010 der größte Hörsaal des MIT aus allen Nähten platzte und seit 2011 regionale Vorentscheidungen in Europa/Afrika, Asien, Lateinamerika und für Nordamerikas West- sowie Ostküste ausgetragen werden müssen. Zu gewinnen gibt es keinen echten „Gem", also Edelstein, sondern den Goldenen „Bio-Brick". Dieser schuhkartongroße Legostein aus Aluminium steht sinnbildlich für das, womit der iGEM-Erfinder und Soft- und Hardware-Ingenieur Tom Knight und seine Mitstreiter vom MIT aus Biologie „synthetische Biologie" machen wollen: das Neukombinieren von genetischem Code – so modular und einfach wie das spielerische Bauen mit Legosteinen.

Tatsächlich ist genau das mittlerweile bei Bakterien einfach genug für Erstsemester-Studenten und Leute wie Bernadette Gallagher. Damit ist der iGEM-Wettbewerb nicht nur zu einem Motor der vom Ingenieursgeist inspirierten synthetischen Biologie geworden, sondern auch zu einer der wichtigsten Triebfedern der Biohacker-Bewegung.

Als wir im Herbst 2010 nach Baltimore reisen, wissen wir noch nichts von Bernadette, der Lehrerin. Wir haben lediglich auf der iGEM-Website gelesen, dass es dort ein Team „aus Hobbyisten" gibt – bislang selten bei dem Wettbewerb. Das hat uns neugierig gemacht auf die Verbindung von Amateur- und akademischer Welt, die der iGEM-Wettbewerb zu eröffnen scheint.

Das College, wo jene Hobbyisten Gen-Lego spielen sollen, liegt auf einem Hügel mit Blick auf die im Nordosten liegende Stadt. Wir merken sofort, dass es sich hier nicht um eine der Elite-Universitäten vom Schlage Harvard, Yale oder Berkeley handelt, sondern um das ganz reale Bildungs-Amerika. Frisch gestrichen ist hier nichts. Stattdessen bröckelt klischeehaft der Putz. Riesige moderne Laborgebäude, aus denen Nobelpreisträger zum vor der Tür wartenden Taxi eilen, sind auch nirgends zu sehen. Dafür eine Menge Studenten, jung und nicht mehr ganz so jung.

Community Colleges sind je nach Ort und Ausrichtung eine Mischung aus berufsbildender Fachhochschule, Vor-Universität und ein bisschen Fortbildungs-Volkshochschule der ernsthafteren Art. Sie haben meist eher wenig Geld und sonstige Mittel, und wer es sich leisten kann, studiert normalerweise lieber anderswo. Doch sie sind fest verwurzelt in ihren Gemeinden und Regionen, denn ein Großteil der normalen Leute der Gegend hat sie irgendwann einmal besucht.

Wir stellen unser Mietauto ab und suchen das Labor, wo uns Thomas Burkett, Direktor des Biotechnologie-Fachbereichs, der sich aber gleich als Tom vorstellt, mit seinem iGEM-Team erwartet. Ein paar seiner Studenten hatten ihn Monate zuvor angesprochen und er hatte sich sofort bereit erklärt, mitzumachen.

Auch das ist eine Besonderheit des iGEM-Wettbewerbs. Es sind in den meisten Fällen nicht etwa Professoren oder wissenschaftliche Assistenten, die die Initiative ergreifen und Studenten eine Aufgabe stellen. Es sind die Studenten selbst, die über Kommilitonen oder Facebook, Twitter, Blogs und Ähnliches von dem Wettbewerb hören und sich dann um den vom MIT vorgeschriebenen akademischen Betreuer, ein passendes Labor, Materialien und sogar die Finanzierung durch Sponsoren kümmern.

Am Community College in Baltimore gehören zu den Studenten auch schon etwas fortgeschrittenere Semester wie Bernadette Gallagher, die dort Fortbildungen oder Umschulungen machen. Ein Mitstreiter in ihrem Team ist Miles Pekala, Elektrotechnik-Student und Hacker. „Ich bin hier, weil ich zum Hafford Hackerspace gehöre und versuchen will, mit DIY-Biologie anzufangen", sagt Pekala. Ein anderer heißt Patrick O'Neill, ein Informatik-Student: „Ich bin zu diesem Wettbewerb gestoßen, weil ich am Programmieren von Biologie interessiert bin." Dazu kommen noch zwei weitere Studenten, Ryan Ogle und Robert Buck. Es ist eine kleine, aber bemerkenswert diverse Gruppe aus der Mitte der Gesellschaft und ohne Bio-Studium. Der einzige Profi ist der Prof. Tom Burkett, Anfang 50, mit Schnauzer und hoher Stirn, hat lange Jahre für das National Cancer Institute der USA und in einer Biotech-Firma geforscht.

Anfangs diskutieren sie lange, welches Projekt sie angesichts der unterschiedlichen Hintergründe und der kaum vorhandenen biologischen Vorkenntnisse überhaupt angehen sollen. In dem Wissen, dass alle in Sachen Gentechnik absolute Amateure sind, einigt sich die Gruppe schließlich auf etwas, das zwar fast beängstigend anspruchsvoll ist, aber zu ihnen passt. Sie wollen etwas basteln, das eben dieser Amateur-Kultur der DIY-Bio-Bewegung, der sich alle zugehörig fühlen, dienen könnte: „Wir entwickeln günstige Alternativen für existierende Werkzeuge und Techniken in dem Versuch, die Partizipationsmöglichkeiten in der biologischen Forschung und Entwicklung zu erweitern", formuliert es die Gruppe auf ihrer iGEM-Website, die sie wie alle Teams für den Wettbewerb bestücken muss.

Das Hauptprojekt besteht darin, das Darmbakterium E. coli mit einem Gen für Taq-Polymerase auszustatten, jenes Enzym, das für die routinemäßige Vermehrung von DNA im Labor gebraucht wird. Es stammt ursprünglich aus hitzeresistenten Tiefseebakterien namens *Thermus aquaticus* (kurz Taq) und eignet sich deshalb hervorragend für die teilweise sehr hohen Temperaturen im Genkopierautomaten. Mit diesen das Tiefsee-Gen tragenden Coli-Bakterien will das Team anderen Bio-Amateuren helfen. Sie sollen ein biologisches Werkzeug sein, mit dem man dieses Enzym selbst herstellen kann, ohne es teuer einkaufen zu müssen. Bernadette, Miles und die anderen wollen damit etwas dazu beitragen, die Hürden für den Einstieg in die Synthetische Biologie zu senken.

Allerdings haben sie anfangs mit ganz anderen Hürden zu kämpfen. „Der Kopf schwirrte mir vor lauter neuen Begriffen und Techniken, von denen ich noch nie etwas gehört hatte", erzählt Miles Pekala von den ersten Treffen, in denen Burkett das geplante Experiment und die dazugehörigen biologischen Prinzipien erklärte. Für manch einen war das zu viel, ein paar der anfangs Interessierten tauchten nach den ersten Treffen nicht mehr auf, die Gruppe schrumpfte auf fünf plus Professor.

Als es dann ins Labor ging, schwangen auch Bedenken über Sicherheit mit, vor allem bei Miles und Bernadette. Schließlich hatte keiner von ihnen vorher schon einmal eine Pipette in der Hand gehabt, dafür aber schon eine Menge darüber gehört, was bei Gentechnik vielleicht alles schiefgehen kann. Die typischen Fernsehbilder von Hochsicherheitslabors und Experten in Schutzanzügen waren auch nicht geeignet, die Bedenken abzubauen. Tom Burkett begann deshalb fast behutsam mit den ersten praktischen Übungen und erklärte jeden Schritt. Für Bernadette war zudem wichtig, „zu wissen, dass das Labor zu einem College gehört", dass es also neben den Sicherheitsvorkehrungen, die Tom ihnen beibrachte, auch die technische und organisatorische Sicherheit einer professionellen Umgebung gab. Die Materialien und Prozeduren, die potenziell gefährlich sein könnten, habe sie schnell kennengelernt. Und letztlich habe sie sich dann „nie unsicher gefühlt".

Wir begleiten das Team ins Labor und dürfen zuschauen, wie sie die letzten Handgriffe ihres Experiments abspulen. Mit schon professionell wirkender Routine schwingen die Englischlehrerin und die beiden fachfremden Studenten Miles und Patrick inzwischen die Pipetten. Bernadette etwa arbeitet an einer Werkbank, die für möglichst keimfreie Luft sorgt, und pipettiert eine Flüssigkeit auf Agarplatten. Die sieht aus wie naturtrüber Apfelsaft und enthält die gerade gentechnisch veränderten Bakterien, die Bernadette mithilfe winziger, auf der Agarplatte herumrollender Glaskügelchen verteilt. Dann stellt sie die Platten beschriftet in den Brutschrank. Sie vergisst auch nicht, die Temperatur zu kontrollieren, exakt 37 Grad Celsius, schließlich sind es Bakterien, deren Wildform im Darm von Warmblütern lebt. Bernadette trägt bei all dem die vorgeschriebenen Gummihandschuhe und den etwas zu groß geratenen Gebraucht-Laborkittel. Dann macht sie sich ans Aufräumen. Studenten, oder vielleicht auch Betreuer, haben in dem sonst für Praktika genutzten Labor einen großen Zettel aufgehängt: „Räum auf, wenn du fertig bist! Deine Mutter arbeitet hier nicht!" Die dreifache Mutter Bernadette Gallagher zeigt ihn uns wortlos. Und lacht.

Am Labortisch nebenan werkeln Miles Pekala und Patrick O'Neill an einer Selbstbau-Version einer Gel-Elektrophorese-Apparatur, mit der DNA-Stücke der Länge nach sortiert werden können. Wenn es fertig ist und funktioniert, wollen sie das Gerät auf dem iGEM-Wettbewerb vorstellen. Burkett erzählt uns derweil, warum er sich als Profi-Forscher auf solch ein Anfänger-Projekt überhaupt eingelassen hat. „Bürgerforscher, die irgendwo da draußen Experimente machen, können einen wichtigen Beitrag zur professionellen Forschung leisten", sagt er, und das mit Nachdruck und Überzeugung in der Stimme. „Wir können das bereits dort sehen, wo Menschen die Rechenkapazität ihrer Computer zur Verfügung stellen, um etwas zur Lösung des Problems der Proteinfaltung oder zu Problemen in der Astronomie beizutragen." Er kann sich durchaus vorstellen, dass DIY-Biologen irgendwann freie Plätze in ihren PCR-Maschinen für irgendwelche Großprojekte in der Forschung zur Verfügung stellen. „Und jemand, der nicht durch die traditionellen Bildungskanäle zur Biologie gekommen ist, hat vielleicht eine ganz andere, neue Perspektive auf die Lösung eines Problems."

Wer Wissenschaft nur aus Spaß betreibt, der muss sich nicht darum kümmern, ob seine Arbeit am Ende für einen wissenschaftlichen Artikel taugt oder überzeugend genug für einen Finanzierungsantrag oder eine berufliche Karriere ist. „Ich kann im Labor einfach Spaß haben, und auch wenn ich in neun von zehn Fällen vermutlich scheitere, kommt vielleicht das eine Mal doch etwas Interessantes dabei heraus", so Burkett.

Seine Sympathie für die Idee eines liberaleren Umgangs mit Gentechnik ist allerdings nicht unbegrenzt. Intellektuell offen, aber technisch sicher und abgeschlossen, so stellt er sich die ideale DIY-Welt in der Biologie vor. Der Professor hat – in einer ihm eigenen Mischung aus väterlich-pädagogischem An-die-Hand-Nehmen und ein wenig militärischem Drill – sein Amateur-Team auf die Beachtung der Sicherheitsregeln für Laborarbeit und gentechnische Experimente eingeschworen. Auch mit Was-wäre-wenn-Szenarien.

„Was passiert zum Beispiel, wenn ich vergesse, etwas im Autoklaven zu sterilisieren, und es in den Abguss gieße?" Diese Frage müsse man sich vor jedem Experiment stellen, jedes Mal neu. „Kann das die Umwelt belasten, ist es ein Krankheitserreger, der einen Effekt auf Menschen, Seevögel, Krabben oder sonst etwas haben könnte?" Man müsse eine Kultur schaffen, die aus sich heraus solche Fragen der Biosicherheit angeht.

Ein paar Tage bevor die Reise nach Boston ans MIT ansteht, ist sich Burkett immer noch nicht sicher, ob sein Team schaffen wird, was es sich vorgenommen hat. Aber im Grunde ist ihm das beinahe egal: „Es geht mir nicht darum, dass wir irgendetwas gewinnen", sagt der Molekularbiologe. „Das Labor ist ein Platz zum Spielen und zum Lernen von Dingen, und es ist eine fröhliche, manchmal eine herausfordernde, aber auch eine wirklich erfüllende Umgebung." Eine emotionale Achterbahnfahrt zwischen Enttäuschung, wenn wieder etwas nicht funktioniert hat, und Jubeln über einen Erfolg.

Am Vorabend der Abreise gehen wir noch einmal ins Labor und verabschieden uns von Bernadette. Sie erzählt uns freudestrahlend, dass das Experiment funktioniert hat. Sie haben *Escherichia coli* so umprogrammiert, dass das Bakterium nun massenhaft jenes Enzym produziert, das ein jeder Biohacker für die Polymerase-Kettenreaktion braucht, um Gene zu kopieren. „Wenn es endlich klappt, dann fühlt man sich großartig", sagt sie, „als sei man die Größte auf der Welt."

Die Harvard Bridge verbindet Boston mit der Nachbarstadt Cambridge. Boston ist die legendäre Metropole der irischen und italienischen Einwanderer an der amerikanischen Ostküste, heute Finanz- und Wirtschaftszentrum und Hauptstadt des Bundesstaates Massachusetts. Cambridge gegenüber ist eine Welthauptstadt der Wissenschaft und Technologie. Zwei der renommiertesten Universitäten der Welt sind hier angesiedelt. Fast so viele Jogger wie Autos überholen uns auf unserem Weg über den Fluss zu einer davon, dem Massachusetts Institute of Technology, kurz MIT. Unter uns tuckern „Duck Tour"-Amphibienbusboote voller Touristen über den Charles River, mit uns strömen Hunderte von Studenten Richtung Campus. Von der Brücke aus machen wir Fotos vom Hauptgebäude der

Elite-Universität, das von der grauen Kuppel des „Great Dome" gekrönt wird. Einmal haben Studenten bei einem der traditionellen „Hacks" – wie intelligent ausgeklügelte Streiche hier genannt werden – ein komplettes Feuerwehrauto nach dort oben gehievt.[11] Und die Fensterfassade des ganz und gar grauen „Green Building" rechts vom Dome, dem mit 21 Stockwerken höchsten Haus in Cambridge, wurde kürzlich von studentischen Hackern in ein riesiges Tetris-Spiel verwandelt.

Dieses Hacking, das Zweckentfremden von Technologien für andere als ursprünglich gedachte Zwecke, hat eine lange Tradition am MIT. So gelten die Modelleisenbahn-Enthusiasten, die sich dort 1946 zum Tech Model Railroad Club (TMRC) zusammenschlossen, als die ersten Computerhacker der Geschichte. In „Haus 20" pflegten und perfektionierten diese Tüftler auf 80 Quadratmetern ein schier unendliches Streckennetz. Ständig mit dem Problem beschäftigt, die Signale und Weichen steuern zu müssen, stürzten sie sich Ende der 50er Jahre begeistert in die ersten Programmierkurse, um den damals noch Millionen Dollar teuren ersten Computer am MIT namens Transistorized Experimental Computer Zero (TX-0) nutzen zu können. Ende der 60er Jahre bekam der TMRC als erster Studentenclub einen eigenen Computer und wurde zur Brutstätte der so spielerischen wie ernsthaften Hackerkultur. Was diese jungen Leute damals wollten, war einerseits, Computer und ihre Programme so gut zu verstehen, dass sie diese nach Belieben nutzen und modifizieren konnten, andererseits aber auch eine Kultur von Offenheit und Zugang für alle zu dieser Technologie.[12]

Kann es Zufall sein, dass am ehemaligen Standort von Haus 20 heute das von Star-Architekt Frank Gehry entworfene „Stata-Center" steht, in dem Tom Knight sein Büro und sein Labor hat? Und dass hier im Jahr 2004 auch zum ersten Mal der iGEM-Wettbewerb ausgetragen wurde, der seither eine neue Generation von Hackern hervorgebracht hat, die Biohacker?

In dem Gebäude, in dem es nach dem Willen des Architekten kaum eine gerade Wand oder einen konventionell viereckigen Raum gibt, treffen wir das Team aus Baltimore wieder. Wir finden sie, dem Mobiltelefon sei Dank, inmitten Tausender Studenten aus aller Welt, die vor Postern stehen, mit denen sie ihre Arbeit vorstellen und anderen Teams erklären. Darunter ist eine Gruppe von zwanzig Bio- und Kunststudentinnen und -studenten aus Bangalore, die einen ganzen Comic über DIY-Gentechnik in der indischen Provinz gezeichnet haben. Gleich daneben steht ein rotblonder, großer Schwede, der von den von seinem Team gebastelten und angeblich auf dem Mars lebensfähigen Bakterien erzählt. Ein paar Schritte weiter hören wir eine Gruppe junger Chinesen, die mit Händen und Füßen und sehr wenig Englisch ein paar brav nickenden Zuhörern ihr Projekt zu erläutern versuchen.

Das Team aus Baltimore hat sich graue T-Shirts übergezogen, auf denen ein Emblem mit den Buchstaben DIY-GEM prangt, einer Fusion von DIY-Bewegung und iGEM-Wettbewerb. Bernadette und ihre halb so alten Mitstreiter sind zu aufgeregt und in Eile, um uns viel mehr zu erzählen als ein kurzes „Hello, good to see you again". Zudem sind sie ohnehin gerade auf dem Weg zu ihrem Vortrag im Hörsaal des „Green Building". Dort sollen sie der Jury präsentieren, was sie den Sommer über gebastelt haben – und wollen damit vielleicht etwas gewinnen. Patrick O'Neill atmet tief durch. „Wir sind eigentlich viel zu beschäftigt, um nervös zu sein", versucht er sich und das Team zu beruhigen.

Wir lassen die Baltimore-Truppe in Ruhe und suchen derweil das – im verwinkelten Stata Center – schwer zu findende Büro von Tom Knight, dem Erfinder und Gründer des iGEM-Festivals. Wir finden den Professor mit dem markanten weißen Kinnbart hinter Türmen von Büchern, Ordnern und Loseblattsammlungen, Stapeln aus Hunderten, Tausenden Artikeln aus wissenschaftlichen Fachmagazinen. Obgleich Computerwissenschaftler, scheint er vom papierlosen Büro nicht viel zu halten. Und wir wissen jetzt auch, warum er eine seiner wichtigsten und einflussreichsten Ingenieursleistungen seinerzeit Chaosnet nannte.

Knight ist MIT-Urgestein, mit 14 Jahren begann er als junger Überflieger neben der Schule auf dem Campus abzuhängen – also Kurse zu besuchen und im Sommer in Labors zu arbeiten. Dann studierte er und war bald Mitglied der Fakultät. Er war maßgeblich an der Entwicklung des Internet-Vorläufers ARPANET beteiligt. Er entwarf und programmierte diverse Computerbetriebssysteme und Netzwerk-Codes, darunter auch die Software-Fundamente des Ethernet,

der noch heute allgegenwärtigen Technologie der verkabelten lokalen Computernetzwerke. Er hält ein paar nicht ganz unlukrative
Patente. Kurz: Tom Knight ist eine Legende. Von der Statur, Haarfarbe und Stimmlage her erinnert er aber eher an einen gutmütigen
Eisbären.

Ein Computermann par excellence, hat er über 40 Jahre lang
aus der Silizium-Technologie herausgeholt, was herauszuholen war.
Doch jetzt sieht er das Ende der Fahnenstange. „Die Technologie
wird sich höchstens noch um den Faktor zwei bis vier verbessern lassen, mehr nicht", sagt er. Moore's Gesetz, das seit über 40 Jahren
ziemlich verlässlich gilt und eine Verdoppelung der Schaltkreise und
Rechenkapazität pro Computerchip alle anderthalb bis zwei Jahre
vorhersagt, ist demnach nur noch ein Gesetz der Vergangenheit.
Und schuld ist das, was Knight eigentlich als Ingenieur so liebt, weil
es meist Eindeutigkeit, Verlässlich, Messbarkeit, Rekonstruierbar-
keit bedeutet: die Physik. „Das Problem ist im Grunde, dass wir Physik verwenden, um Atome dorthin zu tun, wo wir sie haben wollen,
das ist aber nicht präzise genug."

Im Gegensatz zur mathematisch immer irgendwie beschreibbaren
Physik war dem Ingenieur und Bastler Tom Knight Biologie immer
suspekt. Sie war zu kompliziert, zu komplex. Knight erzählt, um zu
verdeutlichen, was er meint, gern Witze: „Kennen Sie die Geschichte
von dem Biologen und dem Ingenieur, die beide morgens ins Labor
kommen und an ihrem über Nacht gelaufenen Experiment feststellen, dass das System, das sie untersuchen, doppelt so kompliziert
ist wie ursprünglich angenommen? Der Biologe sagt: Klasse, ich
schreibe einen Artikel darüber. Und der Ingenieur sagt: Mist, wie
kann ich diese zusätzliche Komplexität loswerden?"

Knight sagt, dass er eindeutig auf der Seite des Ingenieurs ist.

Der Mensch Tom Knight ist derselbe geblieben, seit er am MIT an-
fing: ein Bastler, der leistungsfähige und sinnvolle Sachen basteln
will, aber auf die einfachste, die Funktion garantierende Art und
Weise. Seine Einstellung zur Biologie aber hat sich geändert. Oder
eher: Er will die Biologie selbst ändern, auf eine Weise, dass sie
letztlich seinen Ingenieursansprüchen genügt. Trotzdem spricht er
weiter von Mikroelektronik, einer biologischen allerdings. Er will
neue Techniken verwenden, um „Atome genau dort in einem Mole-

kül zu positionieren, wo man sie haben will". Die ausgeklügeltste Technik dafür ist aus seiner Sicht die Biochemie. „Wenn man wirklich an eine Elektronik in molekularen Dimensionen glaubt, dann führt das natürlicherweise in die Biochemie als Technologie der Wahl, denn es gibt schlicht keine alternative Technologie, die eine so präzise Kontrolle über das Platzieren von Atomen ermöglicht." Den nötigen molekularen Lötkolben glaubt Knight auch längst gefunden zu haben: die Ribosomen, jene molekularen Maschinen, die in Zellen anhand der Geninformationen Proteine zusammenbauen: „Ribosomen sind das beeindruckendste Stück Produktionstechnik, das wir haben. Sie machen Dinge. Die ganze Biologie dreht sich um das Machen von Dingen. Es ist eine Fertigungstechnologie, und ich glaube, dass Biologie die wichtigste Fertigungstechnologie dieses Jahrhunderts werden wird", sagt Knight.

Der Gedanke, dass Biomoleküle, die in ihrem Zusammenwirken Ergebnisse wie eine Rosenblüte, den Tanz der Honigbiene oder das Gehirn von Tom Knight hervorbringen können, auch so vergleichsweise einfache Aufgaben wie das Bauen eines elektronischen Chips bewältigen sollten, ist für Tom Knight einfach nur logisch. Man muss sie nur dazu bringen, und weil bisher schlicht die Komplexität im Wege stand, muss man eben diese Komplexität reduzieren. Dafür muss man zunächst verstehen, was eine Zelle unbedingt braucht und was nicht, erst dann kann man möglicherweise selber Modul für Modul Leben nachbauen, synthetisieren.

Tatsächlich verdient das, woran Knight, der Genom-Guru Craig Venter und ein paar andere derzeit arbeiten, erst seit Beginn des Jahrzehnts wirklich den Namen „synthetische Biologie". Die Bezeichnung „reduzierte Biologie" jedenfalls passte lange Zeit besser.

Der bis heute einfachste bekannte natürliche Organismus ist das Bakterium *Mycoplasma genitalium* mit seinen je nach Variante rund 500 Genen. Aber es geht noch einfacher. Der Vergleich mit der entwicklungsgeschichtlich weit entfernten Mikroben-Art *Haemophilus influenzae* zeigt, dass die beiden Einzeller nur 256 Gene gemeinsam haben. Viele davon finden sich auch im menschlichen Erbgut. Dieser kleinste gemeinsame genetische Nenner könnte das Erbe eines gemeinsamen Vorfahren sein. Das Minimum, die Essenz des Lebens, ist damit aber noch nicht erreicht, denn selbst unter diesen 256 Genen gibt es wahrscheinlich noch Redundanzen. Kennt man die Funktion der Gene, kann man zumindest auf dem Papier eines nach dem anderen streichen, bis nur noch 46 übrig bleiben, die theoretisch zum Betrieb einer extrem einfachen Mikrobe reichen sollten.

In der Praxis lassen sich Gene nicht einfach löschen. Man muss sie mit den Werkzeugen der Gentechnik aus dem Erbgut herausschneiden. Auf der Suche nach der genetischen Minimalausstattung hat ein Team um den Biotech-Pionier Craig Venter 2005 damit angefangen, eine Erbanlage nach der anderen aus dem Genom von *Mycoplasma genitalium* zu amputieren. Etwa 100 Streichkandidaten fanden die Forscher. Auf dieser Grundlage beantragte Venters Forschungsinstitut im Oktober 2006 die exklusiven kommerziellen Verwertungsrechte für einen synthetischen Organismus. Die Patentschrift beschreibt, wie Mikroben mit Minimalgenom durch ein paar zusätzliche Gene in mikroskopische Fabriken verwandelt werden, die Arzneimittel genauso herstellen können sollen wie Biotreibstoff. Der bislang – soweit man weiß – nur auf dem Papier existente Organismus *Mycoplasma laboratorium* würde so das biochemische Chassis stellen, das durch zusätzliche Gene auf einen speziellen Zweck hin getrimmt wird. Kritiker, die fürchten, dass Venter durch ein Patent zu einem Monopolisten werden könnte, nennen den Minimalorganismus „Synthia" oder einfach nur „Syn". Das klingt gesprochen wie das englische Wort für Sünde.

Seither nähern sich Venter und sein Team dem Kunstorganismus mit minimiertem Genom in vorsehbaren Schritten: 2007 gelang es ihnen, das Genom eines Bakteriums vollständig in die Hülle eines anderen, verwandten Bakteriums zu übertragen. Nach der geglückten Genom-Transplantation machte Venter 2008 wieder von sich reden, als er ein Basen-Baustein für Basen-Baustein vollständig künstlich nachgebautes Genom von *Mycoplasma genitalium* präsentierte. 2010 gelang den Zell-Konstrukteuren dann der nächste logische Weiterentwicklungsschritt. Sie transplantierten ein aus jenen Genen, die für ein Bakterienleben nötig sind, völlig neu zusammengebautes Genom in eine genfreie Mikrobenhülle. Und sie brachten diese Lebensschöpfung aus Menschenhand dazu, sich zu vermehren. „Wir betrachten Gene als Software", kommentierte Craig Venter seine Schöpfung, „der Rest der Zelle ist die Hardware". Demnach hat sein Team einer Mikrobe einfach ein neues Betriebssystem verpasst. Mit diesem soll sie künftig das machen, was der Mensch will, die Anweisungen dafür sind ihr per genetischer Software einprogrammiert.

Im Prinzip ist Venter damit tatsächlich als Erstem seit sehr langer Zeit (Genesis 1,20: „Und dann sprach Gott: Das Wasser wimmele von lebendigen Wesen …") die Verwandlung von toter Materie – chemischen Bausteinen – in eine zwar primitive, aber doch lebendige Kreatur gelungen. Venter streitet aber ab, Gott zu spielen, und auch den Namen eines Dr. Frankenstein will er nicht annehmen. Er sagt: „Wir schaffen Leben nicht von Grund auf neu. Wir nehmen das Material des Lebens, die Bausteine der DNA, und setzen sie neu zusammen." Er baut also auf mehr als drei Milliarden Jahren Evolution auf. Produziert hat diese künstliche Mikrobe, bis dieses Buch in den Druck ging, allerdings noch nichts – außer Schlagzeilen.

Venters Mikroben mit echtem Minimalgenom wären das reduzierteste Leben überhaupt. Nähme man ihnen nur ein einziges Gen weg, wären sie nicht mehr nachhaltig lebens- und vermehrungsfähig. Tom Knight müsste solch bis an die Grenzen gehende Verringerung der Komplexität eigentlich gefallen. Aber tatsächlich hält er diese bislang sehr minimalistischen Ansätze für seine Zwecke für nicht ausreichend. „Es gibt einen kleinen, aber wichtigen Unterschied zwischen minimal und einfach", sagt Knight. Wer ein einfaches System herstelle, erhalte sich gewisse Redundanzen, „wer einen Minimal-Organismus herstellt, der verliert einen wichtigen Aspekt des Systems, die Modulierbarkeit." Und Module einzubauen und auszutauschen und miteinander zu synchronisieren – auf eine Weise, dass Zellen oder Lösungen voller biologischer Moleküle das machen, was der Ingenieur will –, ist das erklärte Ziel.

Und langfristig darf es auch gerne wieder etwas komplexer werden, zumindest was die Ergebnisse solcher Bioproduktion angeht. Knight spricht etwa von einem Handy, das man sich bestellt und bei dem gleich eine Mini-Biofabrik zum Herstellen von mehr solchen Handys im Lieferumfang enthalten ist. Man kann ihn nun für völlig verrückt halten, denn nicht nur Biotelefone sind schwer vorstellbar, sondern auch ein Wirtschaftssystem, in dem sich Hersteller damit begnügen, einmal etwas zu verkaufen, damit die Verbraucher es dann vervielfältigen. So etwas lassen sich etwa Saatgut- oder Musikproduzenten schon heute nicht unwidersprochen bieten. Tatsächlich, sagt Knight selber, müsste eine solche Entwicklung mit einer „radikalen Transformation der ökonomischen Landschaft" einhergehen. Die technologische Transformation allerdings werde kommen: „Langfristig gesehen werden wir molekulare Teile für Hochleistungscomputer produzieren mithilfe biologischer Systeme oder zumindest biochemischer Prozesse – vermutlich nicht mehr zu meinen Lebzeiten, aber es wird passieren, ganz sicher."

Die Idee vom Biohandy zum Selberkopieren klingt zwar abgedreht, und ein ökonomisches Modell drumherum muss erst noch erfunden werden. Wonach sie nicht klingt, ist Hacking. Und sie klingt auch nicht nach echtem Do-it-yourself. Doch auch wer heute in Eigenleistung sein Haus baut, wird in den seltensten Fällen die Ziegelsteine selber brennen und die T-Träger im eigenen Walzwerk herstellen. Bastler besorgen sich immer Bausteine, Hardware-Hacker Platinen, Software-Hacker Programme und Code-Schnipsel. Bei den synthetischen Biologen heißen die Bausteine dann eben BioBricks. Und sie sind keine Zukunftsvision, sondern es gibt sie bereits in über 20 000 Variationen. Etwa 7000 sind derzeit lieferbar. Und wer hat sie erfunden? Tom Knight.

Mit einem Bakterium (Aliivibrio fischeri), das im Dunkeln leuchten kann, begann er zusammen mit Kollegen schon in den 90er Jahren, an solchen standardisierten Genbausteinen zu arbeiten. „Wie kann ein Elektroingenieur ein Bakterium, das leuchtet, nicht lieben?", stößt der sonst eher langsam und sonor erzählende Knight mit einem Lachen hervor. Doch der biokonvertierte Elektronikingenieur wollte den Genen seines geliebten leuchtenden Babys vor allem eine ordentliche Erziehung verpassen. Sie sollten verlässlich Funktionen erfüllen, wenn man sie einem anderen Bakterium einbaut, zum Beispiel eben leuchten. Sie sollten beliebig zusammensteckbar sein, damit das Bakterium zum Beispiel, wenn es leuchtet, auch gleichzeitig eine bestimmte Substanz produziert. Und sie sollten steuerbar sein, die Mikrobe sollte also etwa bei einem Lichtimpuls von außen für eine halbe Stunde das Leuchten einstellen.

All das und vieles mehr funktioniert bereits, und es klingt nach der idealen Spielwiese für Hobbybiologen, Biohacker, Garagen-Mikrobenbastler. Allerdings entschieden sich Knight und seine Mitarbeiter früh, dass nicht jeder mitspielen darf bei diesem Spiel des Lebens. Der iGEM-Wettbewerb,[13] den sie 2004 zum ersten Mal veranstalteten, ist zwar offen für alle möglichen Teams. Diese müssen aber von Biotech-Profis betreut werden und in für einfache gentechnische Versuche zertifizierten Labors arbeiten, so wie Bernadette und ihre Mitstreiter.

Warum Do-it-Yourself-Biologen von ihm keine BioBricks bekommen, müssen wir Tom Knight dann natürlich fragen.

Knight: „Wer Garagenbiologe ist, wird von uns nichts bekommen, es sei denn, da ist jemand, ein Angehöriger eines Instituts, eines Colleges oder einer Highschool, also jemand, den man anrufen und fragen kann, was zum Teufel sein Team da so macht. Zum anderen möchte ich betonen, dass wir nichts verschicken, was irgendwie gefährlich ist. Wir nehmen für das BioBricks-Register gar keine Teile an, die toxische Gene oder sonst irgendwelche schlechten Sachen enthalten, die wir auch nur vage als problematisch verdächtigen. Alles, was wir verschicken, sollte in einem Labor der niedrigsten Sicherheitsstufe bearbeitet werden können. Man sollte es nicht essen, aber wenn doch, würde nichts passieren."

Trotzdem hat die Do-It-Yourself-Biologie doch viel mit iGEM und Synthetischer Biologie zu tun?

Knight: „Es gibt da sicher Überlappungen. Kay Aull, die in vielen Berichten als Biohackerin genannt wird, hat zum Beispiel eine Zeitlang in meinem Labor gearbeitet. Und Mac Cowell auch."

Sie halten es für riskant, gentechnisches Werkzeug an Do-It-Yourself-Biologen abzugeben, aber nicht an Schüler von Highschools?

Knight: „Die Firma Carolina Biological Supply verkauft seit Jahren schon Klonierungskits an Schüler, mit denen man ein Fluoreszenz-Gen in Bakterien schleusen kann. Wir machen nicht viel anderes als das. Man kann kreativ sein beim Zusammenbauen der Teile, aber wir geben den Leuten nicht die Teile einer Waffe. Ich bin viel mehr besorgt über Leute da draußen, die ganz gezielt Ärger machen wollen. Wenn diese Leute aber einigermaßen intelligent sind, dann haben sie einfachere Wege, als das zu verwenden, was wir nutzen, oder von uns zu lernen. Man muss kein Molekularbiologe sein, um Anthrax-Bakterien in Texas aus der Erde zu holen, oder so etwas in der Art. Dafür ist man besser Mikrobiologe, und das ist etwas ganz anderes, als mit DNA zu arbeiten."

Auch bei Knight hat das FBI aber bereits angeklopft und freundlich, aber bestimmt darum gebeten, „die Augen offen zu halten, was andere tun, und auf schlechte Dinge zu achten, die in der Community passieren könnten", erzählt er, „die haben ein paar Bedenken bezüglich der DIY-Bio-Bewegung, wegen der unkontrollierten, unbeaufsichtigten Laissez-faire-Kultur."

In Tom Knights Büro ist die Gefahr eher physischer als biotechnischer Art. Die Papierberge rund um seinen Schreibtisch und die im Vorraum gestapelten Kartons und Biotech-Geräte könnten ihn und jeden Gast ziemlich leicht unter sich begraben. Man müsste nur irgendwo den ersten „Brick" anstoßen.

Wir schaffen es aber sicher wieder hinaus in das Beton-Glas-Labyrinth des Stata Centers und verlaufen uns erst einmal. Nach einigem Herumirren landen wir dann wieder im Erdgeschoss beim iGEM-Festival. Auf dem Boden der BioBrick-Tatsachen. Denn viele der Teams stellen beim Arbeiten mit den Genbausteinen, die standardisiert und zuverlässig sein sollen, fest, dass doch längst nicht alle funktionieren. Immer wieder haben sich fehlerhafte BioBricks eingeschlichen. Diese zu erkennen und aus der Sammlung zu entfernen, ist allerdings mühsam. Und die Studenten sind nach dem Wettbewerb wieder über den Globus verstreut, und die meisten Projekte werden nicht weiterverfolgt. Offensichtlich lässt sich die Komplexität lebender Systeme mit ein wenig Standardisierung eben bislang doch noch nicht zuverlässig überwinden, jedenfalls nicht so einfach: Ein BioBrick, der in der einen Kombination funktioniert, versagt mitunter in anderen, weil er vielleicht an einem anderen Ort im Erbgut des Bakteriums oder der Hefe sitzt und dort andere Bedingungen für das Ablesen der Geninformation herrschen. Positionseffekte nennen Genforscher dieses Phänomen, das Gen-Ingenieure schon seit den Anfängen ihrer Kunst verzweifeln lässt.

Nach mittlerweile fast zehn Jahren iGEM-Wettbewerb und fleißigem Sammeln Tausender BioBricks wartet Knights Standard in der Forschergemeinde also noch immer auf den Durchbruch. Aber vielleicht liegt es auch an den unterschiedlichen Philosophien von Biologen und Ingenieuren, die sich nur langsam durchmischen. Bislang ist die Verwendung der Gen-Legosteine jedenfalls auf den spielerischen iGEM-Wettbewerb und ein paar Labors begrenzt. Do-It-Yourself-Biologen würden die BioBricks aber liebend gern verwenden. Sie bekommen sie aber nur in Ausnahmefällen. Nur weil Profi-Forscher und eine akademische Institution für die Verwendung der BioBricks geradestanden, konnten beispielsweise die Biohacker des New Yorker Gemeinschaftslabors Genspace oder des Pariser La Paillasse mit BioBricks arbeiten. Offiziell. Es geht natürlich, mit ein paar Tricks, auch anders. Wir wissen jedenfalls von Biohackern, die bereits mit BioBricks experimentiert haben.

Die allermeisten Biohacker-Labors sind bislang mit Geräten, Zutaten und Expertise nicht gut genug ausgestattet, um dort wirklich mit anspruchsvollen Gentechniken arbeiten zu können. Die sind aber für synthetische Biologie nötig. Wer sie betreiben will, muss meist nicht nur ein Gen, sondern gleich mehrere miteinander kommunizierende Gene zwischen Organismen transferieren. In unserer fast dreijährigen Recherche haben wir keinen Biohacker getroffen, von dem wir hätten sagen können, dass er bereits synthetische Biologie betreibt.

Unmöglich ist es allerdings nicht, wie das Beispiel von Stephen del Cardayre zeigt. Zwar bezeichnet er sich nicht als Biohacker, sondern ist Biochemiker und Forschungschef der Biotech-Firma LS9. Die hat Coli-Bakterien mithilfe synthetischer Biologie so verändert, dass sie Bioethanol aus nachwachsenden Rohstoffen, wie zum Beispiel Zuckerrohr, herstellen können. Doch er sagt: „Große Ideen können überall beginnen, und im Fall von LS9 haben wir anfangs im Büro und später sogar in meinem Haus gearbeitet." Und natürlich könne man auch in einer Garage starten. Doch irgendwann, wenn aus der Idee oder dem synthetisch-biologisch hergestellten Prototyp-Organismus dann ein Produkt werden soll, wird es – Tom Knight wird das nicht freuen – dann doch wieder zu komplex. Und zu teuer. „Man braucht Geld, das Ganze hier ist nicht billig, denn man braucht die Ausrüstung, die Materialien, die Leute, und es ist viel Arbeit."

Bernadette, Miles, Patrick und der Rest des Baltimore-Teams haben ihr Projekt präsentiert. Burkett ist zufrieden und durchaus auch stolz, dass er seine Leute so weit gebracht hat. „Ich war ehrlich gesagt ziemlich erstaunt, dass wir nicht mehr Aufmerksamkeit bekommen haben für unsere Bemühungen, Wissenschaft zu demokratisieren, denn genau das hat andere Zuhörer immer sehr nervös gemacht", kommentiert Patrick O'Neill die eher verhaltene Reaktion der Jury.

Tatsächlich sind solche Demokratisierungsbemühungen derzeit noch die Ausnahme. Aber davon auszugehen, dass die meisten iGEM-Geeks als gut finanzierte Profiforscher oder Elite-Studenten möglicherweise gar nicht den Bedarf dafür sehen, wäre wahrscheinlich falsch. Wir haben jedenfalls jede Menge Leute dort getroffen, die DIY-Forschung, unabhängiger Biotech-Bastelei und Biohacking mit Sympathie begegneten und es vielleicht auch selbst einmal versuchen wollten.

Zur großen Preisverleihung versammeln sich die 128 Teams im größten Hörsaal auf dem MIT-Campus, dem muschelartigen Kresge-Auditorium für rund 1200 Zuhörer. Und der Saal wird voll bis auf den letzten Platz. Einige Teams müssen sogar auf den Gängen sitzen. Die Gruppen sind leicht erkennbar am Outfit: Mal nur knallorange T-Shirts mit dem Namen der Heimat-Uni, aber mitunter sogar auch Anzüge, Dirndl-Tracht oder Krawatte. Hier und da vermischen sich die Farben auch. Die trotz Alkoholfreiheit rauschende Party am Vorabend scheint solche teilweise internationalen Kontakte begünstigt zu haben.

Die Spannung steigt. Für das traditionelle Gruppenfoto schreien all die, die es in den überfüllten Hörsaal geschafft haben, ein ohrenbetäubendes „iGEM" ins Weitwinkel-Objektiv des Fotografen. Mit Gejohle und Klatschen wird danach der Einmarsch der Jury gefordert. Neben Biologie-Professoren besteht diese auch aus ehemaligen iGEM-Teilnehmern und auch Biohackern wie etwa Mac Cowell. Und dann ist der Moment da, auf den alle sechs Monate lang hingearbeitet haben. Unter donnerndem Applaus betritt die Jury den Raum, und die Zeremonie beginnt. Und sie dauert lange, denn es gilt, nicht nur einen, sondern viele Preise zu verteilen: für den besten neuen BioBrick, das beste Poster, die beste Präsentation, das beste Software-Tool, das beste medizinische Projekt, das beste Umwelt-Projekt, Gold-, Silber- und Bronzemedaillen ... Die begehrteste Trophäe, den goldenen BioBrick, bekommt in diesem Jahr das Team aus Slowenien. Sie gewinnen mit einer Technik, die Proteine und Enzyme wie an einem molekularen Fließband anordnen und so zur Zusammenarbeit zwingen kann. Es ist eine so anspruchsvolle Methode, dass sie mehrere Erfahrungs- und Ausbildungsjahre von dem entfernt ist, was das Baltimore-Team zusammenzubauen in der Lage war. Burketts Truppe, so stellt sich heraus, war auch mit dem Einsenden ihres BioBricks, des standardisierten Polymerase-Gens, zu spät dran. Es reicht also schon rein formal nicht zu einer Medaille. Doch richtig enttäuscht ist niemand. Man kann sich damit trösten, dass mit eingehaltenem Einsendeschluss alles vielleicht anders gekommen wäre. Und hier dabei gewesen zu sein, allein dafür habe sich die ganze Arbeit gelohnt, sagt Bernadette Gallagher und ergänzt euphorisch: „Wir machen es noch mal." Dann zieht sie mit den anderen los – um zu feiern. Ihr Ziel: jener Irish Pub, wo die Biohacker-Bewegung einst ihren Anfang nahm, ein paar Hundert Meter die Massachusetts Avenue hinauf.

Tom Knight und die anderen Miterfinder von iGEM hatten mit ihrer Idee nicht vor, eine neue Hackerbewegung anzuschieben. Doch mittlerweile sind es Dutzende ehemalige iGEM-Teilnehmer oder Mitarbeiter, die die Biohacker-Szene voranbringen. Unter ihnen sind in den USA die Bostoner Ur-Biohacker Kay Aull und Mac Cowell ebenso wie der Kalifornier Tito Jankowski. In Europa gehören der inzwischen in Kopenhagen lebende Freiburger Rüdiger Trojok, Pieter van Boheemen aus Amsterdam und Thomas Landrain in Paris dazu. Von Letzteren wird später noch ausführlich die Rede sein (siehe Kapitel 9).

Während also Jahr für Jahr ehemalige iGEM-Aktivisten ihren molekularbiologischen Tatendrang ausleben, indem sie zur DIY-Biologie-Bewegung überwechseln, ist der Wettbewerb von 2010 auch an dem Team aus Baltimore nicht spurlos vorbeigegangen. „Ich habe eine Menge im Labor gelernt", bilanziert die Highschool-Lehrerin Bernadette Gallagher zwei Jahre nach ihrer Reise nach Boston. „Wenn ich einen Kollegen in Biologie oder anderen Naturwissenschaften vertreten musste, dann haben mir die Erfahrungen aus dem Labor durchaus schon geholfen." Der Elektrotechniker Miles Pekala, der inzwischen seinen Abschluss gemacht und einen Job in der Robotik-Forschung gefunden hat, ist beim Biohacking geblieben. „Der iGEM-Wettbewerb war ein guter Anfang für mich, um meine eigenen Sachen zu starten", schreibt er uns per E-Mail. Er hat sich ein Bio-Labor in seinem Apartment eingerichtet und arbeitet zurzeit an Gewebezüchtung. Etwas ungläubig fragen wir nach: Gewebezüchtung in der Studentenbude? „Momentan bin ich noch in der theoretischen Phase und sammle, was ich an Material brauche." Eine seiner Ideen ist eine Art Bio-Drucker: „Mich interessieren vor allem künstliche Immunsysteme und Muskelgewebe, und ich will vor allem versuchen, Muskeln zu drucken und sie in Robotersysteme zu integrieren." Das klingt dann schon fast wie Tom Knight. Mit menschlichen Zellen will Miles „auf absehbare Zeit" nicht arbeiten. Sicherheitsbedenken für die Arbeit im Wohnungslabor hat er keine. Es sei einer der Vorteile des iGEM-Teams gewesen, in einem richtigen, betreuten Labor gelernt zu haben. „Das ist ein Punkt, den manche DIY-Biologen vielleicht nicht verstehen und sich deshalb selbst in Gefahr bringen könnten", meint er. In einem Profi-Labor Erfahrungen und Routine gesammelt zu haben, habe ihm auch das nötige Selbstvertrauen in sein Können gegeben.

Charaktere wie Miles Pekala und ihre Pläne können Außenstehende durchaus mit gemischten Gefühlen zurücklassen. Man kann Leuten wie ihm wegen ihrer praktischen Ausbildung, Erfahrung und des gelernten Sicherheitsbewusstseins vielleicht vertrauen. Man kann ihnen gute Wünsche hinterherrufen, auf dass ihnen gelingen möge, was sie vorhaben, und sie die Menschheit und ihre Karrieren ein wenig voranbringen. Aber ein schauriges Gefühl ob der Selbstverständlichkeit, mit der junge iGEM-Veteranen und andere Biohacker die Technologie aus den Uni-Laboren mit in die Vorstädte, Reihenhaussiedlungen und Garagen nehmen, wird man nicht ganz los.

Miles aber beispielsweise sagt, dass diese Technologie genau dort hingehört: „Ich bin ziemlich optimistisch, dass DIYbio eines Tages so gängig sein wird wie Computerhacking." Viele Leute wüssten einfach noch gar nicht, dass Bio- und Gentechnik außerhalb von Hightech-Labors und als Hobby möglich seien. „Die Werkzeuge [der Molekularbiologie] verlieren Schritt für Schritt ihren Patentschutz, und damit werden wir einen ähnlichen Aufstieg der Biologie sehen wie jenen der Computertechnik Mitte der Achtziger."

Wir haben als Journalisten schon einige Hochschullehrer in Amerika besucht. Und immer wieder drängte sich uns der Eindruck auf, dass dort die Bedeutung eines Forschers in umgekehrt proportionalem Verhältnis zu dem Platz steht, den er in seinem Büro hat. Tom Knight war da keine Ausnahme. Aber wenn diese aus Erfahrung gewonnene Regel wirklich stimmen würde, dann müsste einem anderen Tom der Anruf aus Stockholm vom Nobel-Komitee ganz unmittelbar bevorstehen, denn Tom Burkett hat am Community College of Baltimore County vielleicht gerade einmal sechs Quadratmeter in seiner fensterlosen Denkzelle zur Verfügung. Die Realität sieht für ihn allerdings anders aus. Er hat seine iGEM-Aktivitäten inzwischen sogar einstellen müssen. Die Institutsleitung hatte kein Interesse mehr an den außerlehrplanmäßigen Spielereien in seinem Labor.

Doch auch Burkett hat, ähnlich wie Bernadette es in der heißen Phase der iGEM-Vorbereitungen formulierte, Feuer gefangen, er ist „hooked". Was wir von DIY-Biologen, auch solchen mit professioneller Ausbildung, immer wieder hören, sind Worte der Begeisterung für das unabhängige, nicht auf das Plazet von Chefs, Geldgebern und Kommissionen angewiesene Arbeiten. Für Burkett bedeutete das schlicht, dass er auf die Entscheidung der Institutsleitung mit einem Schulterzucken reagierte und zusammen mit Gleichgesinnten einen Biohackerspace gründete. Der heißt BUGSS, was für Baltimore Under Ground Science Space steht.

Die Idee für die Abkürzung und das Wortspiel mit dem englischen Ausdruck für Mikroben (bugs) und dem geheimnisvollen Untergrund (underground) stammt ausgerechnet von einem der FBI-Beamten, die die Biohacker-Bewegung beobachten (siehe Kapitel 8). 50 Leute zählte Burkett bei der Eröffnung im Oktober 2012. In dem 250 Quadratmeter großen Raum in einem alten Backstein-Lagerhaus will er nun Kurse und Projekte anbieten. Interesse scheint es

laut Burkett sowohl von Privatleuten auf der Suche nach einem coolen Hobby als auch von Institutionen zu geben. „Wir hatten schon
eine Reihe von Anfragen von High- und Middleschool-Lehrern, die
mit ihren Schülern kommen wollen." Anders als die Biohacker in New York und anderswo, die sich
meist über Mitgliedsbeiträge finanzieren, wird BUGSS von einer
Firma unterstützt, die Burkett selbst gegründet hat. Sie soll molekularbiologisches Lehrmaterial für Schulen und Laien produzieren,
also eine Art Gentechnik-Variante des alten Chemiebaukastens. Dafür hat Burkett Unterstützung von der National Science Foundation
bekommen und ist nicht zuletzt deshalb finanziell in der Lage, der
Non-Profit-Organisation BUGSS Räumlichkeiten und Laborausrüstung zur Verfügung zu stellen. BUGSS kann so zunächst für ein
Jahr, vielleicht sogar länger, auf Mitgliedsbeiträge verzichten. Burkett
hofft, dass die Firma langfristig eine Quelle für Reagenzien und Nach-
schub für die DIY-Bio-Bewegung werden kann. Denn noch halten
sich die meisten Biohacker lange damit auf, das nötige Equipment
und die wichtigsten Chemikalien für die Experimente zu organisieren oder billige Alternativen zu finden. „In den 1970er Jahren waren
es auch Firmen wie New England Biolabs, die Forschern erst richtig
ermöglicht haben, Molekularbiologie zu betreiben, weil sie nicht
mehr länger selbst die für die Experimente nötigen Enzyme herstellen und aufreinigen mussten", sagt Burkett.

Burkett und seine einstigen iGEM-Mitspieler verkörpern ein paar
der Prototypen, die sich heute in der DIY-Biologie-Bewegung tum-
meln. Da sind Leute wie Miles, die allein und privat, aber online mit
Gleichgesinnten vernetzt, an Dingen basteln, die sie interessieren,
ob aus purer Lust und Laune oder mit großer Forschungs- oder
Geschäftsidee im Kopf. Da sind Leute wie Tom Burkett selbst, die
gemeinschaftliche Hackerspaces aufziehen, ob aus purer Lust und
Laune oder aus einem basisdemokratischen bildungspolitischen
Sendungsbewusstsein heraus. Und da sind Leute wie Bernadette –
auch sie will bei BUGSS mitmachen –, die, jung oder nicht mehr ganz
so jung, neben Beruf und Familie angefixt sind von den Möglichkeiten eines neuen Hobbys. Aus purer Lust und Laune. Sie alle zusammen zeigen auch, dass Biohacking und DIY-Biologie nicht mehr nur
im Schatten oder Windschatten der Elite-Unis stattfindet. Und Bur-

kett und sein BUGSS sind auch das beste Beispiel dafür, woher die Impulse der DIY-Biologie zwar noch längst nicht mehrheitlich, aber doch zunehmend kommen: von echten Amateuren. Schließlich waren es seine Studenten, inklusive einer Lehrerin für englische Literatur, die den konventionellen akademischen Biologen überhaupt auf die unkonventionelle biologische Bastelei brachten. Irgendwie sind sie die geistigen Väter und Mütter von BUGSS und auch von Burketts junger DIY-Bio-Dienstleistungsfirma.

Der 54-Jährige, der vor nicht allzu langer Zeit noch sicher – und zufrieden damit – war, seine berufliche Laufbahn als Vorstadt-College-Lehrer zu beschließen, schwärmt plötzlich von neuen Möglichkeiten der Bildung, der Forschung, des offenen Zugangs zu Informationen und des Bio-Unternehmertums – und will dort auch überall mitmischen. Schuld sind, wir haben es schon ein paarmal gehört, das Web und die einfacher und billiger werdenden Labortechniken und -geräte.

„Zum einen gibt es laut DIY-Bio-Mailingliste ziemlich viele Leute, die an relativ einfachen Techniken arbeiten", sagt Burkett, „wenn solche Techniken mehr Leuten zur Verfügung stünden, würde es für viele einfacher werden, die eher steile Lernkurve zu erklimmen." Er bezieht deutlich Position für das Modell der Gemeinschaftslabors, weil sie sicherer sind, aber vor allem, „weil hier die Leute voneinander lernen können". Ob dabei tatsächlich echte wissenschaftliche Ergebnisse, „etwas Nützliches", herauskommen, ist für ihn zunächst einmal eher zweitrangig. Als Hochschullehrer an einem ganz normalen, alles andere als reichen oder elitären College sieht er vor allem Chancen für eine neue Art von Demokratisierung von Bildung, von neuen Zugangs- und Vernetzungsmöglichkeiten: „Die Bewegung sagt etwas aus über die Art und Weise von wissenschaftlichen Erkenntnisprozessen und wie Wissenschaft gelehrt wird, und ich denke, Menschen wollen an dem wissenschaftlichen Prozess mitwirken."

Doch dieser Prozess findet immer noch zu oft hinter den Mauern der akademischen Institutionen und industriellen Labors statt. Die meisten Menschen hätten „keinen Zutritt zu diesen Räumen", sagt Burkett. Derzeit gebe es viele Versuche im Bildungsbereich, um das zu ändern, etwa dadurch, dass Kurse von Top-Unis und Top-Lehr-

kräften im Netz frei zugänglich gemacht und auch mit Zusatzange-
boten angereichert werden.

Das reiche allerdings nicht, sagt Tom Burkett, denn in vielen Bereichen der Naturwissenschaften müsse man auch Zugang zu einem
Labor haben, um ein Fach zu verstehen. „In der Zukunft", so hofft der
College-Professor aus Baltimore, „kann man vielleicht ein Video von
Tom Knight sehen, der synthetische Biologie und BioBricks erklärt,
und anschließend nebenan im Gemeinschaftslabor um die Ecke ein
paar der angesprochenen Experimente nachvollziehen." Und jeder
könne es genau dann machen, wenn er gerade Zeit hat, „so lässt
sich Bildung besser verteilen, lokaler und individualisierter".

Diese Verbindung zwischen Bildung über das Web und praktischer Laborarbeit, die Integration von Web-Technologie, Forschung,
Lehre und praktischem Probieren und Experimentieren wäre tatsächlich, wenn auch schon hie und da einmal im kleinen Maßstab
probiert, ein ziemliches Novum. Sie wäre längst im größerem Maßstab möglich gewesen, doch für Hochschullehrer ist es ehrenrührig,
Lehre auf diese Weise auszulagern – in der Kabine des FC Bayern
laufen schließlich auch keine Jürgen-Klopp-Videos. In außeruniver-
sitären Gemeinschaftslabors dagegen sind solche Animositäten eher
unwahrscheinlich, man wird dort eher versuchen, sich das Bestver-
fügbare über das Web zu organisieren.

Die Reaktionen auf die Gründung eines Gemeinschaftslabors
seien fast alle positiv gewesen, sagt Burkett. „Ich habe dabei den Begriff Biohacker vermieden, weil er in meinen Augen einen negativen
Beigeschmack hat; Gemeinschaftslabor klingt harmloser und bedient, was ich als Bildungstrend sehe und in den USA als STEM-Bil-
dung bekannt ist, also Science, Technology, Engineering and Mathe-
matics". BUGSS habe jedenfalls sehr enthusiastische Reaktionen
von Lehrern, Biotech-Profis und Fakultätsmitgliedern an Universitäten bekommen.

Universell allerdings sei die Begeisterung nun auch wieder nicht
gewesen. Eine Reihe von Leuten habe etwa Zweifel geäußert hinsichtlich der Labor- und Biosicherheit. „Aber die waren in der Min-
derheit, und über die Reaktionen der meisten Behörden, mit denen
wir bisher zu tun hatten, war ich positiv überrascht", so Burkett. Ihm
sei jedoch klar, dass etwa das FBI zwar ein freundliches Gesicht zeige,

aber letztlich an nichts anderem interessiert sei, als das, was die Behörde als eine potenzielle Gefahr sieht, zu überwachen: „Es ist eine schwierige Beziehung, denn dass wir mit dem FBI zu tun haben, verschafft uns in den Augen einiger Leute die nötige Legitimation, aber es ist immer noch wie bei einem Hund, der sich an einem Tag vom Mann auf der Straße schwanzwedelnd streicheln lässt und ihm am nächsten auf Kommando in die Waden beißt."

Konfliktfrei sieht Burkett die DIY-Biologie ohnehin nicht. Spätestens, sagt er, „wenn Leute beginnen, aus ihren DIY-Bio-Unternehmungen etwas kommerzialisieren zu wollen, wird es Konflikte zwischen der Open-Source-Philosophie und dem Schutzbedürfnis für jemandes Entwicklungen durch Patente geben."

Es wäre nicht das erste Mal, dass die Umsonst-Mentalität, die im Netz nach wie vor dominiert, sich nicht im Sinne der Erfinder auswirken könnte. Tatsächlich haben solche Konflikte längst begonnen und sie werden auch etwa in Diskussionen auf DIYbio.org ausgetragen. Dort fordern jene DIY-Biologen, die viel Zeit, Arbeit und Geld investieren, von der eher von User- und Remix-Mentalität geprägten Masse inzwischen zumindest ein wenig finanzielle Kompensation für ihre Beiträge, Erfindungen, Konstruktionspläne, Experimentier-Rezepte ein. Neben Verständnis treffen sie dort auch auf harten Widerstand.

Die Biohacker-Bewegung in ihren Grundfesten erschüttern werden solche notwendigen Diskussionen aber nicht. Dafür müsste schon das eintreten, was fast allen spontan als Befürchtung einfällt, die zum ersten Mal von in der Küche Biotech betreibenden Amateuren hören: ein absichtliches oder unabsichtliches Biohacker-Desaster.

Dass irgendwann ein „Bioterror-Vorfall oder auch nur ein Unfall, der nur im Geringsten mit Biohackern in Verbindung gebracht wird", passieren könnte, hält Burkett nicht für ausgeschlossen. Als einst sabotagefreudige sogenannte „Black-Hat"-Computerhacker begannen, ihr Unwesen zu treiben, brachten sie auch die Szene derer, die mit durchweg guten Absichten nur Sicherheitslücken aufdecken wollten, mit in Verruf. Auch allen wohlmeinenden und sicherheitsbewusst arbeitenden Biohackern stünden, wenn einmal etwas Ernsthaftes passiert, wahrscheinlich schwere Zeiten bevor. „Das wird dann so viele Regulierungen nach sich ziehen, dass es die gesamte Bewegung abwürgen würde", sagt Burkett.

Mit solchen Gedanken steht der Community-College-Professor, der seit kurzem auch Community-Lab-Gründer und DIY-Biotech-Unternehmer ist, nicht allein. Tatsächlich kommen Sicherheit, Regulation und Selbstkontrolle in fast jeder Diskussion unter Biohackern irgendwann zur Sprache, um dann oft den Rest der Konversation zu bestimmen. Die deutschen Biohacker gelten in der Szene mittlerweile als besonders sicherheitsversessen (siehe Kapitel 8 und 9).

Als wir im November 2010 die iGEM-Veranstaltung in Cambridge verlassen, wissen wir selbst nicht so recht, ob wir uns schon wirklich zu den echten „deutschen Biohackern" zählen dürfen. Aber wir haben damals zumindest schon unsere ersten eigenen Geh-, oder besser: Gen- und Gel-Versuche hinter uns. Wie wir uns dabei angestellt haben, steht in Kapitel 6. Davor hatten wir allerdings erst einmal einkaufen gehen müssen. Und so eine Shopping-Tour auf der Suche nach ordentlicher, aber bezahlbarer Laborausstattung kann ein echtes Erlebnis sein.

Kapitel 4 …

… in dem wir beim Einkauf auf dem Dorf keine Probleme haben, das Shoppen im Internet dagegen aber manchmal nicht so einfach ist, in dem Zollbeamte verzweifeln, wir in Apotheken Apothekenpreise zahlen, dafür aber anderswo die Zutaten für ein Gift-Gen sehr günstig bekommen, in dem Wissen nicht nur Macht, sondern auch Waffe ist, und wir unser Budget um 51 Cent überziehen …

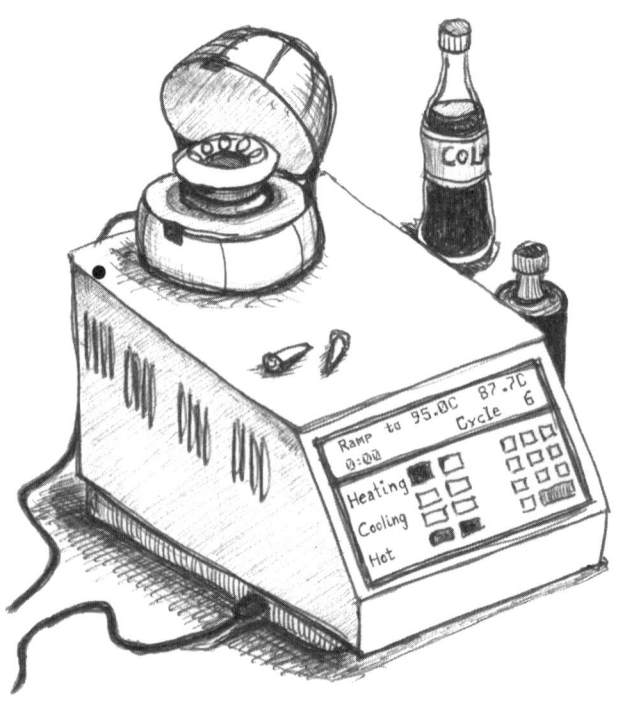

ERLAUBTE UND VERBOTENE FRÜCHTE

Ein Dorf im Norden Deutschlands, im Frühsommer 2010. Es ist ein Ort, an dem der sprichwörtliche Hund begraben liegt. Später Nachmittag, ein paar Mütter mit Kinderwagen, ein paar Rentner ohne. Das ist es dann auch schon. Dass die Suche nach Hightech für die geplante Biohackerlaufbahn uns ausgerechnet hierher verschlägt, kommt uns fast absurd vor. Aber wir sind hier richtig.

Das Ebay-Mitglied, das in diesem Ort wohnt, firmiert auf der Website des Internet-Auktionshauses unter einem der typischen, mehr oder minder kreativen, aus lustigen Wörtchen und Zahlen kombinierten Nutzernamen. Nennen wir es „eisenbienchen1elf" [Name geändert]. Es – oder er, wie wir gleich herausfinden werden – hat einen GeneAmp im Angebot. Den wollen wir jetzt abholen. Das „Amp" steht für „amplifizieren", vervielfältigen. Der GeneAmp ist also eine Maschine, mit der man Gene kopieren und vervielfältigen kann, und damit nicht unbedingt die Art von Handelsware, für die man in einer Siedlung am Dorfrand irgendwo in der norddeutschen Pampa ein Geschäft erwarten würde. Mehrfamilienhäuser, drei Etagen hoch, auf den Grünstreifen davor hängt Wäsche auf der Leine. Straße und Hausnummer gefunden. Eine Amsel singt, sonst ist nur ein wenig Wind in den Blättern der Birken zu hören. Und, als wir sie drücken, die Klingel.

Unsere Reisen in Sachen Heimwerker-Biotech führen uns immer wieder an merkwürdige Orte – von mit Papierstapeln fast komplett ausgefüllten Professoren-Büros über leicht siffige Hackerbuden bis hin zu abgedunkelten Vorstadthäusern mit zum Hightech-Labor umfunktionierter Garage. Aber diese Wohnung sticht noch einmal heraus. Sie ist eher Höhle als Heim: drei Zimmer, von denen nur eines erkennbar bewohnt ist, die zwei anderen sind Warenlager. In allen Räumen ist es düster, die Luft schmeckt verbraucht. Wir werden froh sein, wenn wir gleich wieder draußen sind. Das Eisenbienchen ist ein Mann um die 30, die langen, dunklen Haare zu einem Pferdeschwanz gebunden. Seine Nebenerwerbs-Geschäftsadresse heißt Internet, Ebay, eisenbienchen1elf. Er handelt mit Trödel, unter dem sich auch jene Kopiermaschine für Erbgut befindet.

Vor 20 Jahren, als solche Modelle ziemlich neu auf dem Markt waren, hätte man damit gleich mehrere Labore voller Biologen neidisch machen oder sie gegen ein Einfamilienhaus hier im Dorf eintauschen können. Damals zählte die Maschine zum Besten, was man sich zu diesem Zweck anschaffen konnte. Heute ist sie Sperrmüll. Dort jedenfalls will sie unser Verkäufer, der an einer Universität arbeitet, gefunden haben. Er erzählt, wie die Arbeitsgruppe, in der er forscht, selbst mitunter Laborutensilien bei Ebay kauft: „Das machen inzwischen viele Gruppen so, die keine Millionenzuschüsse bekommen, es gibt sogar Händler, die Gebrauchtgeräte mit Garantie anbieten."

Was wir mit dem GeneAmp vorhaben, interessiert ihn nicht. Er fragt auch nicht, ob wir an einem Institut arbeiten oder in einem Unternehmen. Stattdessen bietet er uns weitere nützliche Laborutensilien an. Ob wir zum Beispiel noch einen zweiten Gen-Kopierer haben wollen, einen kleineren? Nein, danke. Einen Magneten? Wir wüssten nicht, wofür. Ein Netzteil können wir allerdings gut gebrauchen – speziell dieses, bei dem man Spannung und Stromstärke fein justieren kann, um einige der anderen Laborgeräte mit Strom zu versorgen. Eine Zentrifuge hat er leider nicht, die fehlt uns noch.

Den Genkopierer – es ist ein grauer Kasten mit wenigen Tasten, der fast so schwer ist wie eine Waschmaschine, aber nicht einmal halb so groß – wuchten wir zu zweit mit einiger Mühe ins Auto. Das Netzgerät kommt daneben, Gebrauchsanleitungen hat der Verkäufer leider für keines der Geräte. Aber nach einer Weile Sucherei findet er zumindest noch ein passendes Stromkabel für den Genkopierer.

Wir zahlen ihm insgesamt 320 Euro und machen uns auf, zurück nach Berlin, mit dem GeneAmp über die Autobahn. Mit ihm als Herzstück wollen wir endlich unser Labor einrichten. Er ist nur einer von vielen Ausrüstungsgegenständen, die wir beschaffen müssen, bevor wir überhaupt versuchen können zu biohacken.

Für die Umsetzung unseres Vorhabens haben wir uns drei Regeln auferlegt:
1. Keine Lügen.
2. Wir bringen nichts und niemanden in Gefahr.
3. Wir machen nichts, von dem wir wissen, dass es verboten ist.

Wir wollen mit legalen Mitteln versuchen, so weit zu kommen, wie es in Deutschland nur geht. Wir wollen unser Labor sicher und gesetzeskonform ausstatten und ausloten, was ein neugieriger Biohacker in Deutschland anstellen könnte, ohne einen Gefängnisaufenthalt zu riskieren. Darüber hinaus wollen wir aber auch herausfinden, was jemand, der anders als wir mit krimineller Energie an ein solches Projekt ginge, an Zutaten organisieren könnte.

Eine Ecke in einem Berliner Gemeinschaftsbüro, in dem Sascha als selbstständiger Journalist arbeitet, funktionieren wir zu unserem Labor um. Wir haben seine Kollegen von unserem Vorhaben informiert, erklärt, was wir machen werden, und sie grob auf das vorbereitet, was sie in den nächsten Wochen zu sehen und zu hören bekommen werden: offene Flammen aus einem Gaskocher, brummende Maschinen, uns in Gummihandschuhen, wahrscheinlich ein paar handfeste Flüche.

Auch dass wir gelegentlich Messzylinder in der Teeküche ausspülen werden, haben sie mit ungläubigem Nicken zur Kenntnis genommen. Dass sie uns im gestreckten Galopp gemeinsam zum einzigen Klo spurten sehen würden, das konnten wir da noch nicht wissen.

Wir werden nicht mit Bakterien oder Tieren arbeiten, mit Pflanzenteilen nur sehr begrenzt. Auch Viren sind tabu. Alle Versuche sind so geplant, dass wir dabei keine umweltgefährdenden Stoffe verwenden müssen. Flüssige Abfälle, die wir nicht bedenkenlos trinken würden, werden wir zur Schadstoffsammelstelle der Berliner Entsorgungsbetriebe bringen. Der rechtliche Rahmen wird durch diverse Gesetze gesteckt. Die wesentlichen sind Gentechnik-, Chemikalien- und Grundgesetz. Uns selber schützen wir mit Einweghandschuhen aus Latex, Brillen tragen wir sowieso.

Vor dem Forschen steht das Einkaufen. Auf unserer ersten Bio-Bildungsreise durch die USA haben wir gelernt, was wir brauchen, um mit der Arbeit anfangen zu können. Die Liste ist immer länger geworden. Vor allem ab dem Augenblick, in dem wir begonnen haben, die ersten Anleitungen zu Experimenten zu lesen. Wie richtet man also ein Labor ein? Man geht erst einmal in die Küche und schaut, was man gebrauchen könnte. Viel mehr Nützliches als einen Messbecher und eine Schere gibt es da nicht, Marmeladengläser vielleicht, dann noch etwas Frischhaltefolie und ein paar Plastikboxen.

Das meiste, was wir brauchen, finden wir im Internet. Bald kennen wir die Preise vieler Kataloge auswendig und können Bestellformulare blind ausfüllen. Da, wo andere Leute Bücher und Klamotten kaufen, stöbern wir eine Woche lang nach Feinwaagen, Zentrifugen, den chemischen Zutaten für die geplanten Versuche, nach Gummihandschuhen, Pipetten und Reaktionsgefäßen in verschiedenen Größen.

So banal die letzten beiden Punkte auf unserer Einkaufsliste vielleicht klingen – beide zusammen haben die Molekularbiologie revolutioniert.

1957 hatte der Marburger Mediziner Heinrich Schnitger eine undankbare Aufgabe. Tagelang musste er Proben auf Chromatographie-Säulen auftragen. Dafür standen ihm als Werkzeuge lediglich Glaspipetten zur Verfügung, in denen er die Flüssigkeit bis zum Eichstrich mit dem Mund hochsaugen musste, um sie dann in das Analysegerät überführen zu können. Um sich die Arbeit zu erleichtern, ersann er ein neues Werkzeug, die Kolbenhubpipette, mit der sich kleinste Flüssigkeitsmengen mit großer Präzision, schnell und mit nur einer Hand abmessen ließen. Das Ansaugen übernimmt dabei ein Federmechanismus, der einen zuvor mit dem Daumen heruntergedrückten Kolben beim Nachgeben des Daumens wieder nach oben drückt.

Schnitger meldete seine „Marburg-Pipette" 1961 zum Patent an, überließ aber die Rechte bald darauf den Hamburger Ärzten Heinrich Netheler und Hans Hinz exklusiv. Die beiden Gründungsväter des Unternehmens, das heute Eppendorf AG heißt, brauchten damals für die Diagnostik ein System, um kleine Flüssigkeitsmengen zu handhaben, denn was sie untersuchen mussten, gab es nicht in großen Volumina: Blutproben einzelner Kinder, die man den kleinen Patienten, anders als Erwachsenen, nicht halbliterweise abnehmen kann. Die beiden ergänzten Schnitgers Erfindung um Einweg-Plastikspitzen, in denen die gesamte Flüssigkeit aufgenommen und wieder abgelassen werden konnte und die nach jeder Benutzung ausgetauscht wurden. Mit diesem System wurden also weder die Flüssigkeits-Proben noch die Pipette selbst verunreinigt.

Netheler und Hinz benannten das Gerät alsbald in „Eppendorf-Pipette" um. Außerdem ließen sie auch noch milliliterkleine, fest verschließbare Plastikgefäße fertigen, in denen der Benutzer Proben lagern und Reaktionen ablaufen lassen konnte.

Auch Biologen und Biochemiker müssen oft mit knapp bemessenen Flüssigkeiten arbeiten und ihre Proben oder teuren Enzyme genau dosieren. Die Pipetten, die auf einen Mikroliter (ein Tausendstel Milliliter) genau messen konnten, und die dazu passenden Einmal-Gefäße waren auch für sie eine ideale Kombination. Obwohl es inzwischen Hunderte generische Produkte gibt, ist noch heute der Name Eppendorf Sinnbild für diese kleinen Plastikgefäße, die liebevoll „Eppis" genannt werden. Unmengen davon werden noch immer an Labors in alle Welt ausgeliefert, und auch Unmengen von Einmal-Pipettenspitzen. Von denen verkauft die Firma jährlich derzeit mehr als zwei Milliarden. 2011 lag der Umsatz des Unternehmens bei knapp einer halben Milliarde Euro.

Um Nachfragen vorzubeugen: Wir werden von der Hamburger Firma nicht gesponsert und wollen uns dort auch nicht einschmeicheln. Wir finden schlicht ihre Geschichte – und die ihrer Produkte – interessant. Und relevant. Denn es ist, zumindest anfangs, eine Hacker-Geschichte:

Schnitger erfand neben seinem eigentlichen Job eines der wichtigsten Geräte der modernen Forschung. Seine Motivation war, Kompliziertes einfacher zu machen, sein Talent war das eines Bastlers, der nicht nur die Chromatographie, sondern auch Federmechanismen verstand. Die beiden Doktoren Netheler und Hinz begannen 1945 in einem Schuppen, mit aus Ruinen geretteten Materialien und Sinn für Improvisation das nahe Uni-Krankenhaus zu beliefern. Und später ergänzten sie Schnitgers Erfindung um jenes geniale, billige, schnelle und saubere Laborarbeit ermöglichende Detail namens Einmalspitze. Eine Geschichte von Labor-Bastelei und DIY-Forschung – und was daraus werden kann.

Für die Markenware aus Hamburg reicht unser Budget nicht. Wir müssen No-Name-Plastik kaufen, genauso ist es bei den Pipetten. Die kalifornische Biopunkerin Meredith Patterson kam auf die Idee, Insulinspritzen für die feine Dosierarbeit zu nutzen. Die sind billiger. Uns überzeugt jedoch, dass die Mikroliter-Pipetten mit nur einer Hand zu bedienen sind, und wir entscheiden uns daher für die Anschaffung der günstigen Version der professionellen Abmess-Geräte.

Auch die Zentrifuge, die wir unbedingt brauchen, kriegen wir von einem süddeutschen Spezialversandhändler sehr günstig für 56,60 Euro. Wieder was gespart, denn die etwas schneller laufenden Alternativen sind deutlich teurer. Allerdings werden wir später im Labor merken, dass wir eine schneller laufende unbedingt brauchen. Da zu dem Zeitpunkt unser Budget aber bereits gänzlich aufgebraucht ist, leihen wir uns, vernetzt wie wir bereits sind, eine von einer anderen Berliner Biohackerin. Kostenpunkt: null Euro. Allerdings gibt die irgendwann rauchend und stinkend und irreparabel den Geist auf. Kostenpunkt: sehr schlechtes Gewissen.

Es gibt auch ein paar Dinge, bei denen wir gar nicht sparen können. Der Farbstoff, mit dem wir später Erbgut markieren wollen, ist nur bei einem einzigen Hersteller zu haben, der sich sein Monopol gut bezahlen lässt. Dafür bekommen wir immerhin eine ungefährliche Substanz – im Gegensatz zu dem krebserregenden Ethidiumbromid, das in vielen anderen Labors verwendet wird. Oder besser: bekämen.

Wir könnten auf Ebay tonnenweise konzentrierte Salzsäure bestellen oder alle Zutaten, um eine Bombe zu bauen, aber einen halben Milliliter von einer Chemikalie, die laut Datenblatt weder umweltgefährdend noch ätzend oder entzündlich ist, bekommen wir nicht so einfach. Erst weigert sich das Unternehmen, an eine Privatadresse zu versenden, dann bekommen wir einen Brief mit dem Vordruck einer „generellen Endverbleibserklärung", in der wir mit unserer Unterschrift bestätigen sollen, dass wir den Farbstoff nicht an einen Schurkenstaat weiterreichen werden. Nicht, dass wir das vorgehabt hätten. Aber Sascha hat in der Zwischenzeit doch noch eine andere Quelle für den Farbstoff im Internet aufgespürt. Ein vollkommen seriöser Versandhandel, der sich auf Laborbedarf spezialisiert hat, schickt uns die orangefarbenen Farbstoffmoleküle ohne jede Umstände einfach gegen Rechnung.

Der Brief mit dem Formular der „generellen Endverbleibserklärung" war unser erster Kontakt mit dem „Ausfuhrkontrollgesetz" das unter anderem den Export von Gütern regelt, die einen „doppelten Verwendungszweck" haben. Auf Englisch heißt das „dual use".

Es ist wie mit dem Hammer, den man benutzen kann, um ein paar Latten auf ein Holzdach zu nageln, oder aber, um jemandem den Schädel einzuschlagen. Mit dem orangefarbenen Farbstoff lässt sich zwar keine Bombe bauen oder ein Mensch vergiften, aber er ermöglicht Forschung, die theoretisch auch zur Entwicklung von Biowaffen führen kann. Wie gesagt, theoretisch.

Es passiert uns immer wieder, dass wir nicht beliefert werden. In Deutschland ist es gar nicht einfach, an Chemikalien zu gelangen, selbst wenn Geld ausnahmsweise nicht das Problem sein sollte. Zwar sind die gängigsten Zutaten in Drogerien oder Apotheken zu haben. Agarose zum Beispiel, aus der wir später Gele machen werden, wie es uns Mackenzie Cowell in Cambridge gezeigt hat, oder Ethanol, das wir brauchen, um unseren Arbeitsplatz und Werkzeuge sauber zu halten. Destilliertes Wasser gibt es in jedem Supermarkt. Auch Ebay ist eine zuverlässige Quelle für Laborbedarf. Dort bekommen wir zum Beispiel ein Eimerchen voll Borax, mit dem wir später eine Lösung ansetzen. Für spezielleren Bedarf brauchen wir allerdings den Fachhandel. Und da beginnen die Probleme. Viele Lieferanten von Chemikalien verkaufen in Deutschland generell nicht an Personen ohne Gewerbeschein, doch auch der reicht oft nicht.

Es ist allerdings kaum die Furcht vor den Fähigkeiten von Newcomer-Biohackern, die die Unternehmen auf solche kleinen Geschäfte verzichten lässt. Es werde viel „Unfug" getrieben mit

Chemikalien, erklärt uns ein Vertriebsmitarbeiter eines großen Laborbedarf-Händlers. Aus diesem Grund prüfen viele Online-Händler die Adressen der Besteller sorgfältig. Wer aber einmal in der Datei mit den vertrauenswürdigen Kunden ist, kann meist bestellen, was er will – eine Information, die wir uns für später merken. Manchmal werden Scheinunternehmen gegründet, um an Material zu kommen. Deren „Geschäftsführer" sind erfahrungsgemäß meist Leute, deren Bestellung darauf hindeutet, dass sie Drogen herstellen wollen. Wie man solchen Betrügern im Detail auf die Spur kommt, will uns der Mitarbeiter nicht verraten, genauso wenig, wie er seinen Namen irgendwo geschrieben sehen will.

Es gibt für seriöse Händler auch noch einen anderen Grund zur Vorsicht: Man kann aus manchen Chemikalien Bomben basteln. Anleitungen dafür gibt es zuhauf im Internet. In Diskussionsforen finden Pyromanen Rat und geben sich gegenseitig Tipps, wie man trotz Privatkäufer-Embargo von Seiten der seriösen Anbieter an explosive Stoffe gelangen kann.

Wir wollen schon aus Egoismus und Liebe zu unseren Gliedmaßen und dem ganzen Rest unserer Existenz nichts kaufen, was uns um die Ohren fliegen könnte. Und insgesamt haben wir uns ja von Anfang an gegen die dunklen Kanäle und für den offiziellen Weg entschieden. Beim nächsten Einkaufswunsch laufen wir so allerdings gegen eine Wand.

Man kann DNA mit etwas Salz, Spülmittel und hochprozentigem Schnaps aus Zellen gewinnen, so wie wir es in Cambridge gemacht haben. Und man kann dieses Gemisch tatsächlich auch trinken – was Sascha irgendwann später als nun hartgesottener Biohacker auch einmal vor einer Filmkamera mit Pokerface durchgezogen hat. Für die ernsthaften Experimente im Labor ist dieser „Kurze" allerdings ziemlich ungeeignet, denn die DNA ist dann noch stark mit Proteinen und Stückchen der aufgelösten Zellen verunreinigt. Wir aber brauchen sauberes Erbmaterial, weil wir es dieses Mal nicht nur um einen Zahnstocher wickeln, sondern weiterverarbeiten wollen. Hier kommen die Kügelchen aus Kunstharz ins Spiel, die der Chemikalienkatalog als „Chelex 100" listet. An ihnen bleibt die zerstörte Zellmasse haften, das Erbmaterial löst sich in der klaren Flüssigkeit und kann mit der Pipette abgezogen werden.

Es ist eine sehr elegante, für Mensch und Umwelt ungefährliche Methode. Aber es sieht so aus, als würden wir sie nicht anwenden können. Auch der Chelex-Hersteller liefert nicht an Privatpersonen, ganz egal, wie harmlos das Material auch sein mag. Ebay lässt uns dieses Mal ebenfalls im Stich. Wir sind kurz davor, Freunde, die an einer Universität arbeiten, darum zu bitten, die lächerliche Bestellung für uns vorzunehmen. Damit würden wir allerdings auf Hilfe von Forschungsprofis zurückgreifen, und auch das wollten wir eigentlich um jeden Preis vermeiden.

Wir kratzen unseren Optimismus zusammen und fragen in Apotheken nach dem Stoff. Das Problem ist nur, dass die studierten Pharmazeuten die seit Mitte der 90er Jahre in Labors zunehmend allgegenwärtigen Chelex-Kügelchen nicht kennen und sie auch bei ihren Großhändlern meist nicht bestellen können. Es klappt schließlich beim siebten Versuch. Eine interessierte Apothekerin verspricht, eine Bestellung beim Hersteller abzusetzen, nachdem wir ihr erklärt haben, wozu wir das Material – und davon auch nur zehn Gramm – brauchen. Eine Woche später klingelt das Telefon, und dieselbe junge Dame erklärt, dass sie nur eine Flasche mit 100 Gramm beschaffen könne, zu einem Preis von über 200 Euro. Der übliche Herstellerpreis liegt deutlich darunter, aber warum sollte die Apotheke bei so viel tatsächlich ziemlich exklusiver Dienstleistung nicht auch etwas verdienen? Wir geben die Hoffnung auf einen besseren Chelex-Deal auf. Und die 200-Euro-Bestellung, die die Apothekerin dann zufrieden weiterleitet, die geben wir auch auf.

Und auch wir sind zufrieden. Denn nun können wir endlich loslegen mit unseren Versuchen. Denken wir. Drei Tage später ist wieder die inzwischen vertraute Stimme am Telefon und fragt, ob wir noch einmal vorbeikommen könnten, um „etwas zu unterschreiben". Ein paar Minuten später sind wir bei ihr und erkennen die inzwischen vertraute „Endverbleibserklärung". Hanno unterschreibt und garantiert damit, dass das Produkt nicht mit der Absicht bezogen wird, Suchtstoffe herzustellen, nicht für militärische Zwecke benutzt wird, er es auch nicht an Dritte weitergibt oder Sprengstoff daraus herstellt. Adresse, Unterschrift, Abgleich mit dem Personalausweis, Anzahlung und endlich ist die Bestellung nun offiziell unterwegs. Es dauert noch einmal vier Tage, bis die braune Plastikflasche geliefert wird und wir wieder ein Teil von unserer Einkaufsliste streichen können.

Post vom Zollamt. Das Schreiben besagt, wir hätten ein Päckchen aus Amerika bekommen. Und das müsse verzollt werden. Es kann nur unsere Gel-Elektrophoresebox sein, die wir bei Tito Jankowski bestellt haben. Er war einer der Ersten, der billige Open-Source-Hardware für biologische Labore entwickelte, als Ersatz für teure Geräte von Markenherstellern. Er versorgt damit Bürgerforscher genauso wie Profis mit kleinem Materialbudget. Man kann die fertig montierte Box bei ihm bestellen, oder einen Bausatz, oder einfach Bauplan und Materialliste herunterladen und selber basteln. Wir haben uns für die komfortabelste Variante entschieden. Die fertige, etwa brotdosengroße Box muss schließlich wasserdicht sein, und keiner von uns ist sich sicher, ob er Plexiglas lückenlos zusammen-kleben kann. Also die fertige Box samt Blaulichtlampe. Zum Glück akzeptiert Titos Webshop deutsche Kreditkarten.

Der Schrieb vom Amt weist uns an, dass wir eine „laienverständ-liche" Beschreibung der Ware mitzubringen haben, außerdem einen Kaufbeleg, der den Wert ausweist, und einen Personalausweis. Uns ist ein wenig unwohl bei der Sache. Schon wieder bekommt unser Tun einen offiziellen Charakter. Und wer weiß, ob es für solche Dinge nicht vielleicht eine Einfuhrbeschränkung gibt? Was, wenn die Be-amten das Plastikgebilde mit den Drähten und den blauen LEDs für etwas Gefährliches halten? Sollten wir vielleicht unsere Zahnbürsten gleich mit einpacken?

Wir machen uns mit grummelnden Bäuchen auf zu dem grauen Gebäude, das auch einer Spedition gehören könnte. Am Schalter wartet bereits eine Menschenschlange, wir müssen fast eine Viertel-stunde warten, bis wir dran sind. Die freundliche Beamtin fragt:

„Was haben Sie da bekommen?"

„Eine Gel-Elektrophorese-Kammer, damit kann man Gene sicht-bar machen."

Die Beamtin, mit Stirn in Falten, aber hoffnungsvollem Ton: „Was für Computer, oder?"

Wir lassen die Gelegenheit, einfach zu nicken, verstreichen, und antworten stattdessen: „Nicht ganz, damit kann man zum Beispiel testen, was in Lebensmitteln drin ist."

Ratlos klickt sie auf dem Bildschirm ihres Computers das eine und andere an, auf der Suche nach der richtigen Produktgruppe in ihrer Zollamts-Software. Gel-Elektrophorese oder auch nur eine Kategorie, in die unser Kasten hineinpassen könnte, gibt es da offensichtlich nicht. Ein Kollege kommt zu Hilfe:

„Ist es elektrisch?"

„Ja ... also ... es braucht Strom."

Dann fällt sein Blick auf den Preis, die Augenbrauen gehen nach oben, und auf seiner Stirn lesen wir die Worte ‚So ein Wirbel wegen 250 Euro'. Gemeinsam starren die beiden Zöllner auf den Bildschirm. Durch die Menschenmenge hinter uns zieht sich ein Seufzen.

Nach weiteren fünf Minuten Klickerei, die nicht sehr zielstrebig wirkt, hat die uniformierte Dame dann offenbar doch einen Weg gefunden, das Ding zu verbuchen. In welche Kategorie sie unseren Import gesteckt hat, würden wir zwar gerne wissen („Sonstiges" vielleicht?), halten uns aber wohlweislich mit Fragen zurück. Sie berechnet die Mehrwertsteuer, die wir an der Kasse zu entrichten haben. Wieder ein Häkchen auf der Einkaufsliste. Jetzt müssen wir Moleküle shoppen.

Der Bote schaut sichtlich irritiert. Normalerweise liefert er an Labors. Manchmal ist auch eine Arztpraxis auf seiner Transportliste. Aber Journalistenbüros? Das hat es noch nie gegeben. Wir versichern ihm, dass er hier richtig ist. Auf die Frage, was wir mit dem Inhalt des Päckchens vorhätten, erwidern wir: „Gene untersuchen." Das scheint ihm auf unheimliche Weise einzuleuchten, er lässt sich die Auslieferung quittieren, kehrt auf dem Absatz um und verschwindet die Treppe hinunter.

So einfach kommt man heute an künstliches Erbgut: Man buchstabiert schlicht die gewünschte Abfolge der DNA-Bausteine in die Online-Bestellmaske eines Unternehmens, das darauf spezialisiert ist, Erbgut zu synthetisieren. Man setzt seine Adresse und Bankverbindung dahinter. Man wartet zwei Tage. Und dann bringt ein Bote einen gepolsterten Umschlag mit einem winzigen Plastikgefäß darin. In dem ist das maßgeschneiderte Genfragment als weißer Pulverhauch durch den transparenten Kunststoff zu sehen. TGTAAAACGA ... so beginnt eines der Fragmente, die wir bestellt haben. Jeder Buchstabe steht dabei für einen der vier Molekül-bausteine, aus denen sich die Erbsubstanz DNA zusammensetzt. Die Abfolge von Molekülbausteinen bildet das Gegenstück zu den ersten Bausteinen des Gens, das uns interessiert. Wir tragen die bestellte Sequenz selber in unserem Erbgut, genauso wie Pflanzen, Bakterien oder Tiere. In unserem ersten Experiment wollen wir eine Art gene-tischen Fingerabdruck von dem Sushi nehmen, das wir in unserer Mittagspause in der Bar um die Ecke bekommen. Dazu müssen wir das Gen zunächst kopieren. Deshalb haben wir den gebrauchten Genkopierer gekauft, ein paar Chemikalien und das Kopier-Enzym. Die gerade gelieferten kurzen Kunst-DNA-Schnipsel sagen dem En-zym schlicht, wo es mit seiner Arbeit beginnen und wo im Erbgut es stoppen soll. Aber dazu später mehr (in Kapitel 6).

Nachdem das so reibungslos lief, ordern wir kurz darauf die nächs-ten Erbgutschnipsel bei unserem DNA-Lieferanten. Wir haben mit Absicht nicht alles auf einmal bestellt. Denn das nächste Gen, für das wir uns interessieren, ist nicht mehr so harmlos wie der Erbgut-abschitt, mit dem wir beim Sushi zwischen Thunfisch und Plötze unterscheiden wollen. Es ist Teil des Genoms des Wunderbaums, *Ricinus communis*. Das Gen bildet den Bauplan für das Gift Rizin, eines der stärksten Toxine, die von der Natur hervorgebracht wer-den. Schon 0,25 Milligramm genügen, um einen ausgewachsenen Mann zu töten. Es ist als Biowaffe geächtet und im deutschen Kriegs-waffenkontrollgesetz gelistet. Der Wunderbaum schützt mit dem Gift bloß seine Samen vor Fressfeinden. Wir wollen es nicht pro-duzieren, denn das wäre keine gute Idee und würde zumal auch ge-gen Punkt zwei unseres Kodexes verstoßen. Aber wir wollen doch herausfinden, ob wir es vielleicht könnten. Auf gar nicht biotechno-logischem Wege könnten wir es wahrscheinlich ohnehin, denn man muss das Toxin eigentlich nur mechanisch-chemisch aus den Wun-derbohnen extrahieren. Uns interessiert aber, ob man auch die ge-netische Bauanleitung, die frei in Datenbanken zugänglich ist, zur Herstellung des Rizin-Gens nutzen kann. Dieses dann in das Erbgut von Bakterien einzubauen und diese so in mikroskopische Rizin-fabriken zu verwandeln, wäre dann nur der letzte notwendige Schritt, um ein Labor zu einer echten Giftküche zu machen. Was natürlich nicht unser Plan ist. Wir wollen nur ausprobieren, ob wir an solche Erbgutstücke herankommen, mit denen sich potenziell gefährliche Gene basteln lassen. Es ist überhaupt kein Problem. Dabei steht Rizin und auch sein biologischer Bauplan auf der „Liste der Dual-Use-Güter" der Güterkontrollverordnung. Vielleicht war es so einfach, weil wir eben nicht das ganze Rizin-Gen bestellt haben, sondern nur kurze Abschnitte vom Anfang und Ende der insgesamt ein paar Tausend Bausteine langen Buchstabenfolge. Aber mehr braucht das Kopierenzym nicht, um aus einem zerriebenen Samen des Wunderbaums (ein Tütchen kostet 1,50 Euro auf Ebay) oder auch aus im Botanischen Garten „geernteten" und dann zerkleinerten Blättern das Gen milliardenfach herauszukopieren. Das Ausfuhrkontrollgesetz zwingt Hersteller künstlicher DNA, jede Bestellung auf Gefährlichkeit zu überprüfen. Das gilt für ganze Gene, nicht aber für kurze DNA-Stücke, wie wir sie bestellt haben. Und Auftraggeber aus Deutschland werden nicht immer einzeln überprüft.

Wir allerdings schon. In unserem Fall rief am Tag nach der ersten Bestellung eine freundliche Dame an, um sich die ungewöhnliche Versandadresse bestätigen zu lassen und sich nach unserem Vorhaben zu erkundigen. Da hatten wir allerdings noch gar keine Startsequenzen für das Kopieren des Rizin-Gens bestellt, sondern jene für unser geplantes Sushi-Experiment. Als wir ihr also die Sache mit dem Fisch wahrheitsgemäß erklärten, gab sie die Bestellung frei. Das war es aber dann auch mit der Kontrolle. Wie der Geschäftsführer des Unternehmens uns später erklärte, sei man in seinem Unternehmen bei Personen ohne Institutsanschrift „sehr vorsichtig". Wer allerdings einmal als vertrauenswürdig eingestuft wurde, kann bestellen, was er will. Wir bestellen zuerst harmlose Fisch-Primer, bekommen einen Anruf, geben ehrlich, freundlich und kompetent klingend Auskunft, und unser ‚Hack' ist perfekt, wir sind drin. Danach können wir problemlos auch die Rizin-Sequenzen bestellen – ohne dass wir gelogen oder das Gesetz gebrochen hätten.

Bei DNA-Herstellern ist der Umgang mit neuen Kunden also ähnlich wie bei den Chemikalienhändlern. In unserem Falle aber war kein Gewerbeschein nötig, und auch eine Policy, generell nicht an

Privatpersonen zu liefern, gab es nicht, nur den Kontrollanruf bei Erstbestellung.

Die Kontrollmöglichkeiten der Gensynthese-Firmen hält der Geschäftsführer allerdings ohnehin für begrenzt. Schließlich könne man potenziell gefährliche Gensequenzen auch so umschreiben, dass sie zwar noch immer funktionieren, aber nicht von den Suchalgorithmen erkannt würden, die in den Bestellungen nach gefährlichen Sequenzen fahnden. Schlagen die Suchprogramme an und kommt die Bestellung dann auch noch von einer ausländischen Institution, die dem Versand nicht bekannt ist, würde die Auslieferung verweigert und an die entsprechenden Stellen berichtet.

Unser Lieferant ist am Telefon zwar hörbar genervt von unserem Einkaufs-Hack. Er erlaubt uns aber, nachdem er von unserem Versuch erfahren hat, weiter bei ihm zu bestellen. Allerdings wird der Chef jetzt immer benachrichtigt, wenn wir etwas wollen.

Das Dual-Use-Dilemma betrifft längst nicht mehr nur Materialien, Ausrüstung und potenziell gefährliche Gene. Auch Wissen hat einen doppelten Nutzen. Nahezu jede Methode der Molekularbiologie kann zum Guten wie zum Schlechten genutzt werden. Das notwendige Wissen steht im Internet. Pflugscharen, Schwerter – Pflugscharen-Bauanleitungen, Schwerter-Gebrauchsanweisungen. Dieses Wissen ist frei zugänglich für jeden, für Wissenschaftler, Politiker, Terroristen, Militärs und Laienforscher. Der einzige Schutz vor den Gefahren des Dual-Use-Dilemmas scheint zu sein, Wissen unter Verschluss zu halten – oder gar nicht erst zu erschaffen. Im Frühjahr 2012 diskutierten Biosicherheitsexperten und Journalisten, ob ein bestimmter schon geschriebener Fachartikel auch veröffentlicht werden darf. In ihm wird beschrieben, wie man ein hochgefährliches Grippevirus züchten könnte.

Die Vogelgrippe ist gefährlich für den Menschen, sie tötet fast jeden zweiten Infizierten. Aber sie ist nicht sehr ansteckend. Die Schweinegrippe hingegen verläuft beim Menschen vergleichsweise mild, greift aber durch Tröpfcheninfektion irrsinnig schnell um sich, wie die Pandemie im Jahr 2009 gezeigt hat. Besagter Fachartikel beschreibt, wie man die lebensgefährliche Vogelgrippe so ansteckend macht wie die Schweinegrippe.

Veröffentlichen oder nicht? Eine schwierige Frage, vor die sich 2002 auch der deutschstämmige Virologe Eckard Wimmer von der State University of New York in Stony Brook gestellt sah. Seinen Mitarbeitern und ihm war es gelungen, den Erreger der Kinderlähmung im Labor nachzubauen. Sie hatten dafür nichts weiter als Genfragmente gebraucht, die sie im Internet bei einer Gensynthese-Firma bestellt hatten. Im Web findet man auch den Bauplan des Polio-Virus. Wimmer entschied sich für die erste Antwort, er veröffentlichte, was er getan hatte – und wurde angefeindet, Terroristen eine Gebrauchsanleitung geliefert zu haben. Das bestreitet er bis heute; gleichwohl sagt er auch, dass es sehr einfach gewesen sei, den Killer zusammenzusetzen. Nicht DIY-Bio-einfach, nicht in der Garage realisierbar, betont er. Aber für jemanden, der es sehr ernsthaft darauf anlege, sei es machbar.

Wimmer ist wichtig, dass nicht nur Geheimnisträgerbehörden oder eine Professoren-Elite, sondern auch die Bevölkerung erfährt, was möglich ist. Es sei immer nur darüber spekuliert worden, dass so etwas denkbar sei. Nach seiner Virus-Konstruktion war mit einem Mal klar, dass es tatsächlich machbar ist. „Jeder Fortschritt in der Wissenschaft birgt auch Gefahren", sagte Wimmer nach der Veröffentlichung seines Fachartikels. „Das ist die neue Realität, mit der wir leben müssen." Auch zehn Jahre später verficht er den Ansatz des Veröffentlichens, dieses Mal aber in Bezug auf die Debatte um die Grippeviren. „Nicht Veröffentlichen heißt nicht, dass niemand das Wissen besitzt, sondern man weiß nur nicht, wohin es sich verbreitet."

Für „Veröffentlichen" haben sich schließlich auch die Expertenpanels zu den gefährlichen Influenzaviren entschieden. Allerdings bremste dann die niederländische Regierung. Eines der Labors, in denen die neuen Viren gezüchtet worden waren, steht in Rotterdam, auf europäischem Boden also, und somit gilt auch die europäische Dual-Use-Verordnung. Die Regierungsbeamten setzten den verantwortlichen Virologen Ron Fouchier darüber in Kenntnis, dass er die Ausfuhrkontrollbehörden darüber zu informieren habe, wenn er eine Anleitung zur Herstellung von Influenzaviren verschicken wolle. Und sei es nur in Form eines Manuskripts für einen Fachartikel, angehängt an eine E-Mail. Fouchier protestierte gegen diese Art, die

Verbreitung wissenschaftlicher Information über Ländergrenzen hinweg zu kontrollieren, stellte aber doch den Ausfuhrantrag. Ihm wurde schließlich erlaubt, das Manuskript an das Wissenschaftsjournal *Science* in den USA zu senden, das den Artikel inzwischen auch gedruckt hat.

Das war nicht das erste Mal, dass Wissen von offizieller Seite wie eine Waffe eingestuft und behandelt wurde. Der amerikanische Nachrichtendienst NSA (National Security Agency) wollte in den 90er Jahren ein Verfahren zur Verschlüsselung von Daten verbieten lassen – aus Gründen der nationalen Sicherheit. Dan Bernstein, ein Mathematik-Student von der University of California in Berkeley, hatte das neue Verfahren 1995 zur Veröffentlichung eingereicht. Damit verschlüsselte Botschaften würden sich auch von den Großrechnern des Geheimdienstes nicht mehr knacken lassen. Die NSA aber mag es überhaupt nicht, wenn Bürger oder sonst jemand Geheimnisse haben, die auch vor der Behörde geheim bleiben. Bernstein ging mit Unterstützung der Electronic Frontier Foundation, einer Organisation, die sich für Bürgerrechte in der digitalen Welt einsetzt, vor Gericht erfolgreich gegen das Verbot vor. Heute sichert Bernsteins Krypto-Methode zum Beispiel Zahlungsverkehr im Internet.

Wir leben in einer Welt, in der ein wissenschaftlicher Aufsatz über Viren und mathematische Formeln Waffenpotenzial haben. Wie sollen wir damit umgehen? Die Politologin Petra Dickman schließt ihr Buch „Biosecurity: Biomedizinisches Wissen zwischen Sicherheit und Gefährdung", das Ende 2011 erschien, mit diesem Gedanken: „In Zukunft wird es darum gehen, mit erhöhter wissenschaftlicher und gesellschaftspolitischer Aufmerksamkeit eine Risikokommunikation gesellschaftlich voranzutreiben, die diese Ambivalenzen besser aushalten und stärkere Antworten formulieren kann."

Für Biohacker ist der freie Zugang zu Wissen mindestens ebenso wichtig wie die Grundausrüstung für Laborarbeit. Wenn man einmal von der Gebrauchsanweisung für unseren Genkopierer absieht, haben wir keinerlei Probleme mit der Wissensbeschaffung. Gut für uns Biohacker. Aber die Journalisten und Bürger in uns fragen sich, ob das wirklich uneingeschränkt gut so ist. Heute, nach unseren Versuchen, wissen wir, dass wir uns wahrscheinlich so bald nicht vor Killerviren aus dem Garagenlabor zu fürchten brauchen. Nicht, weil es nicht möglich wäre. Denn möglich ist es bestimmt, und irgendwann wird wohl auch jemand versuchen, das zu beweisen. Aber es wird sehr schwierig, nicht nur weil Biohacker normalerweise keine terroristischen Ambitionen haben und normalerweise davor zurückschrecken dürften, sich die für die Virenzucht nötige Frettchenzucht samt Käfigen und Gestank auch noch in die Garage zu stellen. Sondern auch aus ganz praktischen Gründen, die in den folgenden Kapiteln dieses Buches eine Rolle spielen werden.

Und die Herstellung von Viren ließe sich noch erschweren. „Würde man die Regelungen eng auslegen, würde man viele der grundlegenden Methoden unzugänglich machen für Amateure", sagt Max Hodak, Mitbegründer von Transcriptic in Menlo Park, Kalifornien, einem Hersteller künstlicher DNA. Dasselbe gilt wahrscheinlich auch für die europäische Seite des Atlantiks. Noch ist DIY-Biologie vergleichsweise unbedeutend und klein. Aber was passiert, wenn sie irgendwann von wirklich vielen Menschen betrieben wird? Sichere Antworten hat niemand. „Momentan kennen sich noch alle untereinander", sagt etwa Hodak, „aber wenn in vielleicht 10 oder 15 Jahren Teenager mit DIY-Biologie aufwachsen, was bedeutet das für die Sicherheit?" Doch auch eine enge Regulation jeglicher Privat-Experimente würde dann eine mögliche Gefahr nicht bannen, ähnlich wie der Paragraph 242 des deutschen Strafgesetzbuches Diebstahl nicht verhindern kann, oder das sechste Gebot Mord, Totschlag und Kriegstote.

Der Gedanke, dass Amateure ihr Rezept irgendwann einmal „nachkochen" könnten, ist Fouchier und seinen Kollegen bei ihrer Arbeit wahrscheinlich nicht gekommen. Und wahrscheinlich hätten sie ihre Versuche selbst dann durchgezogen, wenn sie das Ergebnis vorausgeahnt hätten. Schließlich war ihr Plan ja auch nicht gewesen, ein Killervirus zu erschaffen. Sie wollten verstehen, was Viren gefährlich macht — um gewappnet zu sein, falls irgendwann wieder eine Pandemie um die Welt zieht. Forschungsfreiheit und eine durchaus hehre Absicht haben sie zu ihrem Experiment und zu ihren Ergebnissen geführt — zu Wissen, das auf unterschiedliche Weise genutzt werden kann, Dual Use. Langfristig ist es keine Lösung, solches Wissen zurückzuhalten. Denn es kann nicht zurückgehalten werden, es sei denn, man ist bereit, große Teile dessen, was wir Freiheit nennen, zu opfern.

Es gibt keine einfache Lösung des Problems. Sicher sollten einzelne Forscher und ihre Gruppen sich immer überlegen, was für Folgen ihre Experimente haben können – welches Wissen dabei herausspringen könnte. Wenn sie sich dann aber gegen einen bestimmten Versuch entscheiden, bedeutet das nicht, dass jemand anderes, der vielleicht dieselbe Idee, aber weniger gute Absichten hat, sich genauso verhalten wird. Auf ein Experiment zu verzichten, kann schlicht die Folge haben, dass andere, vielleicht sogar terroristisch inspirierte „Forscher" einen vermeidbaren Vorsprung bekommen.

All das ist, bezogen auf DIY-Biologie, bislang bloße Theorie. Irgendwann wird sich das ändern.

Zu versuchen, Wissen und Technologien einer Gruppe von Menschen, bei der noch nicht einmal klar ist, wie man sie definieren und eingrenzen soll, vorzuenthalten, kann aber sicher nicht die Lösung sein. Dafür muss man sich nur einmal vorstellen, wie unsere Welt heute aussehen würde, hätten Parlamente und Behörden Anfang der 70er Jahre beschlossen, dass elektronische Bauteile nur noch von in Behörden oder speziell akkreditierten Zweigen der Industrie arbeitenden Menschen gekauft und benutzt werden dürfen.

Freie Gesellschaften werden die Möglichkeit, dass auch bei Biotech und Biotech-Wissen die Gefahr des Dual Use besteht, aushalten müssen. Sie können darauf setzen, dass die überwältigende Mehrheit ihrer Bürger wohl auch in Zukunft kein Interesse an Terror und Massenvernichtung haben wird. Sie können, wenn sich Biotech von Eliteforschung und -business zu einer demokratisierten, dezentral demokratisch genutzten Technologie entwickelt, vor allem aber auf eines setzen: darauf, dass aus dieser Mehrheit auch die intellektuellen und praktischen Impulse kommen werden, die möglichen Gefahren kreativ zu kontern.

Was mit einem schlichten Einkaufszettel begann, endet mit solchen Gedanken über Biosicherheit, Dual Use und die Verantwortung der aktiven Bio-Bürger der Zukunft.

Unsere konkrete Shopping-Bilanz aber sieht folgendermaßen aus: Beim Einkaufen der Materialien, die wir zum Betrieb unseres Labors in einer Büroecke in Berlin benötigen, wären wir zwei Mal fast gescheitert. Aber wir hatten Glück, wir haben bekommen, was wir brauchten. Wir wurden von Vertriebsmitarbeitern per Google durchleuchtet, wir mussten Erklärungen abgeben. Als Sascha einmal ein Enzym bei einer Firma bestellen musste, die uns noch nicht in der Kartei hatte, waren sogar zwei Telefonate notwendig, um darzulegen, warum die Lieferadresse ein Gemeinschaftsbüro in der Berliner Innenstadt ist. Teilweise haben wir in solchen Fällen, wenn konkret nachgefragt wurde, auch erwähnt, dass wir Journalisten sind (und vor langer Zeit auch einmal Biologie studiert haben), und unsere Absichten erklärt. Das wird uns hie und da geholfen haben und damit auch die Vergleichbarkeit mit den Beschaffungs-Anstrengungen anderer Biohacker schmälern. Es war aber alternativlos, siehe Punkt eins unserer Einkaufs-Grundsätze, denn auf nur partielle Ehrlichkeit wollten wir uns nicht einlassen. Die meisten Möchtegern-Biohacker werden sich in Deutschland jedenfalls sicher schwertun, immer alles Nötige zu bekommen, wenn sie nicht über Kontakte zu akademischen Labors verfügen. Allerdings tun sie das bislang erfahrungsgemäß meistens.

Den größten Teil der Utensilien, Feinchemikalien, Geräte und sogar DNA-Stücke bekamen wir allerdings vollkommen problemlos. Nur als wir einen Liter reinen Alkohols in einer Apotheke kaufen wollten, gab es noch einmal Fragen. Wir konnten der Pharmazeutin jedoch glaubhaft versichern, dass wir ihn nicht trinken, sondern mit seiner Hilfe versuchen wollen, Erbmaterial aus Zellen herauszuholen. Zu unserer Überraschung hat sie das beruhigt.

Wir haben mit nicht geringem, aber überschaubarem Aufwand an Zeit, Mühe und Geld zusammengetragen, was wir für unser Labor brauchten. Bezahlt haben wir für die Grundausstattung 3500 Euro und 51 Cent. Das sind 51 Cent mehr, als wir uns als Limit gesetzt hatten. Pro Kopf etwas weniger als 1200 Euro – eine Menge Geld. Aber im Vergleich zu manch anderem ganz normalen Hobby jenseits des Barfuß-Joggens – etwa Surfen, Golf, Motorradfahren, ernsthaftem Briefmarkensammeln und so weiter – kommen wir sogar noch ziemlich günstig weg.

Jetzt fehlen nur noch der Spaß, die Erfolgserlebnisse und das Gefühl, etwas nicht ganz Sinnloses zu tun. Dafür müssen wir unsere Pipetten nun wirklich in die Hand nehmen, den Genkopierer überreden, auch wirklich Gene zu kopieren, und Gele in unsere Elektrophorese-Box gießen. Ein paar Projekte haben wir schon im Kopf und auf dem Papier.

Und wir lassen uns inspirieren von den Generationen von Amateurforschern, die vor uns kamen.

Kapitel 5 ...

*... in dem es eine junge Holländerin zu den Sternen schafft, ein alter
Brite dort schon längst angekommen ist, in dem Mendel Erbsen zählt und
Darwin seine Helfer, in dem Kaninchenzüchter für die Forschung an-
gezapft werden, ein Luxusuhrenhersteller einen Käferkenner mit Geld
und Ehre überschüttet und in dem Kaffee gekocht wird ...*

DER BÜRGER ALS FORSCHER

Hanny van Arkel war im deutschen *Playboy*. Mit ihrem „Ding". So stand es in der Überschrift. Hanny ist jung, attraktiv. Sie hat lange glatte Haare und ein umwerfendes Lächeln. Sie spielt Gitarre, liebt Rockmusik, sie ist cool, sie ist Niederländerin und will Spaß haben im Leben.

Hanny hat sich allerdings beim Fotoshooting nicht ausgezogen, und ihr „Ding", absichtlich doppeldeutig und anzüglich von der Redaktion so bezeichnet, erzeugt beim Anschauen auch keine Testosteronschübe. Dafür ist es auch ein bisschen weit weg, 700 Millionen Lichtjahre. Sie hat es 2007 am Nachthimmel, oder besser: auf Bildern des Nachthimmels, entdeckt. Es trägt ihren Namen. Die astronomische Fachwelt rätselt, was „Hanny's Voorwerp" (Niederländisch für „Hannys Objekt", oder eben: „Ding") denn nun genau ist (eine Art Gaswolke wohl). Hanny ist Co-Autorin von mittlerweile insgesamt sechs wissenschaftlichen Fachartikeln zum Thema, und außer im *Playboy* ist ihre Geschichte mittlerweile in unzähligen Zeitungen, Magazinen und Fernseh- und Rundfunkberichten erzählt worden.

Hanny van Arkel würde sich als Postergirl für eine „Science is sexy"-Kampagne wunderbar eignen. Den Kern der Sache allerdings träfe das kaum – nicht nur, weil ihr Aussehen so ziemlich gar nichts mit ihrer Forschung zu tun hat, sondern weil sie nicht einmal Wissenschaftlerin im eigentlichen Sinne ist, sondern Lehrerin. Fotos des Nachthimmels lädt sie in ihrer Freizeit aus dem Internet herunter, stuft die abgebildeten Galaxien nach einfachen Kriterien ein und drückt auf „Enter". Ihr Mini-Milchstraßengutachten landet damit auf den Servern eines Projekts namens „Galaxy Zoo". Hanny ist Laien-Wissenschaftlerin. Im Fachjargon heißen solche Laien-Forscher „Citizen Scientists". Sie beschauen wie Hanny Galaxien oder Details der Mondoberfläche, registrieren im Frühjahr den Pollenstaub der ersten Haselblüte am Weiher oder welche Schmetterlingsarten im Sommer im Garten auftauchen. Andere verbringen ihre Freizeit am Computer und zerbrechen sich den Kopf darüber, in welche Form sich ein Protein faltet, von dem sie bereits wissen, aus welchen Aminosäuren es besteht. Und vieles mehr.

„Galaxy Zoo" und Nachfolger wie „Galaxy Zoo 2" und „Galaxy Zoo Hubble" gehören zu den bekanntesten Wissenschaftsprojekten dieser Art mit aktiver, massiver – und vor allem unverzichtbarer – Bürgerbeteiligung. Zehntausende registrierte Mitglieder begutachten dort alltäg- und allnächtlich Fotos, die Hubble und andere Teleskope von den Millionen mit bloßem Auge gar nicht sichtbaren Galaxien gemacht haben, und ordnen sie in Kategorien ein. Es ist eine Aufgabe, die ein Computerprogramm eigentlich viel schneller erledigen können sollte, was aber bislang nicht ansatzweise funktioniert. Das menschliche Auge und Gehirn sind hier bis auf weiteres noch konkurrenzlos. Vor allem aber hätte ein Computer – und manche sagen: auch ein Berufsastronom – den seltsamen unscharfen Wisch vor dem sehr eindeutig als Spiralgalaxie erkennbaren System auf Foto IC 2497, der jetzt Hannys Namen trägt, wohl schlicht weggerechnet oder als Artefakt ignoriert.

Hanny ist das beste Beispiel dafür, dass man als Normalbürger oder -bürgerin durchaus nebenher auch Wissenschaftler sein kann. Zwar wird der Beitrag, den Bürgerforscher leisten, oft noch als mit echter Wissenschaft nicht vergleichbar abgetan. So sagte etwa David Weinberger vom Berkman Center for the Internet and Society an der Harvard University der *New York Times* einmal, „diese Leute" seien nichts anderes als „wissenschaftliche Instrumente".[14] Das klingt nach Ausbeutung des gutwilligen Bürgers durch das wissenschaftliche Establishment, welches sich lediglich clever der modernen Kommunikationsmittel bedient, um die Arbeitskraft der Massen und ihrer PCs anzuzapfen. Tatsächlich ist die Situation schon etwas komplexer (und gegenseitiger) – nicht nur, weil ja niemand gezwungen wird, sich als Messinstrument zur Verfügung zu stellen.

Die Vorstellung vom Bürger und seinem Computer als billiger, einfach verfügbarer und keiner besonderen kognitiven oder sonstigen menschlichen Fähigkeiten bedürfender Ressource hat sich vor allem aufgrund des Riesenerfolges von Seti@Home verbreitet. Bei diesem Projekt geht es tatsächlich lediglich darum, dass jeder, der mitmacht, seinen Rechner mit dessen freien Kapazitäten rechnen lässt. Ein Server verschickt Datenpakete von Radioteleskopen auf die Computer von Privatpersonen, und die durchkämmen die Signale aus den unendlichen Weiten auf solche, die vielleicht von intelligenten Lebewesen verschickt worden sein könnten. (Gefunden hat man bislang nichts, doch auch das ist ja ein wissenschaftliches Ergebnis.) Folding@Home nennt sich ein ähnlicher Ansatz, bei dem heimische Macs und PCs Varianten der möglichen 3D-Strukturen von Proteinen durchrechnen, solange ihr Besitzer die Maschine gerade nicht für seine eigenen Zwecke benötigt. Für diese Art des Mitmachens braucht der Bürger tatsächlich nur einen Computer und einen Internetanschluss. Als Gegenleistung bekommt er einen hübschen Bildschirmschoner – zusätzlich zum guten Gefühl, einem Wissenschaftszweig, für den er sich interessiert, vielleicht ein wenig zu helfen und Teil von etwas „Größerem" zu sein.

Ein wissenschaftliches Instrument, das einigermaßen sicher erkennt, wann am Waldrand die erste Brombeerblüte aufgeht, oder das zuverlässig ferne Milchstraßensysteme kategorisieren kann, oder eines, das auf solchen Astrofotos ganz und gar unerwartete Objekte als etwas Besonderes erkennt, gibt es bislang nicht. In Projekten wie „Galaxy Zoo" sind die Teilnehmer also zumindest vergleichsweise sehr, sehr intelligente „Instrumente" und werden als solche sehr geschätzt. „Freiwillige setzen eine Menge Zeit und Energie ein, aber sie werden dafür belohnt", sagt Hanny van Arkel, „die Wissenschaftler zeigen ihre Anerkennung, indem sie die Freiwilligen erwähnen und die Resultate mit ihnen teilen, sie beantworten Fragen in Foren und Blogs und über Twitter, und auf jeder offiziellen Veröffentlichung ist ein Link zu einer Seite mit den Namen all der Freiwilligen." Und Online-Bürgersternwärter können auch, ohne gleich ein Astronomiestudium draufsetzen zu müssen, zu kleinen Experten werden.

Hanny etwa hält inzwischen Vorträge über Astronomie, wird als Gas-
wolken-Expertin zitiert und sitzt auf Podien, sie gilt in ihrer Heimat
als eine Botschafterin der Bürgerwissenschaft. Und die Profi-Astro-
nomen am anderen Ende der Datenleitung? Sie freuen sich nicht nur
über die nützliche Mitarbeit. Die Art und Weise etwa, wie sie in Foren
mit Leuten wie Hanny über spezielle Beobachtungen, aber auch ganz
allgemein über ihre Wissenschaft diskutieren, lässt vermuten, dass
sie auch jenseits der zählbaren Resultate froh sind über diese Art
Kontakt zu ganz normalen Erdenbewohnern. Schließlich waren sie
mal selber welche.

Genau hier liegt wahrscheinlich ein kaum zu beziffernder Wert solcher Projekte für die Gesellschaft: Die von Hanny entdeckte Gaswolke, so besonders sie sein mag, hat die Wissenschaftswelt nicht er-
regt wie das Higgs-Boson oder die Entschlüsselung des menschlichen
Genoms. Sie hat vor allem geholfen, Brücken zu bauen zwischen normalen, interessierten, mehr oder weniger vorgebildeten Leuten und
jenem Teil der Gesellschaft, der sich Wissenschaft nennt, der vom
Rest der Gesellschaft heute aber oft so abgegrenzt ist wie nie zuvor.

Zudem gibt es alle nur denkbaren Abstufungen von nötiger Expertise in gegenwärtigen Bürgerwissenschaftsprojekten. Sie beginnt
bei einem Wert von nahe null, wenn nur die Rechenkapazität des
Heimcomputers zur Verfügung gestellt werden muss. Um Galaxien
zu kategorisieren und eventuelle seltsame Gaswolken zu finden,
muss man das Gehirn schon etwas anstrengen. Und um etwa zu
Herbaria@Home, einem Projekt, in dem online unzählige in Archi-
ven und Museen lagernde getrocknete Pflanzen identifiziert werden
sollen, etwas beitragen zu können, muss man schon eine recht am-
bitionierte Hobby-Botanikerin oder ein speziell interessierter pensionierter Bio-Lehrer sein. Ein anderer Ansatz ist Fold.it. Dort können
Teilnehmer per Online-Spiel dabei helfen, die dreidimensionale
Struktur (im Fachjargon „Folding" oder „Faltung") von Proteinen zu
bestimmen. Ein paar von ihnen haben es damit bereits als Co-Auto-
ren einer Fachpublikation in ein Top-Wissenschaftsjournal geschafft,
weil es ihnen derart spielend gelungen war, die Kristallstruktur eines
wichtigen Enzyms aufzuklären.[15]

Mit dem Anspruch sinkt zwar logischerweise die Zahl der Teilnehmer – bei Seti@Home sind es Millionen, bei Herbaria@Home

gerade einmal 375 im Dezember 2012. Doch der Wert des individuellen Beitrags steigt. Netto kommt also vielleicht durchaus Vergleichbares an wissenschaftlicher Erkenntnis bei solch unterschiedlichen Projekten heraus, und ihre Bandbreite sorgt dafür, dass vom absoluten Laien bis hin zum Hobby-Experten jeder und jede, der oder die einen Computer hat, mitmachen kann. Und ein Zuwachs an Bildung springt wahrscheinlich für sie alle heraus – vom Seti-Teilnehmer, der jetzt endlich versteht, was Radiowellen sind, bis hin zum Hobby-Botaniker, der bei der Bestimmung von Doldenblütlern immer sicherer wird und nebenbei erfährt, dass die Adelsfamilie im Nachbardorf ein paar recht gute Pflanzensammler zu ihren Ahnen zählt. Moderne Bürgerforschung passiert laut Sandra Henderson, Direktorin des amerikanischen Projektes „Budburst", in dem derzeit 13 000 Teilnehmer Naturbeobachtungen im Zusammenhang mit dem Klimawandel machen, „an der Schnittstelle zwischen Wissenschaft und Bildung".[16] Sie kombiniert also auf sehr kostengünstige Weise genau die beiden Gebiete, die immer wieder schon fast gebetsmühlenartig als die wichtigsten Zukunftsressourcen für Länder ohne Öl, Diamanten oder Traumstrände genannt werden.

Grundsätzlich neu allerdings ist diese Art mitmachender Bürgerwissenschaft nicht, sie bedient sich lediglich der noch relativ neuen Kommunikationsmittel namens Personal Computer und Internet. Gerade in der Astronomie hat sie jedoch eine lange Tradition.[17] An ein paar ziemlich wichtigen Entdeckungen des 20. Jahrhunderts waren Amateur-Astronomen maßgeblich beteiligt, manche gelangen ihnen sogar ohne professionelle Hilfe. Eine junge Frau namens Henrietta Swan Leavitt etwa, angestellt für Hilfsarbeiten bei der Auswertung von Teleskop-Fotos an der Sternwarte der Harvard University, erkannte 1912 Gesetzmäßigkeiten in der Helligkeit von Sternen. Ihre Entdeckung lieferte unter anderem die Grundlage für Edwin Hubbles Nachweis, dass es neben unserer eigenen auch noch andere Galaxien gibt und das Universum sich ausdehnt.

Oder Patrick Moore. Der englische Hobbyastronom entdeckte 1946 das Mare Orientale, eine Tiefebene auf dem Mond, die von der Erde aus nur selten sichtbar ist. Zwar stellte sich später heraus, dass ein deutscher Astronom namens Julius Franz es schon 1906 beschrieben hatte, Moore also eigentlich nur ein unabhängiger Wiederentdecker ist. Das hinderte ihn aber nicht daran, zu Britanniens bekanntestem „Astronomen" zu werden. Noch heute präsentiert der 1923 geborene Herr mit Monokel, der längst ein „Sir" im Namen trägt, auf der BBC monatlich die Sendung „The Sky at Night".

Moore verwendete bei seiner Entdeckung eine Erfindung, die ein anderer Hobby-Astronom gemacht hatte. Das Schmidt-Kamerateleskop, 1929 erdacht und gebastelt von dem Hamburger Optiker Bernhardt Schmidt, war in der Lage, große Bereiche des Nachthimmels scharf abzubilden. Mit zwei Geräten der Schmidt'schen Bauart arbeitete lange Zeit auch der Literaturwissenschaftler David Levy in sternenklarer Nacht daheim in Arizona – und entdeckte mehrere Kometen. Der bekannteste war 1993 „Schoemaker-Levy 9", den er zusammen mit den Berufsastronomen Eugene und Carolyn Shoemaker beschrieb und der ein gutes Jahr nach der ersten Sichtung spektakulär in Einzelteilen auf den Planeten Saturn stürzte. Es war das erste Mal überhaupt, dass von der Erde aus die Kollision zweier Himmelskörper direkt beobachtet werden konnte. Wenig später, 1996, hieß einer der Autoren einer Publikation im Top-Wissenschaftsmagazin *Science* Donald Parker.[18] Parker hatte zwei Jahre zuvor gewaltige Stürme auf einem Planeten entdeckt. Wieder handelte es sich um Saturn, und wieder war es mit Parker ein Freizeitforscher, der in diesem Falle seine Bagels als Anästhesist an einem Krankenhaus in Miami verdiente. Und im Oktober 2012 sorgte die Entdeckung eines Planeten, der vier Sonnen hat, für Medienrummel. Gefunden hatten ihn die beiden amerikanischen Amateure Kian Jek und Robert Gagliano als Teilnehmer eines Citizen-Science-Projekts namens planethunter.org.

Die Tradition geht allerdings viel weiter zurück. So war der Erste, der 1572 am Nachthimmel einen Stern entdeckte, der vorher nicht da gewesen war, der Wittenberger Mathematiker Wolfgang Schuler. Erst Tage später sah der dänische Astronom Tycho Brahe dasselbe Schauspiel. Brahe war der Profi, er beobachtete und beschrieb das Ereignis, das heute Supernova heißt, genau. Er ist noch heute eine Berühmtheit, aber auch der Astro-Laie Schuler wird noch immer in vielen Artikeln über Supernovae erwähnt, weil er der Erste und zudem einer von einigen Laienbeobachtern war, die Brahes Beobachtungen bestätigten und mit wichtigen Details anreicherten.

Im Grunde ist der Fall Brahe-Schuler ein Musterbeispiel, denn hier kommen einige der typischen Merkmale von Wissenschaft zusammen, die von Profiforschern und Laien gemeinsam oder parallel betrieben wird: Der Laie ist meist der Erste, der etwas beobachtet oder beschreibt, der Profi beobachtet und beschreibt genauer und arbeitet am theoretischen Unterbau. Der Laie wird, wenn er Glück hat, anerkennend erwähnt, der Profi aber bekommt den Löwenanteil der akademischen Ehre. Dem Laien gelingt sein Coup aufgrund einer Mischung aus Glück, Fleiß, Interesse, Intelligenz und Sachverstand, beim Profi ist es genauso. Das mag banal klingen, ist aber entscheidend: 1572 haben wahrscheinlich Millionen Menschen nachts (und auch tagsüber, die Supernova war eine Zeitlang hell genug dafür) gen Himmel geschaut. Aber nur die mit einer gewissen Vorbildung sahen von Anfang an, dass im Sternbild Cassiopeia etwas Seltsames passierte, und dokumentierten es, während es anderen nicht auffiel und von wieder anderen schlicht als Zeichen für irgendetwas zwischen Weltuntergang und Wiederkehr des Heilands gedeutet wurde. Ohne Interesse keine Erkenntnis. Bei Hanny van Arkel war es genauso. Doch eines kam bei ihr hinzu: Sie kommunizierte das, was sie beobachtet hatte, ohne große Zeitverzögerung. Und sie konnte sich sicher sein, dass auch jemand kompetent reagieren würde – weshalb sie nahezu in Echtzeit die Früchte ihres nächtlichen Klickens erntete.

Dem Augustinerpater und Freizeitwissenschaftler Gregor Mendel war das nicht vergönnt. Er kommunizierte zwar die Ergebnisse seiner „Versuche über Pflanzenhybriden" sowohl in einer Fachzeitschrift als auch in Briefen an so eminente Naturforscher wie den Schweizer Carl Nägeli und den Briten Charles Darwin. Doch die Bedeutung von Mendels 1866 publizierter Erbsenblütenzählerei wurde erst 1900 erkannt – Darwin etwa hatte Mendels Manuskript-Paket nicht einmal aufgemacht. Der Mönch aus Brünn, der, wie sich nun herausstellte, die Gesetze der Vererbung entdeckt hatte, war da bereits seit 16 Jahren tot.

Tatsächlich schätzen viele die Versuche des Amateurforschers Mendel als die wichtigsten naturwissenschaftlichen Experimente des 19. Jahrhunderts ein. Und auch Darwin, der die bedeutendste wissenschaftliche Idee jenes Jahrhunderts hatte (oder „aller Zeiten", wenn man dem Philosophen Daniel Dennett[19] folgt), verfügte über keinen Uni-Abschluss in irgendeiner Naturwissenschaft, nicht einmal in Medizin oder Philosophie, er war gelernter Theologe.

Mit Darwin und Mendel trifft man schon wieder auf ein ungleiches Paar, das doch so typisch ist für die Geschichte und die Bedeutung jener Wissenschaft, die außerhalb von Uni-Korridoren und ohne entsprechende Doktortitel funktionierte. Darwin war einer von durchaus nicht wenigen Herren, die vor allem im viktorianischen England, aber auch schon in den Jahrhunderten zuvor und andernorts, naturwissenschaftliche Studien auf eigene Faust und Rechnung betrieben. Ausgestattet mit den nötigen finanziellen Mitteln und der Freiheit, nicht für irgendwelche weißbackenbärtigen, auf Lehrstühlen sitzenden Chefs arbeiten zu müssen, gingen sie mal mehr, mal weniger hauptberuflich ihren Interessen nach. Nur wenige von ihnen brachten Substanzielles zustande. Diese revolutionierten dann aber die Wissenschaft – der Staatswirtschaftler und Bergbau-Assessor Alexander von Humboldt etwa (dem das Geld allerdings irgendwann ausging) oder Darwin. Diese „Gentleman-Forscher" mussten nicht unbedingt Genies sein. Sie waren meist dann erfolgreich, wenn sie fleißig waren, die wissenschaftliche Methodik ernst nahmen und es schafften, sich zum Zentrum eines Netzwerkes von helfenden Daten-Zulieferern und Unterstützern im wissenschaftlichen und gesellschaftlichen Establishment zu machen – wenn sie ihre Wissenschaft also zumindest in gewissem Grade in einem sozialen Kontext betrieben.

Ob man Darwin aus heutiger Sicht als Biohacker bezeichnen sollte, darüber kann man sich streiten. Der Anthropologe Christopher Kelty von der University of California in Los Angeles beschreibt Hacker als Leute, die sich daran erfreuen, „andere mit ihrer Fähigkeit zu beeindrucken, ein System so gut zu verstehen, dass sie es kontrollieren können, und es dazu zu bringen, etwas zu tun, wofür es eigentlich nicht gedacht ist".[20] Kelty meint etwa moderne Biohacker, die gentechnisch zum Beispiel „nach Banane riechende Erdbeeren" und dergleichen basteln. Darwin ist für ihn eher das klassische Beispiel des „viktorianischen Gentleman-Forschers", was sicher stimmt. Doch tatsächlich war Darwin auch der Erste überhaupt, der die Prinzipien des Systems der lebenden Natur so gut verstand, dass er nicht nur andere damit beeindruckte. Er brachte dieses System, das bislang dafür da gewesen war, die Herrlichkeit Gottes und der Schöpfung zu verkörpern, auch dazu, nun ganz ohne das aktive Eingreifen einer höheren Macht auszukommen.

Darwin war Hacker und Gentleman-Forscher in einem. Eines war er allerdings nicht: Bürgerwissenschaftler. Er trug nicht als kleiner Teilnehmer zu etwas Größerem bei, er brachte vielmehr andere dazu, zu seiner Arbeit beizutragen. Tatsächlich wob Darwin, lange bevor es so etwas wie elektronische oder auch nur elektrische Kommunikation in größerem Stil gab, ein Netzwerk von Zulieferern, die zum Teil Akademiker oder etablierte Freiberufs-Forscher waren. Viele von ihnen betrachteten sich aber nicht einmal als ernsthafte Freizeitwissenschaftler, sondern sahen es als Pflicht und Ehre an, als Gentleman einem anderen Gentleman zu helfen: ihm auf seinen Wunsch hin Beobachtungen an der eigenen Rinderherde, Erfahrungen aus der privaten Taubenzucht, ein paar interessante Exemplare vom letzten Käfer-Sammelausflug – oder auch mal ein paar theoretische Gedanken – zukommen zu lassen. Darwin wusste solche Beiträge sehr zu schätzen und würdigte sie fast täglich in persönlicher, freundlicher, höflicher, anerkennender Korrespondenz. Die Brief-Post war einer der am stärksten zu Buche schlagenden Posten im Darwin'schen Haushalt, das Haus in Down in der Grafschaft Kent verließen täglich oft mehr Kuverts, als mancher Professor heute E-Mails schreibt.

Man muss nicht unbedingt gleich generelle Rückschlüsse ziehen, aber es ist schon interessant, sich die Faktoren, die Darwins Leben und Arbeit bestimmten, einmal vor Augen zu führen: Interesse an der Naturforschung von Kindesbeinen an, eine solide (Allgemein-)Bildung, die Möglichkeit, weitgehend frei zu forschen, Unterstützung von Freizeit-Forschern einerseits und einem kleinen, aber einflussreichen Kreis des Professoren-Establishments andererseits. Darwins Arbeit war das Ergebnis unabhängiger, aber kommunikativer Forschung, eine Mischung aus Hackertum, Gentleman-Forschung und Bürger-Wissenschaft.

Mendel dagegen mag geistig so brillant wie Darwin gewesen sein – und so fleißig wie jener war er auf jeden Fall. Worin er weniger talentiert – oder zumindest glückloser – gewesen zu sein scheint, ist Kommunikation. Zwar meinen viele Wissenschaftshistoriker, unter ihnen die Darwin-Biografin Janet Browne von der Harvard University, dass Mendel mit seinen Ergebnissen der Zeit einfach zu weit voraus war, dass also auch Darwin mit ihnen wenig hätte anfangen können. Doch hätte Mendel seine Ergebnisse nicht auf Deutsch in einem eher unbekannten Fachblatt publiziert, sondern, was natürlich unmöglich war, auf Englisch vor der Londoner Royal Society vorgetragen, hätten mehr Forscher und Denker von ihnen erfahren – und es hätte sich vielleicht doch eine Diskussion entsponnen, an deren Ende die richtige Interpretation oder zumindest mehr Forschung in die richtige Richtung gestanden hätte. Mendel war im Vergleich zu Darwin ein einsamer Hacker, mit wenig Input von anderen und einem Output, dessen Bedeutung erst erkannt wurde, als er selbst schon lange als längst vergessener Pater in Brünn in seinem Grab lag.

Darwin und Mendel, so unterschiedlich sie waren, stehen für den Höhepunkt der Amateurwissenschaft, sie stehen aber auch am Scheitelpunkt ihrer Bedeutung. Schon wenige Jahrzehnte nach ihnen hatte das, was der Wissenschaftshistoriker Derek Price in seinem vor 50 Jahren erschienenen Standardwerk „Little Science, Big Science" als „große Wissenschaft" bezeichnet, die „kleine Wissenschaft" völlig zurückgedrängt. Die Zeiten, in denen auch Amateurforscher, wenn sie zu netzwerken wussten, eine Rolle spielen konnten, schienen – bis auf wenige Ausnahmen, etwa in der Astronomie – vorbei. Die Leistungen von Darwins und Mendels Amateurforscher-Vorläufern waren nur noch Randnotizen, die mal mit Wohlwollen, mal mit Missachtung wahrgenommen wurden. Mit Ersterem wurde etwa Darwins Großvater Erasmus Darwin, der sowohl Raketenantriebe ersann als auch über Botanik und Physiologie publizierte und über Evolution spekulierte, bedacht. Letztere traf zum Beispiel Goethe mit seiner Farbenlehre.

Dabei waren die Vorgänger Mendels und Darwins bis dahin eigentlich in der Überzahl. Es gab mehr Universal- oder Spezial-Gelehrte, die ihre Brötchen mit etwas anderem als Wissenschaft verdienten, als Professoren und Angestellte an naturwissenschaftlichen Lehrstühlen. Es gab mehr Gottfried Wilhelm Leibnize als Isaac Newtons. Leibniz verdiente sein Geld unter anderem als Diplomat, Bibliothekar und Auftragshistoriker, Newton als Professor in Cambridge.

Und die Geschichte der Rivalität zwischen gerade diesen beiden zeigt auch, dass die Amateure vergleichbare Chancen hatten, sich Gehör zu verschaffen und ernst genommen zu werden: dass Forschungs- und Denkqualität und -originalität mehr galten als akademische Titel.

Die Liste der wichtigen Amateurwissenschaftler ist endlos, man könnte sie im 15. Jahrhundert bei Leonardo da Vinci, der hauptberuflich Künstler und Ingenieur war, beginnen lassen. Man könnte sie fortführen mit dem Beitrag des Mainzers Otto Brunfels zur Botanik in der ersten Hälfte des 16. Jahrhunderts, dann den bis zu seinem Tode 1576 in Transsilvanien beschäftigten Militärtechniker Conrad Haas erwähnen, der in seiner Freizeit Feuerwerkskörper bastelte und als Erster das Mehrstufenprinzip für Raketen beschrieb. Im 17. Jahrhundert könnte man unter vielen Antoni van Leeuwenhoek herausstellen, einen städtischen Beamten im niederländischen Delft, der heute als Begründer der Mikrobiologie gilt. Und so fort. In der zweiten Hälfte des 18. Jahrhunderts in England entdeckte etwa der Pfarrer und Lehrer Joseph Priestley, der heute als einer der größten Experimentalwissenschaftler aller Zeiten angesehen wird, Sauerstoff und Kohlendioxid, dokumentierte die Photosynthese und erfand das Radiergummi. In Amerika erfand Thomas Jefferson, im Hauptberuf unter anderem Staatsgründer und Staatspräsident, ebenfalls ein paar nützliche Sachen und begründete zudem mit seiner Methode, eine Ausgrabungsstätte mit Gräben zu durchziehen, anstatt einfach alles von oben abzutragen, die moderne Archäologie – auch wenn seine europäischen Kollegen etwa 100 Jahre brauchten, um sie zu übernehmen. Und neben jedem dieser bekannten Namen stehen tausend weitere, die kleinere Entdeckungen oder Erfindungen machten, nur zum Spaß Naturforschung oder Raketenbasteln betrieben oder anderen Gelehrten willig ihre Käfer, ihre Mineralienproben, ihre Maschinendesigns, ihre Ideen schickten, die dort dann vielleicht zum Teil einer Entdeckung, einer Theorie, einer Erfindung wurden.

All die genannten und nicht genannten Beispiele sind kein Grund, jene Jahrhunderte als die guten alten Zeiten der wissenschaftlichen Chancengleichheit zu verklären, denn der breiten Masse der Bevölkerung war der Zugang selbst zur Freizeitwissenschaft wegen mangelnder Bildung, mangelnder Ressourcen, mangelnder Vernetzung und mangelnder Zeit gar nicht möglich. Aber eines zeigen die Beispiele doch: wie wichtig Freiheit und Unabhängigkeit für produktive, tatsächlich neues Wissen schaffende Wissenschaft war. Die Freiesten, politisch und ökonomisch Unabhängigsten, hatten – wenn sie auch noch gut gebildet waren – auch die Möglichkeit, am freiesten zu denken und mit den vermeintlich seltsamsten Dingen und Überlegungen zu experimentieren. Auch wenn es im Vergleich zur Gesamtbevölkerung zahlenmäßig wenige waren, so kann gerade das im Umkehrschluss auch Folgendes bedeuten: Wenn Millionen, ja Milliarden Menschen Zugang zu Bildung, zu wissenschaftlichen Werkzeugen, zur Kommunikation mit anderen haben, wenn sie zudem nicht sechs Tage die Woche 14 Stunden arbeiten müssen: Welches Potenzial für die Gesellschaft steckt dann in ihnen – von freiwilligem sozialen Engagement bis hin zum Mitmachen bei oder Selbermachen von Wissenschaft? Welches Kapital schlummert hier? Welche Innovationen für die Lösung drängender Umweltprobleme, für das Design neuer Produkte, für die Suche nach neuen Therapien? Was wäre, wenn nur zehn Prozent der wöchentlichen jungen Talentshow-Zuschauer die richtigen Anreize und die nötigen Mittel bekämen, in Zeit, die sie sonst vor dem Fernseher verbringen, ihre eigenen Talente zu entwickeln?

Doch gerade in der Zeit, in der in Europa, Nordamerika, Australien und auch einigen Ländern in Asien und Afrika Wohlstand und Bildung in die Breite wuchsen – als es also möglich gewesen wäre, die Intelligenz und das Interesse der Massen mehr und mehr anzuzapfen –, ist auch die Schwelle zwischen professioneller und Freizeitwissenschaft immer höher geworden. In den 80er Jahren des 19. Jahrhunderts starben Darwin und Mendel. Mit ihnen verschwand nicht nur die ernsthafte Wissenschaft außerhalb von Institutionen wie Universitäten und Akademien fast völlig. Auch die im Einzelnen kleinen, in ihrer Summe aber wertvollen Beiträge von Hobbyforschern wurden zunehmend geringer geschätzt. Die Apparate wurden größer und teurer, die Forschungsgegenstände kleiner und schwerer zu beobachten, die Methoden abstrakter und mathematischer, die Professuren zahlreicher und der akademische Grad immer bedeutsamer. Es gab jetzt, so meinte etwa der Entdecker des Atomkerns Ernest

Rutherford seinerzeit, „richtige Wissenschaft", wobei er vor allem an sein eigenes Fach, die Physik, dachte. Und dann gäbe es noch das „Schmetterlingssammeln".

Ganz totzukriegen waren die Amateure aber nicht. Tatsächlich waren es die „Schmetterlingssammler" unter den Profi-Forschern, also Naturgeschichtler, Zoologen, Botaniker, Geologen, die noch am ehesten Kontakt zur vernachlässigten Basis des interessierten Fußvolkes hielten. Sie ließen Amateure weiter nicht nur Schmetterlinge sammeln und sich von ihnen zuschicken, sondern nutzten sie zum Beispiel auch als Lieferanten von Versuchstieren. Und selbst im jungen Fach der Genetik erkannten manche sehr früh, wie wichtig Leute ohne akademische Bildung sein konnten, wenn sie nur ein spezielles Interesse – geschäftlich oder rein hobbymäßig – mitbrachten.

Genetik war, solange man noch nicht an die Moleküle der Vererbung herankam, schlicht die Wissenschaft der kleinen und größeren Unterschiede in großen Populationen und von deren Vererbung. Man konnte entweder, wie Mendel, Jahre damit verbringen, Tausende von Erbsen zu ziehen und zu kreuzen (im Falle des Mönchs aus Brünn waren es etwa 30 000) – oder man konnte sich der großen Masse der Erbsenbauern bedienen, oder eben alternativ der Züchter anderer Tiere und Pflanzen. Der inzwischen fast vergessene Genetiker Hans Nachtsheim begann in den 20er Jahren des vergangenen Jahrhunderts zum Beispiel, die Zehntausenden organisierten deutschen Kaninchenzüchter anzuzapfen.[21] Das Kaninchen war für ihn das ideale Versuchstier, um Vererbungsvorgänge bei Säugern zu untersuchen: Im Gegensatz zu Mäusen und Ratten etwa gab es längst die verschiedensten Rassen, bei denen man auch ein wenig Erfahrungswissen über die Vererbung von Fellfarbe, Haarstruktur, Ohrlänge und anderem angesammelt hatte. Im Gegensatz zu den ebenfalls schon in vielen Ausprägungen in Ställen existierenden Rindern und Schweinen vermehrten sie sich auch schnell, reichlich und kostengünstig.

Am wichtigsten für Nachtsheim aber war, dass die Züchter in der längsten Do-it-Yourself-Wissenschaftstradition des Planeten standen. Denn mehr oder weniger gezielte und systematische Tier- und Pflanzenzucht gibt es, seit sich die ersten Menschengruppen vom Dasein als Jäger und Sammler verabschiedeten und begannen, Landwirtschaft zu betreiben. Genetik ist damit so gesehen die älteste Wissenschaftsdisziplin überhaupt. Nachtsheim machte nichts anderes, als den Züchtern neue, wissenschaftliche Zuchtmethoden für mehr Fleisch und vor allem – seinerzeit noch besonders wichtig – besseres Fell zu versprechen, wenn sie ihm nur in großen Mengen genau die Versuchstiere lieferten, die er brauchte. Das ging so weit, dass der Forscher sich sogar von 1924 bis 1933 zum Vorsitzenden des „Reichsbunds Deutscher Kaninchenzüchter" wählen ließ. Die unzähligen Lieferanten Nachtsheims trugen maßgeblich dazu bei, dass dieser in Berlin mit Kaninchen verschiedene Krankheits-Modellsysteme entwickeln konnte, etwa für Grauen Star, Epilepsie und andere neurologische Leiden – und dass das „Versuchskaninchen" bis heute eines der wichtigsten Versuchstiere weltweit ist.

Man mag Letzteres als zweifelhaften Erfolg der Bürgerwissenschaft interpretieren – vor allem aus tierschützerischer Sicht, aber auch, weil Nachtsheims Versprechen einer Revolution in der Kaninchenzucht höchstens in kommerziellen Zuchtbetrieben wahr geworden ist. Sicher ist aber, dass der Beitrag der untereinander und mit ihrem Chef vernetzten deutschen Züchter zur genetischen und biomedizinischen Forschung riesig war.

Im Grunde funktionieren akademisch koordinierte Citizen-Science-Projekte immer noch nach dem Prinzip, das Nachtsheim damals zwar nicht neu erfand, aber doch perfektionierte: Ein Netzwerk kompetenter und spezifisch interessierter Laien liefert nach einfachen Vorgaben seine Beiträge an die akademische Zentrale und bekommt als Gegenleistung schlicht das Versprechen wissenschaftlichen Fortschritts. Als materielle Kompensation des Aufwandes allerdings gibt es meist nicht mehr als das Äquivalent eines sprichwörtlichen feuchten Händedrucks, ideell aber das Gefühl, an etwas Wichtigem mitgewirkt zu haben, intellektuell einen Zuwachs an Bildung und sozial eine Bereicherung an Kommunikation mit und Anerkennung von Leuten, die sich für Ähnliches interessieren. „Peers" heißen die Mitglieder solcher Gruppen im soziologischen Jargon, und die Entstehung oder gezielte Produktion von Erkenntnis durch ihre Kooperation untereinander und mit akademischen Initiatoren wird als „Commons Based Peer Production" bezeichnet.[22] Die gegenwärtigen Projekte sind nur ein wenig diverser als seinerzeit Nachtsheims Hoppelgenetik-Unternehmung und setzen unterschiedliche Niveaus von Expertise voraus. Sie legen etwas mehr Wert auf explizite Anerkennung des Beitrages jedes Einzelnen und die Bereitschaft, auch mit jedem Einzelnen individuelle Fragen zu erörtern. Das Web und der PC erleichtern das Management von Daten sowie den Zugang zu Informationen, die Vernetzung und die Kommunikation untereinander und mit der Zentrale. Aber das Prinzip ist unverändert. Allein die Motivation zum Mitmachen liegt heute meist in einem absolut nicht-materiellen Interesse, zum wissenschaftlichen Fortschritt etwas beizutragen, dafür anerkannt zu werden, dazuzulernen – anders also als etwa in der erhofften Verbesserung der eigenen Kaninchenzucht.

Tatsächlich hat die Frage nach der Motivation, sich an solchen Projekten zu beteiligen, bei denen materiell nichts herausspringt und die nur selten Glückstreffer wie etwa den Hanny van Arkels produzieren, schon manchem Soziologen schlaflose Nächte bereitet. Studien[23] haben inzwischen ziemlich klar gezeigt, dass die Motivation praktisch komplett aus den sozialen Beziehungen, dem Austausch und der Kommunikation mit „Peers" und der gegenseitig ausgesprochenen Anerkennung für Beiträge kommt. Was dem Projekt zugutekommt, ist also gleichzeitig das Belohnungssystem für die Teilnehmer. Und es ist praktisch komplett umsonst.

Die Zahl solcher Projekte wächst. Im deutschsprachigen Raum etwa gibt es Naturgucker.de, wo die verschiedensten Naturbeobachtungen, Artensichtungen und Ähnliches gemeldet, diskutiert und in Forschungsarbeiten und Dokumentationen von Naturschützern einbezogen werden können. Der Naturschutzbund Deutschland ruft jährlich Hobbyornithologen dazu auf, die Verbreitung und Häufigkeit des jeweiligen „Vogels des Jahres" zu kartieren. Bei ornitho.de ist dieser Ansatz auf die gesamte Vogelwelt ausgeweitet. Das Helmholtz-Zentrum für Umweltforschung in Halle koordiniert tagfaltermonitoring.de. Abgeschlossen ist ein Projekt zur Evolution von Bänderschnecken,[24] dessen Ergebnisse unter der Überschrift „Bürgerwissenschaft offenbart unerwarteten evolutionären Wandel in einem Modellorganismus" inzwischen im wichtigsten Online-Wissenschaftsmagazin *PLOS ONE* publiziert worden sind.[25]

Neben Amateurwissenschaftlern, die miteinander und mit irgendeiner zentralen Instanz vernetzt sind, gab es immer auch solche, die eher allein forschten. Sie waren und sind, auch ohne Uni-Abschluss und Uni-Anschluss, meist echte Experten auf ihrem Gebiet. Und Beispiele wie die des erwähnten Patrick Moore zeigen, dass manche von ihnen sogar irgendwann ihr Hobby zum Beruf machten. Andere waren Berühmtheiten auf anderen Gebieten, wie etwa die Autoren Wladimir Nabokow und Ernst Jünger. Nabokow war einer der führenden Schmetterlingsexperten Nordamerikas, Jünger ein anerkannter Fachmann für Käfer. Aber auch im normalen Fußvolk gab und gibt es bis heute viele normale und ein paar herausragende Einzelforscher. Ein aus der Bretagne stammender Taxifahrer namens Pierre Morvan nutzte seine Urlaube und die frühen Jahre seiner Rentnerzeit zu ausgiebigen Expeditionen in den Himalaja und wurde dort zu einem führenden Experten in der Systematik der Laufkäfer (Carabidae). Er bekam dafür 1987 einen „Rolex Award for Enterprise". Das Preisgeld von 50 000 Schweizer Franken steckte er in seine nächsten Expeditionen.

Dass sich bislang primär Himmels- und Naturbeobachtung für wissenschaftliche Bürgerbeteiligung eignet, könnte den abschätzigen Rutherford'schen Schluss nahelegen, dass sich das Potenzial solcher Beteiligung tatsächlich auf „Schmetterlingssammeln" und Ähnliches beschränkt. Rutherford war ein schlauer Mann, vor allem wenn es darum ging, über sehr kleine Sachen wie etwa Atome und die darin herrschenden Grundprinzipien nachzudenken. Mit dem Lebenden und der es definierenden Vielfalt scheint er es nicht so gehabt zu haben. Tatsächlich beginnt die Bürgerwissenschaft gerade erst, ihre Möglichkeiten in Ansätzen zu offenbaren. Sie beginnt erst, dieses Potenzial zu nutzen und Beiträge zu liefern, die ein einzelnes Labor, wie teuer und modern seine Geräte auch sein mögen, nie zu leisten imstande wäre. Denn die Varianten der Natur (seien sie erblich oder umweltbedingt), ihre Veränderungen (zufällig, klimabedingt, ...) lassen sich nur von vielen einzelnen Augenpaaren an vielen einzelnen Orten an vielen einzelnen Pflanzen, Tieren und Biotopen beobachten. Und das funktioniert bis zu einem gewissen Grade mit sehr einfachen Mitteln und gilt mehr und mehr auch für die „moderneren" Varianten der Biologie, für Beobachtungen und Experimente auf molekularer Ebene. Gelingt es, die Beobachter und ihre Beobachtungen, die Experimente und Experimentatoren zu vernetzen und sinnvoll zu integrieren, kann dabei Forschung herauskommen, die mit anderen Mitteln kaum möglich wäre.

Auch, wenn es auf den ersten Blick nicht so erscheinen mag: DIY-Biologie, Biohacking, Outlaw-Biologie bringen zwar neue Aspekte mit sich, zum Beispiel den des Bastelns, also des Ur-Do-It-Yourselfs schlechthin (nur eben mit molekularem Material). Sie basieren aber weitgehend auf denselben Prinzipien, die auch die klassische Bürgerforschung ausmachen. Dazu gehört die Beschäftigung mit dem Variantenreichtum der Natur, der Biologie (seien es Bakteriengene, Krankheiten, Zutaten von Lebensmitteln etc. – oder die sieben Milliarden individuellen menschlichen Genome selbst). Und auch Genanalyse ist letztlich Naturbeobachtung, individuell und ortsgebunden. Dazu gehören auch die mehr oder weniger stark ausgeprägte Kreativität und Geduld vieler Einzelforscher, der Austausch zwischen ihnen und die Möglichkeit, mit einfachen Mitteln Wissenschaft machen, bei Wissenschaft mitmachen zu können.

Die allermeisten, die sich beteiligen, gehen offen mit dem um, was sie tun. Sie wollen, dass andere davon erfahren und profitieren. Sie vernetzen sich untereinander und öffnen die Türen und Websites für Interessierte. DIYbio.org etwa ist eine explizit sozial, interaktiv, gemeinschaftlich organisierte Initiative. Im Projekt BioWeatherMap sammeln Freiwillige weltweit am Wohnort oder auf Reisen Proben von Mikroorganismen mit dem Ziel, die genetische Diversität von Bakterien, Pilzen und Viren zu dokumentieren und auf nützliche Varianten zu scannen. Ein solches engmaschiges globales „Mikrobiom-Projekt" wäre mit traditionellen Methoden (Tausende bezahlte Wissenschaftler reisen um die Welt und sammeln Proben) wahrscheinlich in etwa so teuer wie ein bemannter Flug zum Mars. BioWeatherMap.org dagegen funktioniert als Teil einer Non-Profit-Organisation und hat erste Ergebnisse im Jahr 2012 publiziert.[26]

Die meisten Biohacker und Heimwerker-Biologen sind also Herdentiere, arbeiten online oder „im Feld" oder im Gemeinschaftslabor – das eine WG-Küche oder ein Hackerspace sein kann – zusammen. Ein paar wenige basteln auch für sich allein, nutzen aber die im Netz verfügbaren Informationen sowie Diskussionsforen und Biohacking-Websites, wenn auch oft eher passiv. Die ungleiche Community besteht also aus vielen wie dem Astro-Bunny Hanny und einigen wenigen wie dem Taxi-Taxonom Pierre Morvan. Alle arbeiten meist mit einfachen oder zumindest einfach zu bedienenden Werkzeugen wie PC und Internet, beschaffen sich gebrauchte Geräte, basteln selber einfachere und billigere Lösungen für ihre Labors, nutzen erschwingliche Materialien, tauschen sich aus. Sie freuen sich, wenn sie von jemand anderem von einem coolen Hack erfahren oder einer cleveren Methode, und freuen sich noch mehr, wenn sie selber eine noch cleverere Methode hinterherschieben können. Sie reisen durchs Land und durch die Welt, schlafen bei anderen Biohackern oder DIY-Biologen auf der Couch und frickeln im Wachzustand dann im Küchenlabor oder Hackerspace.

Als Romie Littrell, ein DIY-Biologe und Bio-Künstler aus Los Angeles, im September 2012 auf diese Weise bei Richard unterkam, fehlten morgens die Kaffeefilter. Romie nahm mit den Worten „Das hier ist auch poröses Papier" zwei Blätter von der Küchenrolle und machte damit Kaffee, nur um sich beim nächsten Mal davon überzeugen zu lassen, dass man für einen guten Kaffee überhaupt kein Papier braucht. Nach dem gleichen Prinzip springen Biohacker, Biopunks, oder wie man sie nennen will, mit Molekülen, Erbmaterial, Laborequipment und bewährten biotechnologischen Arbeitsanleitungen um: ein bisschen respektlos, ziemlich improvisatorisch, sehr auf das Wesentliche konzentriert, absolut flexibel und offen für Neues und mit offenen Augen.

Was allein zwei offene Augen, angeschlossen an einen offenen Geist und das Internet, leisten können, zeigt etwa Hanny van Arkels Beispiel aus der Bürgerastronomie. Die molekularbiologische Bürgerwissenschaft dagegen steht noch ganz am Anfang. Aus der Geschichte all der anderen Amateurwissenschaften ihre Zukunft vorhersagen zu wollen, wäre vermessen. Eines ist aber sicher: Die Zutaten, angefangen bei erschwinglichen Materialien und Geräten über vereinfachte Methoden und leichten Zugang zu Informationen und zu Gleichgesinnten bis hin zu einem Themenfeld, das unzählige interessante und vielleicht sogar lukrative Forschungsmöglichkeiten bietet, sind vorhanden. Neu ist die Möglichkeit, mit biologischer Bastelei das Leben selbst zu manipulieren – eine Option, die nicht nur fröhlichen Forschungs-Enthusiasmus hervorruft.

Ob DIY-Biologie und Biohacking hier zur Gefahr werden oder zu einer wichtigen gesellschaftlichen Kontrollinstanz, werden nicht der Zufall oder ein paar gute oder böse Einzelakteure entscheiden, sondern die Gesellschaft und ihre Entscheidungsträger selbst. Ob DIY-Bio und Biohacking aus Angst vor Missbrauch und Terror in die Illegalität gedrängt werden oder sich zu Motoren eines auf einer breiten demokratischen Basis stehenden Fortschritts entwickeln können, der Probleme in Umwelt, Energie, Technologie, Lebensmittelerzeugung und Medizin löst – dafür werden heute die Weichen gestellt.

Was Biohacker heute schon können, das wollten wir nach unseren Bildungsreisen nach Amerika, nach der aufreibenden Beschaffung des Hacker-Equipments und der Suche nach Motivation in der Geschichte der Bürgerwissenschaft nun selber, an und mit uns selbst, ausprobieren.

Kapitel 6 …

… in dem wir kleine Löcher in dünne Pappen bohren, viel schwitzen, gemeinsam aufs Klo gehen, Cox-Orange genießen, uns eines Biotech-Rock-'n'-Rollers erinnern und Fisch-Gen-Millionäre werden – nur um am Ende wieder alles zu verlieren …

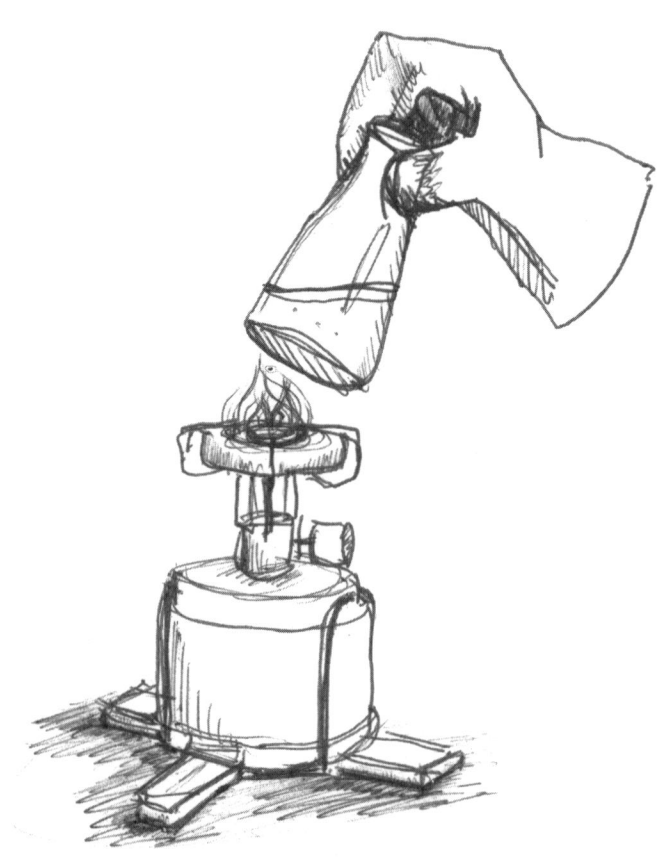

DIE SUSHI-KRISE

Ist da was? Oder ist das alles wieder nichts? Ein orangefarbener Strich? Oder wieder nur der Wunsch nach einem orangefarbenen Strich? Hanno starrt auf das Gel. Es ist zu hell hier, um es richtig zu erkennen, aber Vorhänge oder ein Rollo gibt es nicht. Er bohrt ein Loch in einen Kartondeckel und stülpt ihn über die Gel-Apparatur mit der blauen Lampe darunter. Er krümmt sich über den Karton und späht durch die Öffnung. Versucht mit den Händen das Streulicht vom Guckauge abzuschirmen. Ist da nicht doch ein Schimmern? Er blinzelt, schaut noch einmal, klappert mit den Augendeckeln zwecks Entspannung der Sehmuskulatur, linst und äugt erneut. Da ist doch was!?

„Und?" Die beiden anderen drängeln, wollen auch sehen, was es vielleicht zu sehen gibt. Und blicken dem Kollegen über die Schultern auf die Pappe, als ob auf ihr die Antwort stünde.

Es ist ohnehin schon hochsommerlich heiß in unserem Labor. Aber in diesen Sekunden steigt die gefühlte Temperatur noch einmal spürbar in Bereiche jenseits der Fiebergrenze. Eine Sekunde später reißt Hanno wortlos die Gelbox vom Tisch, schnappt sich die Blaulichtlampe und wetzt zum Klo, dem einzigen Raum auf der Etage ohne Fenster. Sascha hinterher. Richard bleibt zurück, auf der Suche nach der Kamera, die beim Dokumentieren dieses Ereignisses, wenn es denn eins ist, ganz dienlich wäre.

Die Leute aus den anderen Büros auf der Etage gucken irritiert den beiden sich gleich gemeinsam auf dem Klo einschließenden Männern hinterher. Aber es ist der einzige fensterlose Raum hier. Und Dunkelheit brauchen wir jetzt. Die Tür knallt ins Schloss. Wir machen das Licht aus, und es bleibt kein Zweifel: Wir sehen ein Gen. Das Gen! Und damit sind wir Biohacker.

Seit mehr als einer Woche arbeiten wir jetzt in unserer zum Labor umgebauten Büroecke in Berlin-Schöneberg. Bis zu diesem Augenblick erfolglos. Was auf dem Papier so einfach aussah und sich in den Erzählungen unserer DIY-Lehrer kinderleicht anhörte, ist in Wirklichkeit ein nervtötendes Geschäft. Nichts funktioniert. Und wir verstehen nicht, wieso. Was haben wir falsch gemacht? Wir haben uns an die Rezepte gehalten, wir glauben sogar zu wissen, was wir hier tun, und den Sinn jedes Schrittes der Prozedur zu verstehen. Aber es ist nicht wie beim Kochen, wo ein kleiner Fehler das Gericht selten völlig ungenießbar macht. Es ist alles oder nichts. Orangefarbener Streifen im blauen Licht oder eben nicht.

Vielleicht haben ja die Moleküle schlicht keine Lust, sich von Amateuren wie uns herumschubsen zu lassen? Das Sarkasmus-Niveau steigt von Tag zu Tag. Und die Kreativität bei den Durchhalteparolen.

Laborarbeit besteht offenbar vor allem darin, verschiedene Rezepturen von Chemikalien und Zellextrakten auszuprobieren, Fehlschläge zu akzeptieren und „Morgen ist ein neuer Tag" zu murmeln, bis ein Experiment endlich funktioniert. Von systematischer Forschung kann jedenfalls gar keine Rede sein. Tagelang hantieren wir mit den Reaktionsgefäßen aus Plastik, die kleiner sind als ein Fingerhut. Es kostet Konzentration, die winzigen Flüssigkeitsmengen, die man kaum sehen kann, von einem Töpfchen in das nächste zu befördern. Ein Fehler – eine unbemerkte Verschmutzung oder eine versehentlich falsch angesetzte Konzentration der Lösung zum Beispiel –, und schnell ist ein Tag Arbeit dahin. Kein Wunder, dass in großen Labors dieser Job inzwischen oft von Robotern erledigt wird.

Katherine Aull, die Biohacking-Pionierin aus den USA, die ihren eigenen Gentest entwickelte, hatte uns gewarnt: „Es kann so viel schiefgehen, und du hast nicht die Kollegen, die dir dann zur Seite stehen und dir erklären, was schiefgelaufen ist, und eine Lösung parat haben, du kämpfst allein", waren ihre Worte, derer wir uns immer mal wieder zu entsinnen gezwungen sind. Dazu kommt, dass man ein kleines Budget hat. Man kann Probleme nicht einfach durch teurere und bessere Reagenzien oder Geräte lösen, man muss improvisieren lernen. Wir kämpfen mal zu zweit, mal zu dritt, aber der Lösung kommen wir deshalb nicht näher. Warum sehen wir kein Schimmern an Tag 1? Keins an Tag 2? Und auch nichts in den kommenden Tagen? Wir wissen es bis heute nicht. Aber nachdem wir es einmal gesehen hatten, leuchtete es immer wieder. Es ist ein bisschen wie Radfahren lernen. Bevor das Kind so weit ist, dass es nicht mehr umfällt, gibt es eine Menge Geschrei.

Der Frust hatte schon begonnen, bevor wir das Labor überhaupt eingerichtet hatten. Die Gel-Elektrophorese-Kammer aus den USA mit ihrer blauen LED-Beleuchtung ist natürlich auf das amerikanische Stromnetz mit 110 Volt Spannung ausgelegt. Wir brauchen diesen Elektrokram, um Gene sichtbar zu machen. Aber an den europäischen 220 Volt brutzelt uns die Lichtquelle wahrscheinlich einfach durch. Das hatte bei der Bestellung niemand bedacht. Kein Problem, gehen wir in den Elektronikmarkt und kaufen ein passendes Netzteil, denken wir, noch nicht ahnend, dass uns dieses kleine Hindernis am Ende zwei Tage Arbeit und fast hundert Euro kosten wird. Der Fachhandel hat keinen passenden Adapter. Nach einigen Versuchen, das amerikanische mit dem europäischen System per Lötkolben zu verschmelzen, entscheiden wir uns schließlich, die Leuchtdioden mit Batterien zu betreiben. Auch das kostet noch einmal einen Tag, ohne dass wir damit unserer eigentlichen Mission als Biohacker wirklich näher gekommen wären.

Die Erleichterung ist groß, als wir das erste blaue Licht sehen, es ist wie dieser Moment des Glücks, wenn man ein Rätsel löst. Ein bisschen viel Selbstzufriedenheit vielleicht, wir haben schließlich nicht mehr geschafft, als mit Strom Lämpchen zum Leuchten zu bringen. Produktiv ist das vor allem bezogen auf die Glückshormone, die durch unsere Körper strömen. Basteln macht Spaß. So einfach ist das. Es ist nur ein kleiner Kick, aber er hilft uns, die Motivation nicht zu verlieren und auf den nächsten Glücksmoment hinzuarbeiten.

Die nächste Hürde vor der eigentlichen Laborarbeit stellt sich uns bei der Programmierung des Genkopierers in den Weg. Als er 1991 gerade auf den Markt kam, träumte wahrscheinlich jeder Molekularbiologe auf der Welt davon, so einen in seinem Labor zu haben – und die, die ihn hatten, hatten Alpträume, jemand könnte ihn klauen.

Zum Preis eines kleinen Einfamilienhauses konnte der Perkin Elmer GeneAmp Dinge, die bis dahin als unerhört gegolten hatten. Nicht nur, dass er 96 Proben auf einmal aufnehmen konnte. Es war auch möglich, ihn mit den verschiedensten Programmen zu füttern – wenn man denn die Gebrauchsanweisung hatte.

Unserer kam leider ohne. Sogar Google ließ uns als universeller Ratgeber im Stich. Keiner hat die Stunden gezählt, die wir brauchten, um uns aus den kryptischen Anzeigen des zweizeiligen Displays und mit der fummeligen Folientastatur ein funktionierendes Kopierprogramm herzuleiten.

Wer rechnet auch mit solchen banalen Problemen, wenn man doch auf Höheres aus ist? Schließlich wollen wir das Lesen und Sprechen lernen, was der damalige US-Präsident Bill Clinton bei der Präsentation der ersten Ergebnisse des Humangenom-Projekts als „die Sprache, mit der Gott das Leben schuf", bezeichnet hatte. Doch die Sprache des Herrn bleibt uns zunächst unergründlich. Die Lektion, die wir bisher gelernt haben, heißt: Es dauert alles zehn Mal länger, als du es eingeplant hattest. Wenn es denn überhaupt irgendwann klappt.

Zu diesem Zeitpunkt wollten wir eigentlich längst ein paar Gene aus ein paar Speisefischen herausgeholt und sicher eingetütet haben.

Immer wieder tauchen in den Medien Berichte über in Sushi verwendeten Fisch auf, der von geschützten Arten stammt – oder auch von niedrigpreisigen, obwohl das Sushi als Luxusprodukt verkauft wird. 2011 zeigte die Untersuchung[27] der Nichtregierungsorganisation Oceana in Los Angeles, dass jeder zweite Fisch, den ihre Tester in lokalen Märkten kauften, nicht der war, der er laut Auszeichnung hätte sein sollen. In Sushi-Restaurants waren neun von zehn Proben falsch deklariert. Ein Jahr zuvor hatte die Zeitung *The Boston Globe*[28] eine ähnliche Untersuchung in den Restaurants der Ostküstenmetropole gestartet und war zu dem Ergebnis gekommen, dass 48 Prozent der untersuchten Fischproben von einer anderen Art stammten als auf der Karte angepriesen.

Bei einer anderen Untersuchung in professionellen Labors fanden Forscher Buttermakrele auf dem Reisklops statt des auf der Speisekarte stehenden Thunfischs. Und das war nicht nur ein preislicher

Unterschied im Einkauf. Einige der unverdaulichen Fette des auch Escolar genannten Fisches können zu Magenkrämpfen, öligen Durchfällen und Erbrechen führen. Gesundheitsbehörden in den USA und Europa warnen vor dem Verzehr. Sogar zwei Schülerinnen in New York haben bereits falsch ausgezeichneten Fisch aufgespürt. Sie fanden Tilapia aus der Aquakultur statt des versprochenen Thunfischs und Eier vom Stint statt von fliegenden Fischen, für die sie eigentlich bezahlt hatten. In kürzester Zeit war die Sushi-Analyse damit zur Bürgerwissenschaft geworden.

Alle benutzten bei ihren Versuchen eine noch sehr junge Methode, um Arten zu bestimmen. Sie wird als „DNA-Barcoding" bezeichnet und vergleicht die Unterschiede in den 648 Bausteinen des sogenannten COX1-Gens, das in allen Lebewesen vorkommt. Von Art zu Art unterscheidet sich die Abfolge der Buchstaben an einigen Positionen, sie ist also im Wortsinne spezifisch: Jede Spezies hat ihre eigene. Man muss nur eine kleine Gewebeprobe nehmen, das COX1-Gen daraus kopieren und die Reihenfolge der Bausteine per Sequenzierung auslesen. Diese Gensequenz kann man dann mit einer Datenbank im Internet abgleichen, die die arttypischen COX1-Genvarianten gespeichert hat.[29]

Genau so ein Experiment wollen wir machen. Vielleicht können wir ja die Berliner Sushi-Mafia entlarven – so es denn eine gibt, denn zumindest unser Sushi-Mann macht eigentlich einen sehr vertrauenswürdigen Eindruck.

Unser Material sammeln wir in einer Mittagspause in der Sushi-Bar um die Ecke. Wir nehmen insgesamt fünf Proben mit zurück ins Büroeck-Labor und legen sie in sterilen Plastikröhrchen auf Eis. Laut Speisekarte sollten es Thun- und Tintenfisch, „Red Snapper", Aal und Lachs sein. Unsere Geschmacksanalyse hat das weitgehend bestätigt, wobei keiner von uns eine Ahnung hat, wie so ein „Roter Schnapper" eigentlich aussieht oder mundet.

Die DNA wollen wir mit der Methode aus den Zellen holen, die uns Kay Aull bereits in Cambridge gezeigt hatte. Es ist jenes Verfahren, das lange Zeit auch von Kriminallabors benutzt wurde, um DNA-Spuren von Tatorten zu analysieren. Dazu schaben wir zuerst mit einer Pipettenspitze ein paar Zellen von dem jeweiligen Fischfleisch. Die mischen wir dann mit in der Apotheke gekauften Kunstharzkügelchen namens „Chelex" und einem Zehntel Milliliter Wasser. Ein kurzer Schleudergang in der Zentrifuge sorgt dafür, dass sich das Gemisch unten im Reaktionsgefäß sammelt und nicht überall an den Wänden klebt. Dann werden die Proben für 20 Minuten bei 99 Grad Celsius im Genkopierer gekocht. Dabei platzen die Zellen auf, die DNA löst sich im Wasser, während der restliche Zellmatsch an den Kunstharzkügelchen hängen bleibt. Es folgt der nächste Zentrifugendurchgang, in dem die festen von den flüssigen Bestandteilen getrennt werden. Mit der Pipette saugen wir dann den flüssigen Teil, im Fachjargon „Überstand" genannt, ab. In ihm müsste jetzt das Sushi-Erbgut schwimmen. All das machen wir natürlich mit jeder unserer Fischproben, beschriften jedes Gefäßchen penibel und versuchen, uns bei jedem Arbeitsgang so zu konzentrieren, dass nichts durcheinander kommt. Zehn Mikroliter von jedem der flüssigen Fisch-Erbgutextrakte mischen wir in je einem eigenen Reaktionsgefäß mit den anderen Zutaten: Magnesiumchlorid, DNA-Kopier-Enzym mitsamt der für den richtigen pH-Wert sorgenden Pufferlösung, DNA-Bausteine. Dazu kommen noch die sogenannten „Primer" – kurze, im Fachhandel erhältliche Erbgutstücke, die das gesuchte Gen flankieren. Und ab damit in die Kopiermaschine, die in den nächsten drei Stunden 26 Kopierzyklen durchlaufen und dabei die wenigen COX1-Gene aus der Probe milliardenfach vervielfältigen wird. Wenn alles funktioniert.

In der Maschine läuft in dieser Zeit ein Prozess ab, der auf einer der einfachsten, aber genialsten Ideen der Biotech-Geschichte beruht. Diese Polymerase-Kettenreaktion (oder auch PCR nach dem englischen Begriff Polymerase Chain Reaction), ist so etwas wie der Faustkeil der Gentechnologie. Sie revolutionierte die Biowissenschaften und zählt heute zum alltäglichen Handwerkszeug in Forschung, Diagnostik, Forensik und Lebensmittelüberwachung. Ihre Erfindung ist für die Genetik in etwa das, was die Erfindung des Mikroskops für die klassische Biologie war. Sie ist eine Art Vergrößerungsglas zur Beobachtung von Erbmaterial, nur dass hier nicht optisch tausendfach vergrößert, sondern ein Molekül milliardenfach kopiert wird, damit es nachweisbar, „sichtbar", wird.

Durch die Methode vervielfältigten und vereinfachten sich die Möglichkeiten, das greifbar zu machen, was jeden Organismus einzigartig macht: seine Gene, als Speicher fast aller für sein Entstehen und Bestehen nötigen Information aufgereiht auf dem fadenförmigen Riesenmolekül Desoxyribonukleinsäure (engl. Desoxyribonucleic Acid, kurz: DNA).

Wann immer vom *Handwerk* der Gen-Ingenieure die Rede ist, bekommt man das Gefühl, als würden sie die Molekülabschnitte mit den Erbinformationen wie Legosteine zusammensetzen und auseinandernehmen oder Programmcode per Computerkonsole umschreiben können. Es heißt, sie *lesen* die Abfolge der genetischen Bausteine, sie *schneiden* Stückchen aus dem Erbgut heraus, sie *kopieren* Genabschnitte oder *kleben* sie an andere. Sie *bauen* neue Gene in das Erbgut einer Zelle ein. Das klingt so mechanisch wie spielerisch, und nicht besonders abstrakt.

Aber was passiert in Genanalyse und Gentechnik wirklich? Niemand hantiert tatsächlich mit einem einzelnen Gen. Denn dazu müsste er oder sie den physischen Umgang mit einzelnen Molekülen beherrschen. Selbst bei einem so großen Molekül wie unserer DNA ist das schwierig und krude, für präzise Eingriffe in einzelne ihrer Abschnitte ist es unmöglich. Stattdessen arbeiten Gen-Ingenieure immer mit Millionen identischer Kopien ein und desselben Erbgutmoleküls. Was sie auf ihren Gelen sehen, sind keine einzelnen Gene, sondern nur Signale für das Vorhandensein solcher Unmengen baugleicher Erbgutabschnitte. Um diese aus dem Erbgut von ein paar Zellen der Mundschleimhaut oder eines Fisch-Filetstücks herzustellen, brauchen sie die PCR-Methode. Sie schafft es, einen genau definierten Abschnitt aus dem Erbgut herauszukopieren. So oft, dass schließlich genug davon vorhanden ist, um das Gen analysieren oder manipulieren zu können.

Die PCR ahmt im Grunde den natürlichen Vorgang nach, der vor jeder Zellteilung abläuft. Bevor sich eine Zelle teilen kann, muss sie ihr Erbgut verdoppeln. Das Erbmolekül besteht aus langen Abfolgen von immer gleichen Genbausteinen (Nukleotiden), die sich nur in den vier Basen Adenin (A), Cytosin (C), Guanin (G) und Thymin (T) unterscheiden. Weil die Nukleotide die Fähigkeit besitzen, paarweise aneinander zu binden (A mit T und C mit G), fügen sich immer die zwei komplementären Einzelstränge zur berühmten Doppelhelix zusammen. Um das Erbgut kopieren zu können, muss die Zelle den doppelten Erbgutfaden in seine beiden Einzelstränge entwinden und hat dann jeweils zwei Vorlagen, um jeweils eine Kopie anzufertigen.

Wenn man ein Ergebnis der Evolution als „genial" bezeichnen dürfte – die DNA und ihr Code wären es. Sie braucht gerade einmal vier Buchstaben für eine Schrift, in der sich die genaue Bau- und Wartungsanleitung eines Seepferdchens genauso schreiben lässt wie die für ein Virus oder für Dieter Bohlen. Und diese Schrift ist gleichzeitig der wichtigste Teil eines zuverlässigen Kopierers ihrer selbst.

Beim Kopiervorgang hilft in der Zelle ein Enzym namens Polymerase. Im Labor läuft es im Grunde genauso. Damit das Enzym im Reagenzglas nicht alle Gene kopiert, sondern nur den Abschnitt von Interesse, den dafür aber millionenfach, muss man den Platz markieren, an dem es mit dem Kopieren anfangen und wo es aufhören soll. Dazu fabriziert man kurze Stücke künstlicher DNA, sogenannte „Primer", die komplementär zum Anfang und Ende des Erbgutabschnittes passen, der kopiert werden soll. Die Primer finden im Reaktionsgefäß sicher ihr Gegenstück, lagern sich daran an, und die Polymerase nutzt sie als Startpunkt für ihre Kopiertätigkeit. Dadurch entsteht ein neuer Doppelstrang des Gens. Es gibt eine ganze Reihe von Unternehmen, die sich auf die Herstellung künstlicher DNA spezialisiert haben und solche Primer herstellen und verschicken. Man bestellt die maßgeschneiderten Moleküle einfach über das Internet und bekommt sie drei Tage später geliefert, zusammen mit einer Rechnung von etwa zehn Euro pro Primer.

Die PCR-Reaktion beginnt damit, dass man das Gemisch aus allen Zutaten für ein paar Sekunden auf etwa 95 Grad Celsius erhitzt. Das sorgt dafür, dass sich die beiden Stränge voneinander trennen. Dann fährt der Genkopierer die Temperatur auf etwa 65 Grad herunter, was den Primern ermöglicht, an die passenden Stellen zu binden. Das ist das Startsignal für die Polymerase, sie fängt mit ihrer Kopierarbeit an und koppelt freie DNA-Bausteine – die man zuvor natürlich im Fachhandel einkaufen und in die Reaktionsgefäße geben muss – Stück für Stück hinter den Primer. Welcher Baustein gerade an der Reihe ist, kann das Kopierenzym von dem als Vorlage dienenden Einzelstrang ablesen. Erkennt sie dort also einen DNA-Baustein mit einem Adenin (A), fügt sie einen Baustein mit Thymin ein. Stößt die molekulare Kopiermaschine in der Vorlage auf Cytosin, schnappt sie einen DNA-Baustein mit Guanin aus der Reaktionslösung und baut ihn in den neuen Strang ein. Und so weiter. Ein neuer Strang mit Ts, Gs, As und Cs in für das spezifische Gen oder die spezifische Genvariante spezifischer Reihenfolge ist entstanden. Um die 648 Bausteine des für uns interessanten Abschnittes des COX1-Gens aneinanderzureihen, braucht das Enzym nur knapp eine Minute. Vorausgesetzt, die Temperatur wird dabei auf etwa 72 Grad justiert – das ist der Wohlfühlbereich des Enzyms. Zum Abschluss des Zyklus erhöht die PCR-Maschine die Temperatur wieder auf 95 Grad, die Doppelstränge lösen sich wieder zu Einzelsträngen auf und bieten der molekularen Kopiermaschine nun genau doppelt so viele Vorlagen wie im vorherigen Durchlauf. So verdoppelt sich die Zahl der Genkopien mit jedem Zyklus. Die PCR ist ein molekularer Verstärker. Selbst wenn man die Reaktion mit nur einem Original-DNA-Molekül starten würde, wären schon nach 25 Kopiervorgängen über drei Milliarden Kopien daraus geworden. Unsere antiquarische PCR-Maschine braucht dafür über drei Stunden, moderne Geräte kaum ein Drittel der Zeit.

Drei Stunden sind noch immer besser als die Tage, die der Erfinder dieser Methode im Labor zubringen musste. PCR-Maschinen gab es 1983 noch nicht, als den amerikanischen Chemiker Karry Mullis ein Gedankenblitz durchfuhr. Die von ihm selbst in die Welt gesetzte Legende besagt, dass er die Idee dazu hatte, als er in einem Cabriolet auf dem Highway 128 unter dem nordkalifornischen Sternenhimmel durch die Berge brauste. Obwohl er selbst den auf die Idee folgenden Part der Geschichte etwas anders und sehr selbstbewusst erzählt, hatte er große Schwierigkeiten, die Idee in eine funktionierende chemische Reaktion umzusetzen. Ihm standen nur Wasserbäder mit drei verschiedenen Temperaturen zur Verfügung, zwischen denen er die Reaktionsgefäße hin und her bewegen musste – eine Methode, die heute in manchen Garagenlabors, die sich keine PCR-Maschine leisten können oder wollen, wieder verwendet wird. Ein weiteres Problem war, dass er und seine Helfer nach jedem Erhitzen auf 95 Grad neue Polymerase hinzugeben mussten – weil die stabilen Kopierenzyme aus hitzeliebenden Bakterien, die heute benutzt werden, zu der Zeit noch nicht entdeckt waren. Nach vielen vergeblichen Versuchen zog ihn sein damaliger Arbeitgeber, das Biotech-Unternehmen Cetus, von dem Projekt ab und ließ es von anderen Mitarbeitern zu Ende bringen. 1986 schied Mullis mit 100 000 Dollar Abfindung aus dem Unternehmen aus. Cetus verkaufte später die PCR-Patente an den Pharmakonzern Hoffmann-La Roche für 300 Millionen Dollar. 1993 bekam Mullis den Chemie-Nobelpreis.

Er war und ist eher ein bunter Vogel denn ein typischer Forschungsprofi. Seine These, die Immunschwächekrankheit Aids werde nicht durch das HI-Virus verursacht, hat ihn als Wissenschaftler ebenso isoliert wie die Dias leicht bekleideter Damen, die er gerne bei Festvorträgen einstreut. Zudem ging er recht liberal mit Drogen um und behauptete, LSD[30] habe ihm dabei geholfen, die Idee zur PCR zu entwickeln. Mullis war und ist unkonventionell, ein Outlaw-Forscher, ein Rock-'n'-Roll-Biologe, der lieber auf dem Surfbrett stand als im Labor – und ein wissenschaftliches One-Hit-Wonder. Doch er hat den molekularen Biowissenschaften ein Werkzeug geschenkt, ohne das sie heute nicht existieren würden. Wenn man an die DIY-Biologie der Gegenwart denkt, kann man sich fragen, ob in den unkonventionell denkenden Köpfen, die bei ihr mitmachen, weil sie sich nicht in akademische oder unternehmerische Zwänge pressen lassen wollen, nicht vielleicht auch längst ein paar ähnlich große Ideen brüten.

Um zu testen, ob unsere PCR geklappt hat, brauchen wir die Gel-Elektrophoresebox. Den Apparat haben wir vom Biohacker Tito Jankowski in den USA bestellt, der ihn bis 2011 als Bausatz oder fertig montiert über das Internet verkauft hat. Bei unserem Seminar in Cambridge hatte Mac Cowell eine Mikrowelle, um das Geliermittel Agarose in der leicht basischen TRIS-Borat-EDTA-Pufferlösung (kurz: TBE-Puffer) aufzulösen. Wir müssen uns mit einem Campingkocher begnügen.

Wir wiegen also ein Gramm Agarose ab und mischen es mit 50 Millilitern Borax-Puffer. Ein Puffer ist eine Lösung, deren pH-Wert sich nur wenig verändert, selbst wenn in ihr chemische Reaktionen ablaufen. Auch das menschliche Blut ist gepuffert, damit der pH-

Wert möglichst konstant bleibt, egal was wir essen, ob wir wachen oder schlafen, ob unser Immunsystem gerade gegen Krankheitserreger kämpft oder wir am Strand liegen und lesen. In professionellen Labors werden solche Pufferlösungen normalerweise selbst angerührt. Man könnte sie auch kaufen, aber das ist meist zu teuer. Auch wir haben bei einem Laborbedarf-Händler TBE-Puffer gefunden, aber unseren Bedarf über diese Quelle zu decken würde unser Budget sprengen. Um den Puffer selber anzusetzen, müssten wir jedoch drei Chemikalien kaufen, und das ist als Privatperson in Deutschland gar nicht so einfach, jedenfalls wenn man auf den offiziellen Wegen bleiben möchte. Außerdem müssten wir uns ein pH-Messgerät zulegen, um den pH-Wert des Puffers durch Zugabe von Säure oder Lauge exakt einstellen zu können.

Die Rettung bringen ein Fachartikel aus dem Jahr 2004 und eine Diskussion im DIYbio-Forum, in dem wir uns inzwischen heimisch fühlen. In der Debatte ging es damals darum, ob es nicht einen einfacheren Ersatz für den antiquierten TBE-Puffer geben könnte, den bereits Generationen von Forschern anrührten, um ihre Gele darin zu baden, während sie die Elektrophorese laufen lassen. Ein Hacker hatte den Artikel zweier Forscher von der Johns Hopkins University School of Medicine in Baltimore gefunden, in dem diese Natriumborat als Puffersubstanz empfehlen, das in vielen Haushaltsreinigern enthalten ist und auch pur als Fleckentferner von Onlinehändlern angeboten wird.

Zwar wurde auch noch diskutiert, das Natriumborat selbst herzustellen aus Borsäure und ätzendem Natriumhydroxid, das als Abflussreiniger verkauft wird – aber über Ebay bekommen wir einen kleinen Eimer voll Borax, wie Natriumborat auch genannt wird, für ein paar Euro. Daraus können wir einen funktionierenden Puffer machen, indem wir 1,907 Gramm Borax in einem Liter Wasser lösen. Profis würden dann noch den pH-Wert perfekt einstellen, aber für unsere Zwecke wird es hoffentlich auch dieses vereinfachte Rezept tun. Kay Aull hatte uns noch mit auf den Weg gegeben, es gar nicht erst mit Leitungswasser zu versuchen, sondern ausschließlich destilliertes Wasser aus dem Drogeriemarkt zu verwenden. Leitungswasser enthält Salze und andere Spurenelemente, die das chemische Gleichgewicht in den Reaktionsansätzen stören können. Aull hatte es eine Zeitlang mit Bostoner Leitungswasser versucht – nichts klappte, bis sie erkannte, worin das Problem lag. Per Internetvideo haben wir gelernt, worauf beim Agarose-Kochen zu achten ist. Wir halten den Glaskolben, in dem wir das Gemisch angesetzt haben, geschützt durch dicke Arbeitshandschuhe, über die offene Flamme des Campingkochers. Das Ganze ist wie Gelee kochen, nur dass wir einen anderen Zucker verwenden. Vorsichtig, wie Mac es uns gezeigt hat, gießen wir die Flüssigkeit in die Gelkammer und warten, bis sie erstarrt. Es ist Juli, das Büro kühlt in den heißen Nächten des Sommers kaum ab, und so haben wir bereits am Vormittag nahe 30 Grad Celsius an unserem Arbeitsplatz. Der Gaskocher heizt zusätzlich ein, aber unerträglich macht den Aufenthalt im improvisierten Labor erst unsere PCR-Maschine. Das zwanzig Jahre alte Monster produziert so viel Abwärme, dass wir das Gefühl haben, die Agarose schon fast ohne Gasflamme auflösen zu können. Das Erstarren des Gels dauert dafür umso länger. Es im Kühlschrank gelieren zu lassen ist übrigens keine gute Idee. Es bilden sich Schlieren im Gel. Haben wir ausprobiert.

Für alle, die sich auch selbst einmal ein Labor einrichten wollen, haben wir einen Tipp: Sucht euch einen kühlen Ort. Wir schwitzen wie ein Bautrupp, der im Hochsommer Asphalt legt. Dabei besteht unsere körperliche Aktivität überwiegend darin, die „Eppis", jene kleinen Reaktionsgefäße aus Plastik, zu öffnen und zu schließen, und zu pipettieren. Das ist für den Daumen in etwa so anstrengend, wie stundenlang nervös die Mine eines Kugelschreibers herauszudrücken und wieder einzufahren.

So simpel sich diese Tätigkeit anhören mag – ein Fehler beim Pipettieren, und das ganze Experiment ist verloren. Für jede einzelne PCR-Reaktion müssen wir sechs verschiedene Zutaten mischen: den Puffer und etwas Wasser, Magnesiumchlorid, ohne das das Kopierenzym nicht arbeiten kann; Nukleotidbausteine mit A, T, G und C, aus denen das Enzym die neuen DNA-Stränge zusammensetzt; die Probe mit dem Original-Erbgut aus dem Sushi-Fisch. Und ganz zum Schluss das Kopierenzym namens Polymerase.

Manchmal müssen wir nur einen einzelnen Mikroliter umfüllen, eine Menge, die man mit bloßem Auge kaum sehen kann in der transparenten Pipettenspitze. Leicht passiert es, dass dieser Mikrotropfen nicht dort landet, wo er hin soll – auch, weil nach dem hundertsten Pipettiervorgang die Konzentration nachlässt. „Habe ich da schon etwas reingetan?", ist eine häufig gestellte Frage in diesen Stunden. Und weil wir uns nicht permanent gegenseitig kontrollieren, können wir dann meist nur mit den Schultern zucken, die Stirn runzeln – oder fluchen. Wir haben versucht, uns vom „extreme programming" inspirieren zu lassen. Dabei schaut ein Computer-Programmierer dem anderen bei der Arbeit über die Schulter und schaltet sich ein, sobald er sieht, dass sich sein Kollege vertippt hat. Das soll die anschließende Fehlersuche vereinfachen. Nur macht es uns jeweils nervös, den anderen hantieren zu sehen oder auch vom anderen beim Pipettieren beobachtet zu werden.

Die Gummihandschuhe, die wir tragen müssen, um unsere Proben nicht mit unserer eigenen DNA zu verunreinigen, machen es auch nicht leichter. Schon nach Sekunden sind sie schweißgefüllt, nach ein paar Minuten sickert die Flüssigkeit am Handgelenk heraus und wir müssen natürlich aufpassen, wohin die Tropfen tropfen. Am Abend sehen unsere Finger aus wie die von Wasserleichen. Die Haut riecht nach Latex, juckt.

Wir waren ziemlich aufgeregt, als wir unsere ersten Gen-Kopien in die zuvor präparierten Taschen in dem erstarrten Agarose-Gel injizierten und die elektrische Spannung an die beiden Elektroden in der Elektrophoresekammer anlegten. Drei Mal haben wir kontrolliert, ob die Anschlüsse richtig gepolt sind und unsere Proben wirklich in die richtige Richtung wandern – statt sich gleich im Pufferbad aufzulösen. Wir haben die hoffentlich erfolgreich kopierten COX1-Fischgene mit einem Farbstoff markiert, der unter blauem Licht orange aufleuchtet. Ein zweiter Farbstoff zeigt unter Tageslicht blau an, wie weit die vorderste Front der Proben bereits durch das Gel gewandert ist. Kurz bevor die blauen Striche das Ende des Gels erreicht haben, schalten wir den Strom ab und bereiten uns auf den feierlichen Moment vor, in dem wir unsere ersten, im eigenen Labor kopierten Fisch-Gene erblicken werden. Wir schalten das blaue Licht ein. Wir halten die orangefarbene Plexiglasscheibe, die das Leuchtsignal deutlicher machen soll, vor die Augen. Und wir sehen – nichts.

Erwartet hatten wir einen feinen gelblich-orangefarbenen Strich – eine „Bande" im Laborjargon –, der viele Millionen Kopien des

COX1-Gens enthält, so breit wie die Gel-Tasche, die wir mit der Probe aus dem PCR-Automaten beladen haben. Doch zu sehen ist nur die sogenannte DNA-Leiter, die man in jedem Gel als Größenmaßstab mitlaufen lassen muss. Man kauft sie im Fachhandel. Sie enthält eine Reihe DNA-Abschnitte von genau definierter Länge zwischen 100 und 10 000 Erbgutbausteinen. Sie wird genauso wie unsere Proben in eins der Täschchen pipettiert, die die Zinken eines extra dafür hergestellten Kamms beim Erstarren im Gel hinterlassen haben. Nachdem die elektrische Spannung die Proben je nach ihrer Größe unterschiedlich weit durch das Gel gezogen hat, erscheinen diese Standard-DNA-Abschnitte darin wie die Sprossen einer Leiter. Durch Vergleich mit diesen Standards kann man ablesen, wie groß die anderen Genfragmente im Gel ungefähr sind.

Wenn man denn welche sehen würde. Die Bande, die erscheinen müsste, wenn wir ein COX1-Gen in der PCR-Maschine erfolgreich multikopiert hätten, sollte etwa bei einer Länge von 700 Bausteinen liegen. Aber da ist nur blaue Einöde zu sehen, kein orangefarbenes Glimmen.

Irritierenderweise gab es in allen Proben, egal ob vom Aal oder vom Thunfisch, ein Signal von etwa 100 Bausteine großen Genfragmenten, viel zu klein, um etwas mit dem COX1-Gen zu tun zu haben, das wir eigentlich sehen wollten. Per E-Mail fragen wir erfahrene Biohacker um Rat. Sie vermuten, dass wir dort nur die künstlichen Genschnipsel sehen, jene Primer, die der Polymerase sagen, wo sie mit dem Kopieren starten und wo sie enden soll, und die zusammengeknäuelt mit durch das Gel geglitten sind und nun so strahlend leuchten, als wollten sie uns ermuntern, es am nächsten Tag noch einmal zu versuchen. Und am Tag darauf und am Tag darauf ... Wir versuchen es wieder und wieder, immer mit leicht abgewandelter Rezeptur. Mal mit einer etwas anderen Magnesiumchlorid-Konzentration im Reaktionsansatz, mal mit etwas mehr von dem Kopier-Enzym – oder sollten wir doch die Reaktionstemperaturen an der PCR-Maschine ein wenig verändern? Es ist ein bisschen wie kreatives Kochen, ein kaum wissenschaftlich zu nennendes Herumprobieren, viele Versuche und viele Irrtümer – bis es am Ende schimmert. Unser erster Erfolg lässt über eine Woche auf sich warten. Dann sehen wir – zusammengepfercht im von innen verriegelten Etagenklo – endlich das erhoffte orangefarbene Signal, das multimillionenfach kopierte DNA-Stück aus ein paar Zellen Sushi-Fisch. Erfolg auf ganzer Linie, der ob des harten Weges hierher umso süßer schmeckt. Um zu erfahren, ob es wirklich Thunfisch war auf unserem Sushi oder stattdessen Buttermakrele, müssen wir jetzt nur noch ein wenig von den kopierten Genen aus der entsprechenden Probe herauslösen und an ein Unternehmen schicken, das sich darauf spezialisiert hat, den Code des Lebens auszulesen. In Sequenzier-Automaten wird dort die Abfolge der genetischen Bausteine Buchstabe für Buchstabe routinemäßig bestimmt. Dann werden wir mit den Daten in einer der vielen Online-Datenbanken für Gene nachschauen, zu welchem Lebewesen dieses Stück Erbgut gehört. Die Kosten für eine solche Entzifferung sind im Laufe der vergangenen zehn Jahre eingebrochen. Ein DNA-Stück aus einer Million Bausteine lässt sich mittlerweile für weniger als einen Dollar lesen. Uns wird die Dienstleistung, die Sequenz unseres etwa 700 Bausteine langen Stücks bestimmen zu lassen, alles in allem 30 bis 40 Euro kosten. Die Unternehmen fragen in solchen Fällen auch nicht speziell nach, wofür man die Sequenz braucht. Schließlich schicken sie einem kein Gen, sondern nur die Gen-Information von etwas, das man ohnehin schon besitzt.

Das Gen aus dem Gel herauszulösen, es in ein kleines Gefäß zu überführen, es gut zu verschließen und dann getrost zur Post zu tragen, sollte im Vergleich zu dem, was wir hinter uns haben, ein Kinderspiel sein. Man muss dafür nur die Stücke des Gels, wo von den verschiedenen DNA-Proben der Speisefischarten die orangefarbenen Striche im blauen Licht schimmern, mit einer Rasierklinge herausschneiden. Die darin enthaltene COX1-Gen-DNA lässt sich mit einem speziellen Lösungsmittelgemisch aus dem Gel holen, darauf folgen ein paar einfache Reinigungsschritte, bis schließlich das Erbgut in einer Form vorliegt, die die Firma unseres Vertrauens dann in ein Gen-Sequenziergerät stecken wird. Ein paar Tage später werden wir eine Rechnung im Briefkasten und ein paar Gensequenzen im Mail-Postfach haben, die entweder zu Thunfisch, Aal, Schnapper, Lachs und Kalmar passen – oder zu einem Skandal.

So dachten wir uns das.

Es hat nicht geklappt. Wie gewonnen, so entronnen im Prozess der „Eluierung", was auf Deutsch so viel wie Auswaschen bedeutet. Irgendwas ging dabei schief, das Fisch-Gen entfleuchte wahrscheinlich in den Ausguss. Wir konnten uns die 40 Euro sparen – und der ohnehin angeschlagenen deutschen Sushi-Branche vielleicht den Skandal. Für kurze Zeit kehrt der Sarkasmus, begleitet von der „Was-machen-wir-hier-eigentlich"-Frage zurück. Dann nehmen wir uns fest vor, es irgendwann noch einmal zu probieren, doch fürs Erste genügt es uns, zu wissen, dass wir selbst den ersten, wichtigen Schritt geschafft haben, um zu überprüfen, was in unserer Nahrung steckt. Und dass wir die erste Prüfung auf dem Weg, eine veritable DIY-Bio-Clique zu werden, so in etwa mit einer Drei minus bestanden haben. Wir könnten auch ganz andere Sachen testen, etwa, ob in Brot, Müsli oder Keksen vielleicht Zutaten aus gentechnisch verändertem Getreide enthalten sind. Aber wir haben bis hierher schon eine Menge Zeit gebraucht. Und wir haben schließlich noch einiges vor.

Wir wollen zunächst weiter ausloten, was mit unserem Heimlabor sonst noch möglich ist. Wir wollen ausprobieren, ob wir Erbgut manipulieren könnten, also Gentechnik betreiben, der so viele Deutsche misstrauen.

Und wir wollen uns den eigenen Genen zuwenden. In unserem Labor könnten wir, wenn alles klappt, auch Vaterschaftstests machen – die sind, wenn die Mutter nicht zustimmt, illegal laut deutschem Gesetz. Denn mit Freiheitsstrafe von bis zu einem Jahr kann bestraft werden, wer sich DNA eines Menschen beschafft und analysiert, ohne dessen Einwilligung zu haben, weil er damit das Recht auf informationelle Selbstbestimmung verletzt.

Wir müssten auch, ähnlich wie Kay Aull (siehe Kapitel 1), unser eigenes Erbgut auf gesundheitsrelevante Gene untersuchen können. Doch ob wir es nach deutschem Recht, das genetische Untersuchungen unter einen „Arztvorbehalt" stellt, überhaupt dürfen, wissen wir nicht mit letzter Sicherheit. Es gibt natürlich gute Gründe, genetische Untersuchungen und Beratung in die Hände von speziell ausgebildeten Ärzten zu legen, denn genetische Informationen sind schwer zu verstehen und schwer zu interpretieren. Aber es gibt auch das Recht auf informationelle Selbstbestimmung, das wir wahrnehmen wollen, wenn wir unsere eigenen Gene untersuchen. Sind wir bereit, vielleicht Unerfreuliches von unserem genetischen Orakel zu erfahren?

Kapitel 7 …

… in dem Hunde nicht an sich halten können, lautmalerische Erbgut-sequenzen erklingen, einer von uns schlapp macht, wir wieder mal auf hohem Niveau scheitern, dann aber einige Leute auf Vitamin B setzen und dämmernd eine neue Ära der Arzneimittelstudien als Silberstreif am Horizont erscheint …

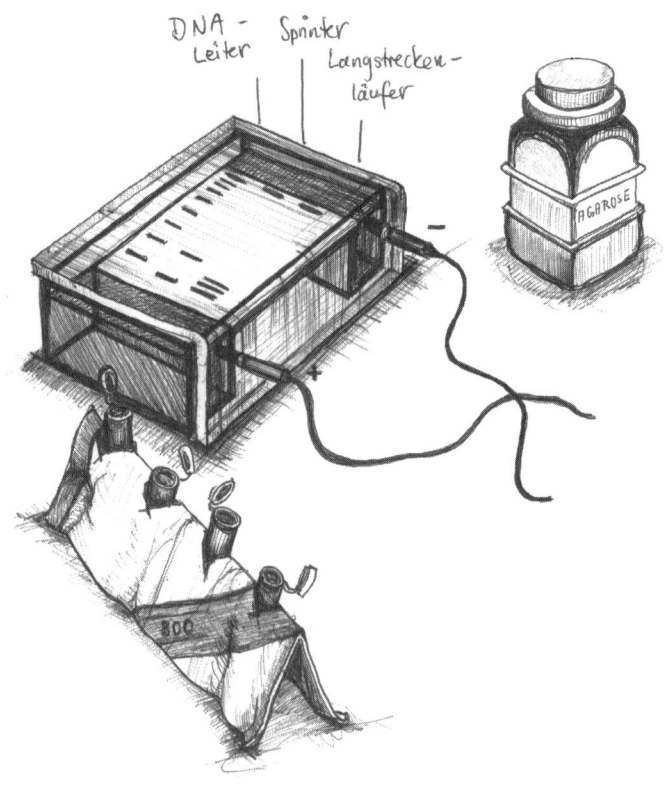

HUNDE, LÄUFER UND PATIENTEN

Früher oder später erwischt es jeden. Zumindest jeden Berliner und jede Berlinerin. 55 Tonnen Hundescheiße (Entschuldigung) produzieren Fiffi & Co hier pro Tag laut Schätzungen der Senatsumweltverwaltung, und ein Großteil davon bleibt auf den Straßen und Grünflächen der Hauptstadt liegen. Der Gegenstand unseres nächsten Gentech-Experiments drängt sich uns, stinkend an der Schuhsohle klebend, auf.

Wer will nicht in diesem Moment, in dem man wutentbrannt mit einem Stöckchen den schmierigen Dreck aus dem Turnschuhprofil popelt, wissen, welcher Nachbarshund das schon wieder war? Oder vielmehr: Welcher Halter hat mal wieder „vergessen", die Hinterlassenschaften seines Lieblings einzusammeln? Unser kleines Genlabor hat alles, was man braucht, um den Täter zu überführen. Schließlich hat der Hund nicht nur die Verdauungsprodukte seiner letzten Chappi-Mahlzeit hinterlassen, sondern auch genug von sich selbst: Zellen aus dem Darm mitsamt der darin enthaltenen DNA, aus der wir das genetische Profil des Hundes herauslesen können.

Wenn etwas regelmäßig am Sonntagabend im „Tatort" vorkommt, dann ist es auch schon tief im kollektiven Bewusstsein angekommen. Genetische Fingerabdrücke gehören seit Jahren zur kriminalistischen Routine auf dem Bildschirm und im wirklichen Polizei- und Gerichtsleben. Sie sollten auch in unserem Fall ausreichende Beweise liefern.

Im Film und TV sind es stets weiß bekittelte Experten, die zur molekularen Beweisführung schreiten. Wir machen uns im Netz schlau und finden, dass die Technik aber eigentlich simpel ist. Im Erbgut von Menschen wie Hunden liegen zwischen den eigentlichen Genen Abschnitte, die keine echten genetischen Informationen enthalten, die sich aber in ihrer Länge von Individuum zu Individuum unterscheiden. Während eine solche Region bei Waldi zum Beispiel sehr lang ist, kann sie bei Hasso fast nicht vorhanden sein. Je mehr solcher Regionen man untersucht, umso eindeutiger und unverwechselbarer wird das Muster von längeren und kürzeren DNA-Abschnitten. Und umso sicherer kann man sich sein, dass das Muster einzigartig ist und damit nur bei einem einzigen Menschen – oder einem einzigen Hund – vorkommt.

Bei Bissattacken konnten so bereits Hund und Halter überführt werden. Allein die DNA, die im Speichel oder in Haaren in der Bisswunde zurückgeblieben war, reichte dafür aus (um Missverständnisse zu vermeiden: gebissen hatte der Hund, die DNA des Halters spielte bei den Ermittlungen also keine Rolle). In den USA gibt es bereits eine Firma, die mit genetischen Fingerabdrücken von Hunden Geld verdient. PooPrints bietet Gemeinden und Immobilienverwaltungen an, von allen registrierten Hunden ein DNA-Profil zu erstellen. Wird dann ein Hundehaufen entdeckt, kommt eine murmelgroße Probe in die Post an PooPrints, daraus wird der genetische Fingerabdruck genommen und der tierische Täter anhand des Registers, so er denn registriert ist, überführt.

Wieder ist das Internet unser Verbündeter. Wir suchen nach Anleitungen für die Erstellung von Vierbeiner-Genprofilen und finden bereits nach wenigen Klicks sehr sachdienliche Hinweise. In der Fachzeitschrift *Nucleic Acids Research* steht eine Methode, mit der man an in Fäkalien enthaltene DNA herankommen kann.[31] Außerdem besorgen wir uns von einem deutschen Lieferanten für Labormaterial ein Kit, das laut Werbung auf Methoden der DNA-Aufbereitungen für forensische Analysen des Bundeskriminalamts basiert.

Im *Journal of Forensic Science* entdeckt Sascha außerdem noch einen Bericht, nach dem sich anhand von nur sechs der mal langen, mal weniger langen Erbgutregionen Hunde zuverlässig voneinander unterscheiden lassen sollen. Bei genetischen Fingerabdrücken von

Menschen werden mittlerweile bis zu 15 solcher Regionen untersucht, um jeglichen Irrtum auszuschließen und absolut sicherzustellen, dass der genetische Fingerabdruck einer DNA-Spur vom Tatort tatsächlich nur zu einer Person passt.

Wir sind DIY-Biologen, es liegt in unserem Wesen, mit so einfachen Methoden wie möglich zu arbeiten und den Aufwand in Grenzen zu halten. Wir beschließen deshalb nach einer kurzen Übung in Wahrscheinlichkeitsrechnung mit Papier und Bleistift, nur vier Erbgut-Regionen zu untersuchen. Denn das sollte bei der relativ kleinen Zahl überhaupt in Frage kommender Hunde vollkommen ausreichen. Wir wollen wieder den gebraucht gekauften Gen-Kopierer benutzen, mit dem wir gezielt die Abschnitte aus dem Hunde-Erbgut vermehren können, die uns interessieren. Dazu bestellen wir wie gehabt kurze Stücke künstlicher DNA, Primer genannt, die jeweils den Anfang und das Ende des Abschnitts markieren, den wir vermehren wollen. Sie sind jeweils bloß 20 Bausteine lang. Kosten: 9,97 Euro pro Primer. Einer davon beginnt passenderweise mit der Bausteinsequenz ACACAA ...

Statt einer einzigen orangefarbenen Bande wie beim Sushi wollen wir dieses Mal also vier verschiedene Banden in unserem Elektrophorese-Gel sehen − je nach Länge unterschiedlich weit in unserem Gel gewandert. Vier pro Tier, genauer gesagt. Und je nachdem, wie weit die Proben im Gel laufen, werden sie ein individuelles Muster ergeben.

Es klingt simpel, wenn man es in der Versuchsanleitung liest. Es ist aber, wie sich natürlich wieder einmal herausstellt, verdammt schwer, es mit unseren Mitteln in ein funktionierendes Experiment umzusetzen.

Wir machen uns in dieser Zeit nicht unbedingt Freunde auf unserer Büroetage. Beim Hantieren mit den Fundstücken riecht es recht deutlich nach dem, womit wir da arbeiten. Als wäre das nicht schon für einen Tag schlimm genug, brauchen wir auch noch eine geschlagene Woche, bis wir Hunde-Erbgut aus den Proben bekommen. Immer wieder müssen wir von vorne anfangen, wieder ein Stück Hundedreck auflösen, braune Flüssigkeit pipettieren, zentrifugieren, umfüllen, alles wieder reinigen. Das Raumdeodorant, das wir versprühen, kann unsere Amateurhaftigkeit leider nicht übertünchen.

Nach einer Woche sehen wir es dann endlich einmal wieder, das glücklich machende Leuchten im Gel, das keinen Unterschied zwischen Erbgut aus Fischfilet und Hundehaufen macht. Es ist unser erster genetischer Fingerabdruck. Zu welchem vierbeinigen Täter er gehört, wissen wir damit aber noch lange nicht. Zum Abgleich brauchen wir noch Erbgutproben der Verdächtigen aus der Nachbarschaft. Zum Massengentest können wir sie nicht vorladen, ihre Besitzer würden da kaum mitmachen. Wir brauchen einen Trick.

Wer in Deutschland DNA-Proben von Menschen ohne deren Einwilligung nimmt und untersucht, dem droht eine Gefängnisstrafe. Wir hoffen, dass diese Regeln nicht auch für die Beschaffung von Hunde-Erbgut gelten. Und gehen Köder für den DNA-Fang kaufen.

Im nächsten Tierfutterfachgeschäft besorgen wir handliche Gummibälle in Gelb und Grün. Wenn man sie drückt oder auf sie beißt, quietschen sie. Es sind Dinge, die Hunde gern ins Maul nehmen, ohne sie gleich zu fressen. Ideal. Ausgerüstet mit dem Spielzeug und sterilen Plastiktüten bewegen wir uns in den Park, aus dem auch das braune Corpus delicti stammte, von dem wir inzwischen den genetischen Fingerabdruck haben. Um nicht zu sehr aufzufallen, haben wir ein paar Nachbarn mit ihren Hunden organisiert, mit denen wir „Bring das Bällchen" spielen – was tatsächlich funktioniert und auch andere Hunde sehr interessiert, deren Besitzer erstaunlicherweise weniger.

Ein paar Mal apportieren, und der Sabber trieft vom Ball. Das ist immer noch besser als in Kot wühlen zu müssen. Möglichst unbemerkt vom Herrchen beendet Sascha das Spiel und lässt den nassen Probenträger in eine der Plastiktüten gleiten. Im Laufe des Nachmittags sammeln wir auf diese Weise ein Dutzend DNA-Bälle. Auf den Tüten notieren wir Beschreibungen der jeweiligen Hunde, die nicht unbedingt von hunderassensachkundiger Expertise zeugen: „klein, schwarz, pudelähnlich", „großer Wuschel" oder „alter Spitz".

Nach jeder dieser Probennahmen während unserer Feldforschung wäscht sich Sascha penibel die Hände mit Ethanol aus einer kleinen Plastikflasche. Er tut dies nicht, weil er nach der Arbeit der vergangenen Wochen etwa zimperlich geworden wäre, sondern um die Wahrscheinlichkeit zu reduzieren, dass er das Erbgut zweier Hunde in einer Tüte vermischt. Schon eine kleine Menge Speichel eines anderen Hundes könnte das Ergebnis verfälschen. Natürlich wäre jedes Mal ein neues Paar Gummihandschuhe noch besser gewesen, aber eben auch ein bisschen zu auffällig im Park.

Zurück im Labor lassen wir den Hundespeichel von jedem Ball in kleine Plastikgefäße tropfen und gewinnen Erbgut aus den im Sabber schwimmenden Schleimhautzellen des individuellen Hundemauls. Das haben wir bereits mit Speichelproben von uns selbst gemacht, und wir fühlen uns dabei einigermaßen professionell. Bis wir das Ergebnis der anschließenden Genkopiererei sehen. Statt der präparierten zwölf genetischen Fingerabdrücke sehen wir nur vier. Es bleibt das Rätsel der Biomoleküle, was aus den anderen acht geworden ist. Bei einem der gefühlten 99 Arbeitsschritte für jede Probe ist wohl etwas schiefgegangen.

Tatsächlich aber sind wir diesmal nicht einmal enttäuscht über unser zumindest teilweises Scheitern.

Denn einerseits erkennen wir in einer der Proben, bei denen der Versuch geklappt hat, das gleiche Bandenmuster wie jenes aus dem Hundehaufen. So ganz sicher fühlen wir uns nicht, denn all die anderen Proben haben ja nicht funktioniert, aber „Klein, schwarz, pudelähnlich" könnte zumindest der Täter gewesen sein.

Andererseits sind wir froh, dass wir diesen Versuch jetzt abbrechen können, und das in einem Stadium, in dem wir wissen, dass die Methode im Prinzip funktioniert, in dem wir aber noch nicht vollständig zur Hundehaufen-Stasi geworden sind.

Denn sosehr man sich über nachlässige Hundehalter aufregen kann, so sehr muss man sich fragen, wie weit man für eine leicht verbesserte Chance, mit sauberen Schuhen heimzukommen, zu gehen bereit ist. Und man muss sich fragen, wie weit man in anderen Situationen, in denen genetische Analysen helfen könnten, Fragen zu beantworten, zu gehen bereit wäre.

Tatsächlich wollten wir natürlich von Anfang an keine Hundehalter an den Pranger stellen. Vielmehr wollten wir probieren und aufzeigen, was mit dieser Technik möglich ist und wie man sie, etwa auch mit menschlicher DNA, vielleicht sogar missbrauchen könnte. Und wir wollten auch testen, wie fehleranfällig sie sein kann. All das ist klassisches Hacker-Handwerk.

Den kleinen schwarzen Köter hatten wir beim Ballspiel im Park ohnehin längst ins Herz geschlossen. Und sein Frauchen, bei der schon vorher ein paar Indizien dafür sprachen, dass sie und ihr Hund in den Fall verwickelt sein könnten, hatten wir sogar vorab schon freundlich und mit Augenzwinkern informiert. Sie fand das alles ziemlich interessant – und wir finden jetzt seltener Hundehaufen. Aber der wahre Grund für den Hund als Versuchsobjekt war nicht unser Frust über stinkende Schuhsohlen, sondern die deutsche Gesetzeslage.

In Deutschland ist es, wie bereits erwähnt, verboten, die DNA eines anderen Menschen ohne dessen Zustimmung zu untersuchen. Laut Gendiagnostik-Gesetz (Paragraph 17, Absatz 1) darf „eine genetische Untersuchung zur Klärung der Abstammung nur vorgenommen werden, wenn die Person, deren genetische Probe untersucht werden soll, zuvor über die Untersuchung aufgeklärt worden ist und in die Untersuchung und die Gewinnung der dafür erforderlichen genetischen Probe eingewilligt hat".

Gemeint sind hier natürlich in den allermeisten Fällen Vaterschaftstests. Molekularbiologisch gesehen passiert bei einem solchen nichts anderes, als dass die genetischen Fingerabdrücke zweier Menschen miteinander verglichen werden. Laut Paragraph 25, Absatz 1 wird mit „Freiheitsstrafe bis zu einem Jahr oder mit Geldstrafe (...) bestraft, wer (...) eine genetische Untersuchung oder Analyse ohne die erforderliche Einwilligung vornimmt".[32]

Hätten wir unsere Forensik nicht mit Hunde-, sondern mit menschlicher DNA gemacht, hätten wir das Grundrecht auf informationelle Selbstbestimmung verletzt. Die PCR-Reaktion macht indes keinen Unterschied zwischen Hunde- oder Menschen-DNA. Uns hat es noch tagelange Arbeit und viele Nerven gekostet, und unser Ergebnis war unvollständig. Aber wenn sich die Do-it-yourself-Biologie so rasant weiterentwickelt wie in ihren ersten fünf Jahren, dann könnte es bald so einfach wie ein Schwangerschaftstest sein, das Erbgut der Nachbarn zu untersuchen.

Die Nachfrage für solche Tests existiert zweifelsohne. Schon heute bieten zahlreiche Firmen in Deutschland Vaterschaftstests an. Seit Inkrafttreten des Gendiagnostik-Gesetzes im Jahr 2010 sind dafür aber Einverständniserklärungen aller Beteiligten (bei Kindern von deren Rechtsvertretern) notwendig. Aber was kümmert das einen indiskreten Hobby-Gentechniker, dessen Kumpel den Verdacht hat, ein gehörnter Ehemann zu sein? Dass die Ergebnisse solcher Heimwerker-Tests dann immer korrekt sein werden, ist alles andere als sicher. Auch wir müssten den Test noch einmal wiederholen, bevor wir „Klein, schwarz, pudelähnlich" mit einiger Sicherheit schuldig sprechen könnten, den Haufen auf den Weg gesetzt zu haben. Dass unser Experiment nicht fehlerfrei ablief, dafür haben wir den deutlichen Beweis: Acht von zwölf Versuchsansätzen haben nicht funktioniert. Wir können mit unserer Freiland-Ballmethode und in unserem improvisierten Labor nicht einmal mit letzter Sicherheit ausschließen, dass wir das Erbgut von zwei Hunden vermischen.

Selbst Profi-Labors passieren Fehler. In groß angelegten freiwilligen Tests sollen deutsche Prüflabore ihre Zuverlässigkeit in der DNA-Forensik unter Beweis stellen. Seit Jahren schwankt die Fehlerquote in diesen Ringversuchen zwischen 0,5 und fast einem Prozent. Am häufigsten entstünden Fehler bei der Übertragung von Daten, zum Beispiel in ein Formular, erklärt Peter Richter vom Institut für Rechtsmedizin in Köln, der die Versuche regelmäßig auswertet. Dass Proben vertauscht werden, komme glücklicherweise nur sehr selten vor. Und wenn das passiert, dann meist in Labors mit unerfahrenem Personal.

Das ist eine Beschreibung, die wohl auch auf uns zutrifft.

So wie ein klassischer Fingerabdruck nichts über den Gesundheitszustand eines Menschen aussagen kann, ist auch ein genetischer Fingerabdruck nur ein Mittel zur Identifizierung einer Person, nicht aber zur Diagnose von Krankheiten. Das Gendiagnostik-Gesetz regelt seit 2010, unter welchen Bedingungen ein medizinischer Gentest überhaupt erlaubt ist. Nur Ärzte dürfen demnach solche Genanalysen und genetische Beratung durchführen (Arztvorbehalt, Paragraph 7). Das höchste Ziel des Gesetzes ist, wie in Paragraph 1 formuliert, „die Voraussetzungen für genetische Untersuchungen (...) sowie die Verwendung genetischer Proben und Daten zu bestimmen und eine Benachteiligung auf Grund genetischer Eigenschaften zu verhindern, um insbesondere die staatliche Verpflichtung zur Achtung und zum Schutz der Würde des Menschen und des Rechts auf informationelle Selbstbestimmung zu wahren."

Das ist gut. Es verhindert, dass genetische Daten einer Person ohne deren Zustimmung von Dritten ausgewertet und vielleicht gegen sie verwendet werden. So wäre es etwa denkbar, dass eine genetische Veranlagung zu Brustkrebs beim Abschluss einer Lebensversicherung zu einer höheren Prämie führen würde. Problematisch und unfair gegenüber der Solidargemeinschaft würde es natürlich, wenn jemand insgeheim erst einen Gentest macht, ein hohes Risiko findet und daraufhin die Police zur Absicherung der Familie abschließt.

Für uns wichtig ist, dass das Gesetz sich in dem Moment in sich widerspricht, wenn jemand einen Gentest an sich selbst durchführt. Wer sein Erbgut *selbst* (und nicht über einen Arzt) untersuchen und damit sein Recht auf informationelle Selbstbestimmung wahrnehmen will, dem steht paradoxerweise das Gendiagnostik-Gesetz, das dieses Recht doch schützen soll, nicht nur mit dem Arztvorbehalt im Wege, sondern auch mit Paragraph 6, der die „Abgabe genetischer Untersuchungsmittel" regeln soll. Dort steht: „Das Bundesministerium für Gesundheit kann durch Rechtsverordnung mit Zustimmung des Bundesrates regeln, dass bestimmte, in der Rechtsverordnung zu bezeichnende genetische Untersuchungsmittel, die dazu dienen, genetische Untersuchungen vorzunehmen, zur Endanwendung nur an Personen und Einrichtungen abgegeben werden dürfen, die zu diesen Untersuchungen oder zu genetischen Analysen im Rahmen dieser Untersuchungen nach Maßgabe dieses Gesetzes berechtigt sind." Wir wissen nicht, ob bei der Formulierung des Gesetzes bereits jemand daran gedacht hat, dass es irgendwann möglich sein könnte, privat seine eigenen Gene zu untersuchen. Auf jeden Fall steht nichts dazu im Gesetzestext.

Wir sind der Auffassung, dass damit unser Persönlichkeitsrecht eingeschränkt wird, unsere eigenen Gene zu untersuchen. „Paragraph 6 des Gendiagnostik-Gesetzes mag eine Norm sein, die in das allgemeine Persönlichkeitsrecht eingreift", stimmt Jürgen Robienski zu, Rechtsanwalt mit Spezialisierung auf Gentechnik- und Gendiagnostik-Gesetz vom Centre for Ethics and Law in the Life Sciences

(CELLS) der Medizinischen Hochschule Hannover. Eine Verletzung des allgemeinen Persönlichkeitsrechts sieht er allerdings nicht, „da das allgemeine Persönlichkeitsrecht nicht schrankenlos gilt". Und der legitime Zweck des Paragraphen liege darin, zukünftig Selbsttests durch Laien zu verhindern, sogenannte „Direct to Consumer" (DtC) Gentests.

Es ist in etwa so kompliziert, wie es klingt. Wir beschließen, das Gendiagnostik-Gesetz in Abwägung mit dem schwerer wiegenden Datenschutz-Grundrecht auf informationelle Selbstbestimmung so zu interpretieren, dass wir einen selbstständigen Blick in unsere eigenen Gene wagen dürfen. „Ein Selbsttest fällt nicht in den Anwendungsbereich des Gendiagnostik-Gesetzes, sodass kein Arztvorbehalt gilt", bestärkt uns Robienski. „Der Arztvorbehalt gilt nur für genetische Untersuchungen im Anwendungsbereich des Gendiagnostik-Gesetzes, also medizinische Zwecke und Abstammungsbestimmung."

Wir wählen daher bewusst kein Gen, das auf eine Krankheitsveranlagung hinweisen könnte. Wir wollen stattdessen in unserem eigenen Erbgut einen Abschnitt analysieren, der eine Rolle dabei spielen soll, ob ein Mensch eher zum Sprinter oder eher zum Ausdauersportler taugt. Wir wollen beim Hacken unserer eigenen Gene schließlich auch ein wenig Spaß haben – wofür sich eher unproblematische Erbanlagen besser eignen als solche, die mit Alzheimer oder frühem Herztod zu tun haben könnten.

Das Joggen zu zweit durch den herbstbunten Grunewald, vorbei an der Kiesgrube und hinunter zum Wannsee, endet mal wieder wie üblich. Zwar sind beide Freizeitsportler ungefähr gleich alt, gleichen Geschlechts, gleich schlank, ernähren sich ähnlich, rauchen nicht und gehen ab und zu laufen. Doch Sascha kann nach der Runde nur noch ein tonloses Japsen von sich geben. Sein Laufpartner rennt da noch entspannt lächelnd weiter.

Leistungssportler sind beide nicht auch nur annähernd, aber dem einen fällt das Laufen schwer, obwohl er sich einigermaßen regelmäßig dazu überwindet – dem anderen nicht. Der läuft, als hätte er eine Duracell in jeder Pobacke, anstrengend findet er das kaum. Das heißt nicht unbedingt, dass er sportlicher ist als Sascha. Denn im

Sprint über hundert Meter schlägt der den Langläufer sogar deutlich. Das ist bei beiden seit der Schulzeit so, der eine eher ein Sprinttyp, der andere ein kleines Ausdauertalent.

Hier liegt auch der Grund, warum Sascha seinen Laufpartner und nicht einen von uns beiden für dieses Experiment als zweite Testperson neben sich selbst für besonders geeignet hält. Der äußerlich beobachtbare Unterschied in der Laufleistung – im Jargon der Mendel'schen Genetik also der Phänotyp – ist so eindeutig und über lange Monate des gemeinsamen Joggens dokumentiert, dass genetische Veranlagung eine Rolle spielen muss. Zumindest hofft Sascha das, denn eine wissenschaftliche Erklärung für seine Probleme mit dem Ausdauersport käme ihm durchaus gelegen.

Bereits im Jahr 2003 haben australische Forscher ein Gen gefunden, das den Aufbau der schnellen Muskelfasern mit steuert. Das Gen trägt den Namen ACTN3, kurz für Alpha-Actinin-3. Menschen mit einem defekten ACTN3-Gen büßen offenbar ihre Spritzigkeit auf kurzen Strecken oder beim Weitspringen ein, wo es darum geht, möglichst schnell möglichst viel Energie in Kraft umzusetzen. So zeigte eine australische Studie, dass von 35 weiblichen Elite-Sprinterinnen keine einzige und von 72 männlichen Sprintern nur sechs die ACTN3-Mutation von beiden Elternteilen geerbt hatten. Auch die 32 australischen Sprinter, die an Olympia teilgenommen hatten (25 Frauen und 7 Männer), hatten immer mindestens ein intaktes ACTN3-Gen geerbt. Ausdauersportlern hingegen scheint dieselbe ACTN3-Mutation offenbar einen kleinen Vorteil zu verschaffen, vermutlich weil die zur Verfügung stehende Energie sparsamer in Kraft umgesetzt wird. Tatsächlich findet sich unter weiblichen Ausdauersportlern die ACTN3-Mutation etwas häufiger als in der übrigen Bevölkerung.[33]

Der Unterschied zwischen schneller und langsamer Form ist wissenschaftlich exakt beschrieben. Er ist die Folge einer nur winzigen Mutation. Bei ihr ist ein einziger DNA-Baustein verändert, der Baustein Nummer 1747 des Gens. Dieser ist normalerweise ein C, ein Cytosin. In der mutierten Form steht stattdessen dort ein T, ein Thymin. Dadurch wird die genetische Information in ein verkürztes, funktionsloses Actinin-Protein übersetzt. Man kann mit dieser Mutation ohne Probleme leben, sogar in der Schule eine Eins im Hundertmeterlauf bekommen. Mit ihr Sprint-Olympiasieger zu werden dürfte allerdings schwierig sein. Nach dieser Veränderung wollen wir jedenfalls suchen. Sascha müsste das unmutierte Gen tragen, sein Laufpartner das mutierte, so zumindest die Hypothese.

Für eine erfolgreiche Suche nach der Mutation sind ein paar Methoden und Zutaten notwendig, die wir bislang noch nicht verwendet haben. So gibt es etwa Enzyme, die das Erbgut an exakt festgelegten Stellen zerschneiden können. Diese im Fachdeutsch Restriktionsenzyme genannten Moleküle suchen nach einer spezifischen Bausteinabfolge auf dem Erbgutstrang, heften sich dort an – und schneiden ihn genau dort entzwei. Eine molekulare Schere dieses Typs hört auf den Namen Dde1 und schneidet exakt dort, wo in dem Läufer-Gen die Mutation liegt.

Restriktionsenzyme stammen aus Bakterien. Mit ihnen schützen sich die Mikroben vor Viren-DNA. Sie erkennen das fremde Erbgut anhand der Bausteinabfolgen, die im Bakterium-Erbgut nicht vorkommen oder durch chemische Schutzgruppen vor dem Enzym bewahrt werden, und zerstören es dann. Dde1 stammt aus Sulfatliebenden Bakterien, die vor über 30 Jahren in Norwegen entdeckt wurden. Dass es ausgerechnet die mutierte Variante des Läufer-Gens zerschneidet, die unveränderte jedoch verschont, ist reiner Zufall. Aber einer, der uns helfen wird.

Zunächst schaben sich beide Sportler mit einem sterilen Wattestäbchen Schleimhautzellen von der Wangeninnenseite, um an deren DNA heranzukommen. Gleichzeitig wollen wir dieses Mal aber versuchen, Erbgut auch aus einer Blutprobe zu gewinnen. Forschung kann schmerzhaft sein. Der Selbstversuch hat aber gerade in der physiologischen und medizinischen Forschung eine lange Tradition. Im Vergleich zu historischen Beispielen wie John Hunter, der sich absichtlich selbst (und ohne jeden Spaß, sondern per Nadel) mit Geschlechtskrankheiten infizierte, oder John Haldane, der es, bis er blau anlief, in Unterdruckkammern aushielt, ist ein steriler Stich in die Fingerkuppe eher ein Vergnügen. Mit der Nadel kurz und fast schmerzlos durch die Haut, und dann quetschen, bis wir genug haben, etwa zwei große Tropfen brauchen wir.

Um es kurz zu machen: Der Mini-Aderlass war vergeblich, wir bekommen keine DNA aus dem Blut. Warum? Keine Ahnung. Aber immerhin klappt es diesmal auf Anhieb mit den Zellen aus der Mundschleimhaut, die ja exakt das gleiche Erbmaterial enthalten. Wir müssen nicht das ganze Gen kopieren, sondern nur einen großzügigen Bereich um die Mutation herum. Dieses Mal klappt es wie am Schnürchen, wir sehen wie vorgesehen ein etwa 290 Bausteine großes Genfragment im Gel schimmern.

Aber das war nur der Test. Erst jetzt kommt die molekulare Schere Dde1 zum Einsatz. Wir pipettieren ein winziges Tröpfchen, ein Tausendstel Milliliter von der Lösung, in der das Enzym geliefert wurde, zu unseren Genfragmenten und geben Dde1 etwas Zeit zu wirken. Weil wir die gesamte Sequenz des Läufergens aus einer Datenbank kennen, wissen wir, dass die Schere unser 290 Bausteine langes DNA-Stück an genau einer Stelle zerschneidet, sodass ein 205 und ein 85 Bausteine langes Stück entstehen werden. Das gilt allerdings nur für das nicht mutierte Gen. Denn liegt jene winzige Veränderung des einen ausgetauschten Bausteins vor, kann Dde1 *zwei*mal schneiden. In diesem Fall entstehen drei Bruchstücke, die 108, 97 und 85 Bausteine lang sind.

Bei solch kleinen Genfragmenten ist unsere Gel-Elektrophorese allerdings überfordert. Oder wir. In einer Probe sehen wir jedenfalls nur eine Bande, die nach unserer Berechnung Genfragmente enthält, die die erwarteten 205 Bausteine lang sind. Sie gehört Sascha, dem Sprinter aus unserem Laufduo. Wir folgern daraus, dass die Schere tat, was sie tun sollte. Sie schnitt – aber nur an einer Stelle. Also keine Mutation! Das würde zu den schwachen Leistungen Saschas auf der Langstrecke passen. In der Gelspur des Ausdauertalents hingegen sehen wir keinen Schimmer. Haben wir wieder etwas falsch gemacht? Wir wiederholen das Experiment, das Ergebnis ist das gleiche.

Wir entschließen uns, die Ergebnisse so zu interpretieren: Unser Scherenenzym hat bei Sascha eine Stelle zum Schneiden gefunden, denn zumindest das eine Fragment mit der für Sprintertypen erwarteten Länge sehen wir ja deutlich in unserem Gel. Bei seinem Laufpartner hat es aber an zwei Stellen geschnitten, was zum Marathon-Mann passen würde. Das Fehlen jeglicher DNA-Spuren in dessen Gel erklären wir uns damit, dass wir die drei sehr kleinen Genfragmente mit unseren Mitteln schlicht nicht sehen können – sie schimmern zu schwach für unser Auge. Aber vielleicht hat Saschas Laufpartner ja überhaupt keine Gene, sondern ist so was wie eine androide Laufmaschine, scherzen wir.

Beide Erklärungsversuche würde ein echter Wissenschaftler oder eine wahre Forscherin jetzt gegeneinander aufwiegen, sich für den wahrscheinlicheren entscheiden und diesen dann so lange experimentell überprüfen, bis das Ergebnis eindeutig ist. Wir allerdings, haben erst einmal genug. Die Tage im Labor haben nicht nur Geduld und Nerven gekostet, sondern auch Geld und vor allem Zeit, in der wir normalerweise unseren Lebensunterhalt verdienen. Die Kontoauszüge sprechen im Herbst 2010 eine deutliche Sprache. Reality Check: Biologie ist eben nur unser Hobby, Hobbys verfolgt man zum Spaß und in der Freizeit. Wir wussten von Anfang an, dass wir Kreisliga B spielen statt Champions League. Wir sind keine Profis, unsere Ergebnisse sind nicht professionell, wir sind nicht gut ausgestattet und nicht gut ausgebildet und werden für das Biologie-Machen auch nicht bezahlt.

Wenn wir ehrlich sind, lautet die Bilanz nach unserem DIY-Bio-Versuch Nummer drei: Wir haben es wieder nicht hinbekommen, eindeutige Ergebnisse zu produzieren. Wir hatten Spaß, Herausforderung, Frust und Erfolg. Aber wir haben es wieder nicht geschafft, die Experimente so abzuschließen, dass jede Frage vollständig und unumstößlich abgesichert beantwortet ist. Wir haben eben Freizeit-Biologie mit einfachsten Mitteln betrieben. Damit sind wir die absolut prototypischen Biohacker oder DIY-Biologen der Gegenwart: winziges Labor, kleines Budget, mittlere Bildung, große Pläne, riesige Frustration. Dann erzielen wir kleine Erfolge und gewinnen die Sicherheit, dass das, was man machen will, prinzipiell funktioniert. Aber bislang kam nichts bei unseren Experimenten herum, was sich ernsthaft Wissenschaft oder Biotech nennen könnte. Wir können ein Buch über unsere mehr oder minder erfolgreichen Versuche schreiben, aber noch keine wissenschaftliche Publikation für ein Fachjournal.

Und dass Saschas mäßige Ausdauerleistungen nun wirklich mit einem Gen zusammenhängen müssen, stellt er selbst in Frage. Ist es nicht wahrscheinlicher, dass sich das Gen, egal ob nun Sprinter- oder Läufervariante, in dem täglich an den Computer gefesselten Journalistenkörper gar nicht bemerkbar auswirkt? „Für die meisten von

uns faulen Tölpeln hat das Gen einen ziemlich trivialen Effekt",
schreibt Daniel McArthur, einer der Forscher, die ACTN3 und seine
Auswirkungen auf die Muskelleistung erforschen, in seinem Web-
log.[34] Er meint damit: praktisch keinen. Der Einfluss der ACTN3-
Mutation gehe fast vollständig unter in den Unterschieden von
Ernährung, Trainingsstand und vor allem Dutzenden oder sogar
Hunderten anderer, größtenteils unbekannter Gene, die die phy-
siologische Leistungsfähigkeit beeinflussen. So ist auch zu erklären,
dass es, wenn auch selten, trotzdem in Grundschnelligkeit fordern-
den Disziplinen Weltklasse-Athleten mit ACTN3-Mutation gibt. Ein
Beispiel ist ein (in der entsprechenden Fachpublikation nicht na-
mentlich genannter) spanischer Weitspringer. Trotz funktionslosen
Gens kam er auf eine persönliche Bestmarke von 8,26 Meter,[35] eine
Weite, die bei den Olympischen Spielen 2012 in London für die
Silbermedaille gereicht hätte.

Vielleicht ist der Einfluss des Läufer-Gens auf unser Leben nur sehr
klein, das Wissen um den eigenen ACTN3-Status mag belanglos sein
oder bestenfalls eine Spielerei. Und es ist, soweit bekannt, nicht medizinisch relevant.[36] Aber unser Experiment hat uns ein paar wichtige
Probleme vor Augen geführt, teils praktischer, teils juristischer Natur:

Da ist einerseits die Tatsache, dass man als Amateur bei der Gen-
diagnose so viele Fehler machen kann, dass man eigentlich bei jedem unter solchen Bedingungen zustande gekommenen „Ergebnis"
skeptisch sein muss.

Aber selbst, wenn wir mit unserer Analyse völlig falsch liegen sollten, was soll schon für ein Schaden entstanden sein? Unsere abseits
leistungssportlicher Ambitionen geführten Leben werden sich nicht
grundlegend ändern, nur weil wir fälschlich annehmen, die Langläu-
fer- oder Kurzstrecken-Genvariante zu haben. Ist Gene wie ACTN3
zu untersuchen also harmlos?

Es gibt gute Argumente dafür, auch solche Informationen aus
unserem Genom, die auf den ersten Blick belanglos erscheinen, so zu
behandeln, als handele es sich um die Feststellung eines genetisch
erhöhten Krebsrisikos. Denn Gene steuern unter Umständen mehrere Prozesse im Körper. Die − größtenteils genetisch bedingte − Form
der Ohrläppchen etwa kann gemäß einer Studie tatsächlich einen
Hinweis auf die Wahrscheinlichkeit frühzeitiger Herzerkrankungen

geben.[37] Allein der Gedanke, dass der Versicherungsvertreter beim Gespräch über den Abschluss einer Lebensversicherungspolice dem Kunden deshalb vielleicht besonders auf die Ohren schaut, ist schaurig genug.

Es könnte auch durchaus sein, dass sich der medizinisch derzeit als irrelevant geltende Einfluss der ACTN3-Mutation auf die Muskelfaser-Leistung irgendwann als medizinisch relevant herausstellt, wenn vielleicht für ACTN3 auch in anderen Geweben eine Funktion gefunden wird. Und selbst etwas so Harmloses wie der ACTN3-Status kann als öffentlich einsehbare Information Probleme bereiten. Sascha will sicher kein professioneller Langstreckenläufer mehr werden. Aber vielleicht eines seiner Kinder? Was, wenn ein Talentsucher Wind davon bekommt, dass Sascha keine Ausdauer verheißende Mutation trägt und folglich auch seine Kinder mit mindestens 50-prozentiger Wahrscheinlichkeit keine „Langläufer-Variante" des Gens haben? Fliegen sie trotz Begeisterung und guter Leistungen aus der Fördergruppe? Das mag konstruiert klingen, doch Genprofile bei der Auswahl von Hochleistungssportlern heranzuziehen, ist längst keine Theorie mehr. Der australische Rugby-Club Sea Eagles aus Manly im Nordosten Sydneys analysiert das Erbgut seiner 24 Spieler bereits seit 2006, so der damalige medizinische Betreuer Steve Dank, auf gut ein Dutzend Genvarianten, „die bestimmen, welche physiologischen Charakteristika ein Spieler hat". Man werde deshalb keine Wettkämpfe gewinnen, „aber die Tests verschaffen uns in einigen Bereichen einen Vorsprung", sagte seinerzeit der damalige Sea-Eagles-Coach Den Hasler. Man könne etwa das Trainingsprogramm auf das genetische Profil der einzelnen Spieler abstimmen, so Hasler damals.

Tatsächlich hängt die besondere Fähigkeit von Weltklasse-Ausdauersportlern, sehr viel Sauerstoff im Blut zu den Muskeln transportieren zu können, zu mindestens 50 Prozent von Genmutationen ab. Und die normale, gute oder sehr gute Ausbildung der schnelleren Muskelfasern, wie sie vor allem Sprinter brauchen, ist sogar zu 67 Prozent von speziellen Genvarianten abhängig – das zeigten Leistungstests an eineiigen, genetisch praktisch identischen Zwillingen. Die Eisschnellläuferin Claudia Pechstein hat nachgewiesenermaßen eine genetische Störung der Blutbildung. Genetiker und

Mediziner sind sich inzwischen einig, dass die erhöhten Retikulo-zyten-Werte, die ihr am Höhepunkt ihrer Karriere eine lange Doping-sperre einbrachten, allein durch diesen Gendefekt ausgelöst worden sein könnten.

„Es ist unbestritten, dass die Genetik eine Bedeutung für die körperliche Leistungsfähigkeit hat", sagt auch Bernd Wolfarth von der Poliklinik für Präventive und Rehabilitative Sportmedizin der Technischen Universität München. 150 sportrelevante Gene hat der Sportmediziner gemeinsam mit dem Projektleiter Claude Bouchard vom Pennington Biomedical Research Center der Louisiana State University und anderen Sportgenetikern zusammengetragen. Sie bestimmen, wie stark die Muskeln sind, wie viele sauerstofftragende Blutzellen durch die Adern gepumpt werden oder wie schnell der Stoffwechsel des Athleten arbeitet. Dass Talentsucher in Zukunft immer häufiger nach einem Gentest fragen werden, ist nicht mehr nur Phantasie von Science-Fiction-Autoren. Als eine der weltweit ersten Institutionen hat sich das Australian Institute of Sports (AIS) auf die systematische Suche nach Sportlergenen gemacht. Jason Gulbin, Sportwissenschaftler und Nationaler Koordinator des australischen Talentidentifizierungs- und -entwicklungsprogramms „Talent Search", ist davon überzeugt, „dass die Genetik uns helfen kann, Talente einzuschätzen und unsere Trainingsprogramme zu verbessern". Dass das aber nicht unbedingt zu einem Goldregen bei Olympia führen muss, hat das Ergebnis der australischen Delegation 2012 in London gezeigt.

Das Wissen über die eigenen Gene kann sicher weitreichende, heute noch gar nicht absehbare Folgen haben. Andererseits können Geninformationen auch bei Lebensentscheidungen helfen. Im Fall von ACTN3 und anderen Sportgenen könnte ein Testergebnis bei der Entscheidung junger Leistungssportler helfen, auf welche Disziplin sie sich konzentrieren wollen – und damit vielleicht viel Frust vorbeugen. Im Fall von Genvarianten, die die Wahrscheinlichkeit erhöhen oder reduzieren, eine bestimmte Krankheit zu entwickeln, könnten die Geninformationen auch zu Verhaltensänderungen beitragen. Oder sogar den Forschergeist wecken. Melanie Swan und Raymund McCauley ist das passiert.

Swan ist Hedgefonds-Managerin, die unter anderem für J. P. Morgan in New York gearbeitet hat, Unternehmen wie AT & T und Siemens berät und in zahlreichen Aufsichtsräten sitzt. Doch Bilanzen begeistern Swan, die sich selbst als „Futuristin" bezeichnet, schon lange nicht mehr besonders. Zwar hat sie keine naturwissenschaftliche Ausbildung, sondern einen MBA in Finanz- und Rechnungswesen, doch nach diversen Kursen bezeichnet sie sich inzwischen außerdem noch als „Expertin für Angewandte Genomik".

Wir treffen Swan auf einer unserer DIY-Bio-Bildungsreisen in die USA im Hafen von San Francisco. Hinter uns die Silhouette der Stadt auf den Hügeln, vor uns die ehemalige Gefängnisinsel Alcatraz und über uns die Sonne Kaliforniens. In San Francisco ist es eigentlich oft neblig, aber Melanie ist eine Erscheinung, die vor grauem Hintergrund kaum vorstellbar ist. Das ganze Wesen der rotblonden Selfmade-Genetikerin ist sonnig und energiegeladen. Vielleicht hat sie morgens ja den Nebel weggeblasen.

„Ich war eine der ersten Kundinnen von 23andMe", sagt die 44-Jährige stolz. Ende 2007 begann dieses Unternehmen aus Mountain View, für Kunden Gene zu analysieren. Zum Preis von 999 Dollar las das Startup damals rund 500 000 Variationen aus der DNA seiner zahlungswilligen Kundschaft, die neben einem Scheck auch ein Röhrchen Spucke einschicken musste. Innerhalb von fünf Jahren fiel der Preis auf gerade mal 99 Dollar. Im Service inklusive ist der passwortgeschützte Zugang zu einer Website, auf der Kunden ihre Genomdaten nach Krankheitsgenen und sonstigen Merkmalen durchsuchen können.

Sascha nickt wissend. Auch er hatte 2008 sein Erbgut an 23andMe geschickt, und gleichzeitig auch an DecodeMe, eine isländische Konkurrenz-Firma, um über diese Art der Selbstdurchleuchtung eine Reportage zu schreiben. Er hatte dafür auch die Chefin des nach den 23 menschlichen Chromosomen benannten jungen Unternehmens in dessen Zentrale in Mountain View besucht: „Den Menschen Zugang zu ihren Genen zu verschaffen" – so hatte die Biologin Anne Wojcicki, nebenbei auch Ehefrau des Google-Gründers und 23andMe-Investors Sergey Brin, damals kurz und knapp das Ziel der von ihr geleiteten Firma umrissen. „Access", also „Zugang" ist das Schlagwort, das zahlreiche Initiativen vereint – von der Gemeinde der Computerhacker über die Linux-Community und Internet-Tauschbörsen bis hin zur Bewegung, die wissenschaftliche Veröffentlichungen zunehmend kostenfrei über das Web zugänglich macht. Im Fall des Genoms bekommt diese Diskussion über „Zugang" eine neue Dimension. Denn sie wird erstmals nicht mehr von Personen oder Gruppen geführt, die ihre Forderung nach Zugang an andere richten. Sie wendet sich vielmehr dem Individuum, dem Selbst zu. Es ist ein qualitativer Unterschied: Während andere Gründe haben mögen, Zugang zu dem, was sie als ihr materielles oder geistiges Eigentum sehen, zu verweigern, ist es schwer zu begründen, jemandem den Zugang zu seinem molekularen Ich zu verstellen. Das mag banal klingen, ist es aber, seit unter bestimmten Bedingungen auch menschliche Gene patentiert werden können, nicht.

23andMe ging damals wie heute mit einer Botschaft vom Spaß an den eigenen Erbanlagen an die Öffentlichkeit. Medizinische Schicksals-Orakelei schwang nur unterschwellig mit, obwohl sie sicher ein wichtiger Teil des Geschäftsmodells der Firma war und ist. Doch geworben wurde schlicht mit Genetik für jedermann, optimistisch und demokratisch. Mit Zeppelinen über der Stadt köderte die Firma anfangs ebenso Kunden wie mit dem „I spit!"-Slogan. Manche Kunden hefteten sich den Spruch sogar als Plakette an die Brust, stolz, weil sie sich als Pioniere fühlten, als Erste einer Generation von Menschen, für die der Gang zum Genetiker bald so selbstverständlich sein würde wie der Besuch beim Zahnarzt. Das aggressive Marketing war so erfolgreich, dass Wojcicki kurz nach der Eröffnung mit den Genom-Analysen kaum hinterherkam.

Swan erinnert sich, wie aufgeregt sie war, als sie das erste Mal ihre eigenen Gene ausbuchstabiert vor sich sah, „all die As, Cs, Gs und Ts zu sehen, die mich zu dem machen, was ich bin". Sascha kennt diesen Schauer, der sich von hinten den Rücken hoch schleicht, bis er die Nackenhaare erreicht, aus eigener Erfahrung. Aber inzwischen ist er skeptisch, ob das Gen-Orakel wirklich relevante Informationen für jedermann liefert. Er musste etwa feststellen, dass sich die Angaben von 23andMe und DecodeMe zum Risiko, bestimmte Krankheiten zu entwickeln, mitunter deutlich widersprachen. Dabei hatten beide Unternehmen zweifelsfrei dasselbe Erbgut von ihm zur Analyse bekommen. Auch schaffte es weder das eine noch das andere

Unternehmen, seine Haarfarbe korrekt aus den Genen zu lesen. Stattdessen prophezeiten sie ihm einen kahlen Kopf in jungen Jahren. Man kann Sascha eine Menge nachsagen, eine Glatze allerdings hat er, bis heute, nun wirklich nicht.

Für solche Schwächen entschuldigen sich Webunternehmen üblicherweise mit einem kleinen „beta" hinter dem Namen, um zu signalisieren, dass man eine digitale Baustelle betritt. Auf den Websites von 23andMe steht stattdessen sehr oft das Wörtchen „vorläufig". Ein nicht abreißender Strom von neuen genetischen Untersuchungen wirft den Wissenstand der Genetiker regelmäßig über den Haufen. Es gibt sehr wenige eindeutige Zusammenhänge zwischen genetischen Varianten und Krankheitsrisiken.

Wer etwas anderes behauptet, dem gebührt eine gute Prise Skepsis. Denn schon die nächste Studie könnte das bisher Angenommene wieder obsolet machen, indem sie neue Einflussfaktoren beschreibt oder postuliert, dass ein verdächtiges Gen doch gar keine Rolle spielt bei der Entstehung dieser oder jener Krankheit. Noch können Gencheck-Kunden gleichgültig welcher Unternehmen wenig damit anfangen, dass die eine oder andere ihrer Genvarianten ihr Risiko für eine Krankheit wie Altersdiabetes angeblich erhöht. Solange nicht der Einfluss der vielen anderen Genvariationen bekannt ist, die noch nicht näher untersucht worden sind, ist die Information bei den allermeisten Erbanlagen nahezu sinnfrei. Ausnahmen sind bestimmte, die Wahrscheinlichkeit von Brustkrebs erhöhende Genvarianten sowie eine Genmutation, die die Huntington-Krankheit auslöst, oder auch jenes Hämochromatose-Gen, nach dem Kay Aull einst in ihrer Studentenbude suchte. Mit Ausnahme von mit Brustkrebsrisiko assoziierten Genen lässt aber etwa 23andMe weitgehend seine Hände von solchen problematischen Erbgutabschnitten.

Wer diese Firmen also in seiner DNA lesen lässt, schließt höchstens eine Wette auf die Zukunft ab, in der Genforscher vielleicht bessere Vorhersagen als heute machen und vielleicht sogar Prävention und Therapie anbieten können.

Auch Melanie Swan war trotz aller Begeisterung zunächst enttäuscht, dass sie mit ihren Gendaten nicht mehr anfangen konnte. Sie stellte sich die Frage, wie sie ihr provisorisches Genprofil nutzen könnte, um zum Beispiel bessere Ernährungsentscheidungen zu treffen. Es könnte ja sein, dass einige Lebensmittel oder auch Vitaminpräparate besser zu ihrem Genotyp passen als andere.

Mit diesen Fragen im Kopf ging sie 2009 zu einem Biohackertreffen im Garagenlabor des seinerzeit Krebsforschung treibenden John Schloendorn und traf dort auf den 46-jährigen Raymund McCauley. Der war Biohacker, Bioinformatiker und Genetik-Nerd. Auch Ray hatte den 23andMe-Test gemacht. Aber er hatte dabei etwas Unangenehmes entdeckt. Die Auswertung seiner Gene verriet ihm, dass sein Risiko, im Alter eine Augenkrankheit namens MakulaDegeneration zu entwickeln und daran zu erblinden, nach derzeitigem Wissensstand viermal höher ist als im Durchschnitt der Bevölkerung. Die bekannten Therapien waren und sind meist höchstens in der Lage, im Idealfall das Fortschreiten der Krankheit mehr oder weniger aufzuhalten, Heilung gab und gibt es nicht.

Beunruhigt machte sich McCauley auf die Suche nach Präventionsmöglichkeiten: Nicht rauchen, die Augen vor UV-Licht schützen, Vitamin-B12 einwerfen[38] – sehr viel mehr konnten Ärzte ihm nicht raten. Der Körper braucht das B-Vitamin, um das biochemische Abfallprodukt Homocystein in einen harmlosen Stoff zu verwandeln. Geschieht dies nicht, können größere Homocysteinmengen die Blutgefäße angreifen und so nicht nur dem Herz-Kreislauf-System schaden, sondern auch zur Entwicklung der Makula-Degeneration führen. Die ersten beiden Tipps befolgt McCauley, der stets mit Sonnenbrille unterwegs ist, ohnehin schon. Beim Thema Vitamin B allerdings hatten seine Recherchen im Netz ihn sehr verunsichert. Er wusste nicht, ob das Vitamin-B-Präparat, das er gewissenhaft einnahm, bei ihm tatsächlich wirkte.

Je nach Genprofil geht der Körper unterschiedlich mit Vitamin B12 um. Damit es das Homocystein entschärft, muss es in seiner aktiven Form zu den Körperzellen – hier speziell denen des Auges – gelangen. Inaktiv bedeutet wirkungslos. Auch das klingt banal. Aber jemand, der Vitamin B braucht und es dafür sogar einwirft, der aber nicht weiß, ob es nicht vielleicht ohne je eine Wirkung zu entfalten wieder über den Urin ausgeschieden wird, wird anderer Meinung sein.

Es ist natürlich ein Enzym dafür zuständig, das Vitamin scharf zu machen. Aber dieses Enzym scheint Mutationen nur so anzuziehen. Über 40 verschiedene sind bekannt und weit verbreitet in der Bevöl kerung. Manche verweigern bei der Aktivierung von Vitamin B12 schlicht den Dienst. McCauley wollte also wissen, welches Präparat bei ihm wirkt – ob das billige, normale Vitamin für ihn ausreicht oder er die teure, schon aktivierte Form kaufen muss.

Er beschloss, in der großen, jahrhundertealten Tradition des medizinischen Selbstversuchs, sein eigenes Versuchskaninchen zu werden, ein „Health Hacker". Melanie Swan war, als ihr Ray in Schloendorns legendärem Garagenlaborhaus von seinen Plänen erzählte, sofort Feuer und Flamme für diese Idee. Mithilfe der im Internet einsehbaren medizinischen Fachliteratur und ihren Gesundheits- und Erbgut-Daten stellen Swan, McCauley und weitere gleichgesinnte Bürgerforscher inzwischen Studien auf die Beine. In einer der ersten wollten sie klären, welche Wirkung welches Vitamin-B-Präparat bei welcher genetischen Konstitution entfaltet. Was sie insgesamt vorhaben ist personalisierte, crowdgesourcte DIY-Medizin.

Verschreibungspflichtige Medikamente oder gar neue Wirkstoffe können und dürfen die Health Hacker nicht verwenden. Das würde unter die Regularien für klinische Studien der amerikanischen Arzneimittelbehörde FDA fallen. Aber frei käufliche Heilmittel, Nahrungsergänzungsstoffe und Vitamin-Präparate können sie in ihren Studien einsetzen. „Wir ermöglichen den Leuten, nicht nur passiv einen Blick auf ihr Genprofil zu werfen, sondern aktiv selbst herauszufinden, was das für sie bedeutet, anstatt darauf zu warten, dass irgendwann ein Forscher eine Studie macht, die etwas über ihre Situation zu Tage fördert", sagt Swan.

Das Duo und die kleine, aber stetig wachsende Gemeinde der Gesundheitshacker könnten durchaus den Anfang einer Massenbewegung bilden. „Um die Funktion der Geninformationen zu verstehen, müssen Hunderttausende, Millionen von Leuten nicht nur ihre Gendaten zur Verfügung stellen, sondern auch mit Details über ihre medizinischen Gesundheitsdaten, ihren Lebensstil und ihre Familiengeschichte verknüpfen", sagt McCauley. „Crowdsourcing-Genetik, das ist …", er sucht drei Sekunden nach dem richtigen Wort, „das ist eine Berufung! Und vielleicht das Wichtigste, was wir am Anfang dieses Jahrhunderts tun können." Die Orte, an denen die Gesundheitsdatenbanken der Zukunft entstehen, liegen im Internet und heißen vielleicht DIYgenomics.org und Genomera.com. Sie werden von

Swan und McCauley betrieben. Melanie Swan nennt es ihr „Facebook of Health".[39]

Schon die erste Studie der Health Hacker, zugeschnitten auf McCauleys Vitamin-B-Frage, lieferte interessante Hinweise. Insgesamt sieben Probanden, unter ihnen die zwei Initiatoren selbst und McCauleys Lebensgefährtin, Biocurious-Mitgründerin Kristina Hathaway, sowie vier weitere Freunde, schluckten zunächst eine Woche lang gar keine Vitamin-B-Präparate, um einen Basiswert für ihren jeweiligen Vitamin-B- und Homocystein-Level im Blut messen zu können. Dann nahm jeder Teilnehmer eine Woche lang ein Vitamin-B-Präparat, in der folgenden ein anderes.

Jeweils am Ende jeder Woche ließen sich alle Teilnehmer auf eigene Kosten von Mitarbeitern eines normalen Medizin-Dienstleistungslabors Blut abnehmen, das die Proben dann auch analysierte. „Obwohl wir alle gesund sind, lag unser Ausgangswert für Vitamin B bereits unterhalb der empfohlenen Konzentration", erzählt Swan.

Mittlerweile liegen Daten von 27 Freiwilligen vor. „Wir fanden heraus, dass für die meisten von uns ein günstiges B12-Präparat völlig ausreicht." Diese konnten also auf teurere Produkte, die das bereits aktivierte Vitamin enthalten, verzichten. Für McCauley zeigte sich jedoch ein anderes Bild. Er muss, laut den Ergebnissen seiner Bluttests, die teurere Variante kaufen, weil seine körpereigenen Enzyme das aktive Molekül nicht selbst aus dem inaktiven B-Vitamin herstellen können. In der Woche, in der er nicht die aktivierte Vitamin-Variante einnahm, stieg seine Homocystein-Konzentration im Blut auf Werte deutlich jenseits der als unbedenklich geltenden Norm.

Solche eher kleinen Studien lassen, ob nun mit sieben oder 27 Teilnehmern, meist kaum generelle Rückschlüsse zu. Dessen sind sich auch McCauley und Swan bewusst. Sie hoffen darauf, dass ihr Ansatz die Massen mobilisieren und damit auch große Datenmengen produzieren kann. Die wären nötig, um aus vielen einzelnen Beobachtungen am jeweils eigenen Körper Empfehlungen für die Bevölkerung – und eben für spezielle Gruppen in der Bevölkerung – ableiten zu können.

Ansätze wie der von Swan und McCauley entsprechen noch bei weitem nicht den rigorosen Standards klinischer Studien. Das sieht auch George Church so, Direktor für „Personal Genomics" an der Harvard University. Im Gegensatz zu anderen, die solche Initiativen eher sinnlos oder gar – wegen ihrer Fehleranfälligkeit und der Gefahr von falschen Interpretationen – gefährlich finden, erkennt er ein Potenzial einer Bürger-Bewegung, die große Mengen von Daten sammelt: „Angesichts all der Dinge, die Bürgerforscher tun können – Astronomie, Wetter, Geologie, Fossiliensuche –, hat dies vermutlich den größten Einfluss auf das Leben der Menschen", sagte Church dem Nerd-Magazin *Wired* vor einiger Zeit.[40] Einen Tyrannosaurus zu finden, fände er auch „cool", doch so etwas entscheide nicht über Leben und Tod. „Aber es wäre eine große Sache, eine Familie zu entdecken, die trotz der Mutation im Huntington-Gen den verheerenden Auswirkungen dieser Krankheit entkommen kann."

Denn in ihren Genen müssten irgendwo auch ein paar Erbanlagen stecken, die die Krankheit verhindern, und auf deren Grundlage ließe sich nach Medikamenten suchen. Ähnlich aufschlussreich könnte es sein, eine Diabetes-freie Familie zu finden, die aber alle Risikofaktoren für die Krankheit trägt. Ob diese Ausnahmegenome irgendwo existieren, weiß natürlich niemand. Aber wenn es sie gibt, dann sei es unwahrscheinlich, dass Forscher im Labor sie aufspüren, so Church. Dafür würden Bürgerforscher gebraucht.

Der Ansatz der Health Hacker ist auch noch aus einem anderen Grund wichtig: Studien, bei denen Tausende Probanden teilgenommen haben, nivellieren die individuellen Unterschiede dieser Probanden. Ihr Ziel sind schließlich statistisch signifikante Aussagen, die zu Empfehlungen für einen fiktiven Durchschnitts-Patienten führen sollen. Doch damit wird die Aussage in Bezug auf das Individuum nahezu wertlos. Wären etwa McCauley und seine Mitstreiter neben vielen anderen Probanden Teilnehmer einer großen Vitamin-B-Studie gewesen, dann hätte deren Ergebnis vielleicht gelautet, dass nicht aktiviertes Vitamin B statistisch gesehen völlig ausreicht. Das wäre dann eine sinnvolle Nachricht und Handlungsanweisung für den statistischen Durchschnittsmenschen gewesen. Für Leute wie Ray aber eher nicht. Er ist nichts als ein statistischer Ausreißer, irrelevant und alleingelassen.

Eine „individualisierte" oder „personalisierte" Medizin wird gerne als vielversprechender Weg in eine Zukunft der für jeden Einzelnen verschiedenen, aber umso sinnvolleren Therapien proklamiert. Bislang sind dabei ein paar für bestimmte Patienten-Untergruppen wirksame, aber sehr teure Medikamente herausgekommen, zum Beispiel Herceptin für eine genetische Variante von Brustkrebs. Ray und Co. versuchen nichts anderes, wollen aber erst einmal keine neuen individuellen Medikamente entwickeln, sondern nur die vorhandenen Möglichkeiten, inklusive der Nahrungsergänzungsmittel, individuell zuschneidern helfen.

Rund ein Dutzend Studien haben Swan und McCauley inzwischen initiiert. Der Andrang wahrer Massen ist bislang ausgeblieben, schließlich kostet jede Studie jeden Teilnehmer Geld oder Zeit oder mitunter auch etwas Blut. Das bedeutet aber nicht, dass die Idee des Crowdsourcing von Gesundheitsfragen nicht bereits Schule gemacht hätte. In „23andWe"-Projekten etwa (der Buchstabenaustausch ist keine zufällige Mutation, sondern soll den Schritt vom Ich zum Wir in diesen Projekten verdeutlichen) geben Kunden des Unternehmens auf dessen Website freiwillig, aber anonymisiert Informationen über sich, ihre Krankengeschichte und ihren Gesundheitszustand preis. Sie tun das in der Hoffnung, dass Computeralgorithmen in der Lage sein werden, Zusammenhänge zwischen diesen physiologischen Daten und dem bekannten Genprofil der Nutzer herzustellen.

Idealerweise ließen sich daraus individuelle Tipps für einen gesünderen Lebensstil oder auch Hinweise für den Hausarzt auf sinnvolle Medikamente und deren Dosierungen ableiten. Eine Gruppe von Migräne-Patienten, bei denen sich eine oder mehrere übereinstimmende Genvarianten finden, könnte etwa Hinweise auf die Entstehungsweise der Krankheit liefern oder auch die Diagnose und Früherkennung verbessern. Solche Übereinstimmungen lassen sich nur mit Daten von sehr viel mehr Menschen finden als in klinischen Studien üblich. Denn bei Krankheiten, die auf dem Zusammenspiel vieler Gene und auch Umwelteinflüsse beruhen, ist der Einfluss einzelner Genvarianten sehr klein.

Um diese Genvarianten zu finden, stützen sich Forscher bislang vor allem auf Studien an möglichst ähnlichen Menschengruppen – solchen, die sich etwa vergleichbar ernähren oder viele Gene gemeinsam haben. Anne Wojcickis Ehemann Sergey Brin, Google-Gründer und 23andMe-Investor, hält diesen Ansatz jedoch für zu langsam und zu teuer. Mit Googles Techniken zum Durchsuchen und Sortieren unüberschaubarer Datenmengen will Brin möglichst viele gesunde Menschen mit möglichst vielen Kranken vergleichen. Die Idee ist, nicht nur hundert oder maximal etwas über tausend Probanden, wie in klinischen Studien Standard, sondern Zehntausende oder gar Hunderttausende zu erfassen.[41]

Brin hofft vor allem, neue Hinweise auf die Ursachen von Parkinson zu finden, denn der 39-Jährige weiß aus einer 23andMe-Analyse, dass er eine Genmutation trägt, die die Wahrscheinlichkeit erhöht, die Krankheit zu bekommen. In der Familie scheint sie auch gehäuft aufzutreten, Mutter und Tante etwa leiden darunter. Trotzdem bedeutet all das weder eine sichere Prognose, noch gibt es einen Test, der Brin frühzeitig anzeigen könnte, ob sich bei ihm die Schüttellähmung bereits anbahnt. Und es kann ihm auch niemand mit Gewissheit sagen, ob er den Ausbruch der Krankheit mit mehr Sport, weniger Kaffee oder gar – wie eine Studie der Duke University ergab – mit dem Rauchen von Zigaretten verhindern könnte.

Vier Millionen Dollar hat Brin deshalb in eine Variante der Parkinson-Forschung investiert, die ähnliche Tools wie Google nutzt. Die 23andMe angeschlossene Initiative ist ein Kooperationsprojekt mit dem Parkinson-Institut im kalifornischen Sunnyvale und der Michael-J.-Fox-Stiftung. Sie vergleicht zehntausend Patienten mit Zehntausenden 23andMe-Kunden und erfasst gleichzeitig möglichst viele persönliche Informationen über deren Leben, die auf freiwilliger Basis erhoben werden. Dazu gehören die Häufigkeit von Kopfschmerzen, eventuelle Müdigkeitsanfälle oder gelegentliche Gleichgewichtsstörungen.

So werden gezielt die bereits bekannten Vorboten einer Parkinson-Erkrankung abgefragt. Im bislang eher dunklen Teil des Daten-Heuhaufens wird aber ebenfalls herumgestochert: Raucher? Verheiratet? Beruf? Haare auf dem Rücken oder Grübchen im Gesicht? „Anstatt nur Informationen aus offiziellen Kanälen anzuzapfen, zum Beispiel von Neurologen in Spezialkliniken, sammeln wir Daten direkt von den Patienten", sagt Nicholas Eriksson, Bioinformatiker und verantwortlicher Entwickler bei 23andMe. Zwar seien die Daten „verrauscht", weil sich nicht kontrollieren lässt, ob der eine oder andere 23andMe-Kunde fehlerhaft antwortet. Aber man habe eben auch viel mehr Daten zur Verfügung als bei Standard-Studien.

In dem Datenwust sucht Eriksson nach Mustern – vielleicht einem statistischen Zusammenhang zwischen der Parkinson-Erkrankung und der Vorliebe für Latte Macchiato, oder mit einer Kopfverletzung in der Kindheit – oder einer spezifischen Ausprägung eines DNA-Abschnitts.

Und er ist bereits fündig geworden. Zwar liegen erst Erbgutanalysen von etwas mehr als 3000 Parkinson-Patienten vor. Doch der Vergleich mit 30 000 gesunden 23andMe-Kunden hat bereits zwanzig bekannte und zwei bislang unbekannte winzige Erbgutveränderungen identifiziert, bei denen irgendwo in der DNA ein einzelner Baustein ausgetauscht ist (sogenannte SNPs, Single Nucleotide Polymorphisms), die das genetische Risiko einer Parkinson-Erkrankung zu erhöhen scheinen.[42]

Damit hat Eriksson nicht nur bewiesen, dass Brins Idee einer onlinegestützten Biomarker-Suche umsetzbar ist, sondern gleichzeitig eine der von der Patientenzahl her bislang größten Parkinson-Studien überhaupt realisiert. Sie dauerte nur wenige Wochen, kostete vergleichsweise wenig Geld, und niemand musste für sie den Platz am Computer verlassen.

Studien wie diese, die die Entwicklung der Probanden und Patienten nicht über Jahre begleiten und sich vor allem auf deren Auskünfte aus einem Fragebogen stützen, gelten allgemein als vergleichsweise weniger aussagekräftig. Dass Erikssons Daten-Bergbau aber durchaus relevante Ergebnisse zu Tage fördern kann, zeigt etwa das Beispiel eines einzelnen Gens namens GBA: Das Ergebnis einer großen und teuren Studie, die sechs Jahre dauerte, 64 Forscher und 5500 Probanden beanspruchte, lautete, dass Parkinson-Patienten rund fünf Mal häufiger eine markante Mutation im GBA-Gen tragen als der Rest der Bevölkerung. Innerhalb von 20 Minuten konnte Eriksson die gleiche Beziehung allein durch eine Abfrage der Datenbank nachweisen, in der die Informationen über die rund 180 000 23and-Me-Kunden und 3000 Parkinson-Patienten gespeichert waren.

Diese Methode wird die biomedizinische Forschung ohne Zweifel verändern und die klassischen Studien zumindest sinnvoll ergänzen. Vielleicht sind sie auch der Beginn einer Revolution. „Wir machen nicht *eine* Studie mit *einem* Gen und *einer* Krankheit um *eine* bestimmte Hypothese zu beantworten", sagt Eriksson, „sondern wir machen Tausende von Studien gleichzeitig, die alle das gesamte Erbgut durchsuchen, ohne irgendeine Hypothese zu verfolgen, welches Gen welche Krankheit auslösen könnte." Allerdings kann die Methode nur statistische Zusammenhänge finden, aus denen noch keine sicheren Schlüsse über Ursache und Wirkung möglich sind.

Auf diese Idee eines Daten-Bergbaus („Data-Mining") sind auch schon andere gekommen. Und die Methode hat auch bereits einige für Patienten sehr wichtige Ergebnisse produziert. Forscher der Stanford University etwa haben Meldungen über Nebenwirkungen von Medikamenten durchsucht, die bei der amerikanischen Zulassungsbehörde FDA gespeichert sind. Sie fanden heraus, dass eine gleichzeitige Einnahme des Antidepressivums Paxil und des Cholesterinsenkers Pravachol den Blutzuckerspiegel deutlich erhöht und so Zuckerkranke gefährdet – nur durch Datenbankrecherche. Und Daten von acht Millionen gespeicherten Patienten des kalifornischen Pflegekonzerns Kaiser Permamente trugen 2004 dazu bei, dass das Schmerzmittel Vioxx der Firma Merck vom Markt genommen wurde. Hier stand eine hohe Dosis des Medikaments in Zusammenhang mit einer statistisch signifikant erhöhten Rate von Herzinfarkten.

Patienten und Bürger, die freiwillig, informiert und möglichst auch anonymisiert ihre gesundheitsbezogenen und auch andere oft sehr privaten Daten solchen „in-silico"-Studien zur Verfügung stellen, können also zu sinnvoller Forschung und damit eventuell auch ihnen selbst zugute kommenden Medikamenten beitragen.

Von Deutschland aus stellen die Studenten Bastian Greshake, Fabian Zimmer und Philipp Bayer Menschen, die eine 23andMe- oder DecodeMe-Analyse hinter sich haben, ein Forum namens openSNP zur Verfügung. Jedes Mitglied kann dort seine Gendaten über opensnp.org in eine Datenbank hochladen und damit innerhalb der openSNP-Community öffentlich machen. Auf diesem Wege lassen sich einerseits Literaturhinweise und Diskussionspartner finden, mit denen sich die Mitglieder austauschen können über einzelne, zum Beispiel Krankheiten prognostizierende Genvarianten. Andererseits stellt die openSNP-Datenbank auch wieder eine Ressource für Forscher dar, die nach Zusammenhängen zwischen bestimmten Genvarianten und Krankheiten oder Eigenschaften suchen. Allerdings sind zum Zeitpunkt, als dieses Buch Redaktionsschluss hat, erst etwas mehr als 600 Datensätze hinterlegt, sodass noch keine Massenstudien möglich sind, wie sie etwa 23andMe bereits durchführen kann. Dennoch hat openSNP schon unter anderem den Entwicklerpreis „Binary Battle" vom Webservice Mendeley und der Public Library of Science *(PLOS)* gewonnen.[43]

Das bislang vielleicht am hellsten leuchtende Beispiel für Gesundheitsforschung in Bürgerhand ist „Patients like me". Über ihre Website vernetzt diese Organisation Patienten mit gleicher Diagnose und führt Studien durch. Als Reaktion auf eine italienische Studie mit wenigen Patienten, deren nervenzerstörende Krankheit Amyotrophe Lateralsklerose (ALS) durch Lithium-Karbonat angeblich verzögert worden war,[44] fanden sich über „Patients like me" 348 ALS-Patienten, die den Wirkstoff ausprobiert hatten. Anhand der freiwilligen Angaben der Patienten stellte sich heraus, dass das Medikament die erhoffte Wirkung wenn überhaupt, dann nur bei wenigen zu zeigen scheint.[45] Mit dieser Interpretation kann man sich in diesem Falle zwar aufgrund der eher wenig kontrollierten und standardisierten Datenerhebung nicht sicher sein. Dennoch können solche Studien einen schnellen und kostengünstigen ersten Eindruck vermitteln – bei schwerwiegenden, unbehandelbaren Erkrankungen wie ALS ein wichtiger Hinweis für die Patienten, die auf der verzweifelten Suche nach wirksamen Substanzen sind. Vor allem aber sind es nur erste Versuche mit den Methoden einer neuen Datenmedizin, die sicher ein großes Potenzial hat.

Mit DIY-Biologie und aktiver Bürgerwissenschaft haben diese Ansätze auf den ersten Blick noch wenig zu tun.

Tatsächlich aber folgen sie schon jetzt dem Prinzip vieler Projekte jener „Citizen Science" (siehe Kapitel 5). Denn es sind Einzelpersonen, die ihre Daten und ihre Beobachtungen (in diesem Falle an sich selbst, denn etwa ein Kreuz im Fragebogen bei „Kopfschmerzen morgens" ist ja nichts anderes als ein Resultat von Selbstbeobachtung) einer zentralen Forschungsinstanz freiwillig zur Verfügung stellen.

Und echtes DIY als Teil davon wird in Zukunft wahrscheinlich auch möglich werden: Einfache, zu Hause realisierbare Speichel-

oder Bluttests beispielsweise könnten kostengünstig immer wieder neue Daten liefern. Mit deren Hilfe wäre es dann unter anderem möglich, direkt und in beliebiger Frequenz die Auswirkungen von Therapien, Lebensstil-Umstellungen oder schlicht des ganz normalen Lebens zu untersuchen, ohne dass Probanden täglich aufwändig zum teuren Blutabnehmen müssten.

Die so genannte „Quantified-Self"-Bewegung versucht Ähnliches bereits. Mit Teststreifen untersuchen ihre Adepten den eigenen Urin oder Speichel, sie messen Blutdruck und Herzfrequenz und alle möglichen physiologischen Reaktionen auf alle möglichen Einflüsse von Bewegung über bestimmtes Essen und Medikamente bis zum Sex. Alles wird in Computerprogramme eingespeist und zu analysieren versucht. So wollen sie zum Beispiel ableiten, was gerade bei ihnen gegen hohen Blutdruck wirkt. Zum Teil versuchen sie, ihre Daten auch bereits zusammenzuführen und vergleichend zu nutzen. Den meisten von ihnen allerdings geht es bisher eher um „Selbstoptimierung", also darum, wie man etwa mit möglichst geringem Trainingsaufwand möglichst schnell einen Marathon laufen, den Bizeps schwellen lassen oder eine Vokabelliste lernen kann. Und ihre Extremvertreter, wie der auch in Deutschland nicht unbekannte Autor und Unternehmer Tim Ferris, gehen dabei sogar so weit, sich selber Muskel-Biopsien zu entnehmen.

Von den Interessen der Nutzer getriebene Forschung (user-driven science) sind die Projekte auch allesamt, in unterschiedlicher Ausprägung. Wer seine Daten bei openSNP hochlädt, hat meist ein ganz konkretes, persönliches, gesundheitsbezogenes Interesse dabei. Und ein „User", der ein paar Millionen in der Portokasse hat, kann wie Brin auch gleich eine ganze Initiative zu einer Krankheit, die er oder sie besonders fürchtet, anstoßen.

Gemeinsam ist all den bisherigen Initiativen ohnehin, dass sie Patienten als aktive Komponente des Gesundheitssystems stärken wollen – und dazu gehört auch eine selbstbewusste Haltung gegenüber den eigenen Gesundheitsdaten, die mitunter sogar unter Schmerzen gewonnen wurden. Die Organisation „That's my data" („Das sind meine Daten") will die Rechte von Patienten an diesen Informationen stärken, die zwar oft an Pharmafirmen und Forschungsinstitute weitergereicht, aber den Patienten selbst nicht selten vorenthalten werden. Ihr Ziel ist auch, allen Patienten das Recht und die Möglichkeit zu verschaffen, über ihre Test- und Analyseergebnisse auch verfügen zu können, um sie etwa in Studien wie denen von „Patients like me" einzubringen. Insgesamt sollen die Patienteninteressen in den Vordergrund gestellt und denen von Ärzten oder Pharmafirmen übergeordnet werden. „Ich bin jedes Mal entsetzt, wenn Ärzte zwar stolz personalisierte Gentests durchführen, aber die Daten dann nicht an die Patienten zurückgeben", sagt Melanie Swan. „Das wollen wir mit DIYgenomics ändern, sodass man mit seinen eigenen Daten etwas anfangen kann."

Als Gegenargument wird oft ins Feld geführt, dass der offene Umgang mit persönlichen Gendaten mehr Nachteile als Vorteile haben könnte. Gerade Informationen über Risiko-Gene, bei denen das Ausmaß des Risikos nicht beziffert werden kann oder gegen deren Wirkung es bislang keine Therapien gibt, können vielleicht tatsächlich eher verunsichern, als dass sie hilfreich sind. Melanie Swan schüttelt allerdings den Kopf: „Ganz im Gegenteil, ich denke, dass die allgemeine Zugänglichkeit von Gendaten geholfen hat, Gesundheitsfragen zu entstigmatisieren." Das hier sei ja keine „Gattaca-Welt", sagt sie. Sie meint das Zukunftsszenario jenes Hollywood-Films, in dem nur Karriere macht, wer die richtigen Genkombinationen hat. Stattdessen habe „jeder von uns irgendetwas, ein etwas erhöhtes Krebsrisiko der eine, eine höhere Diabetes-Wahrscheinlichkeit der andere." Und je mehr wir über Daten reden würden, umso weniger Stigma sei damit verbunden und umso mehr könne man die Probleme angehen.

Man muss ihre Sicht nicht teilen, denn sie ist so individuell wie die Gene der Teilnehmer der Studien, die sie auf den Weg zu bringen versucht. Tatsächlich geht es vor allem darum, frei entscheiden zu können, welche Informationen man will und auf welche man lieber verzichtet. Das „Recht auf Nichtwissen" ist laut deutscher Rechtsprechung Teil des Rechts auf informationelle Selbstbestimmung.[46] Es ist ein individuelles Recht. Bezogen auf Gendaten bedeutet es, dass jeder und jede selbst entscheiden darf, wie viel er oder sie wissen will und auf welche Informationen er oder sie lieber verzichtet. Über den Kopf der Bürger festlegen zu wollen, welche Informationen für sie gut sind und welche nicht, wäre tatsächlich anmaßend und unserer Meinung nach grundgesetzwidrig.

Auch der Blick in das eigene Erbgut ist, so meinen wir, ein Grundrecht eines jeden Bürgers, genauso wie der Verzicht auf diesen Blick. Bürger bei der Interpretation dessen, was sie in ihren Genen sehen, zu unterstützen und objektiv und uneigennützig zu beraten, sollte die Pflicht von Ärzten, des Staates und auch jener Unternehmen sein, die diesen Blick ermöglichen.

Ganz andere Blicke werfen möchten die freundlichen Polizeibehörden und Geheimdienste – in die Labors der Biohacker. Auf was für unterschiedliche Weise etwa das FBI dies tut, unter anderem darum geht es im folgenden Kapitel.

Kapitel 8 …

… in dem wir ein Gen für eins der gefährlichsten natürlichen Gifte in die Finger bekommen und massenhaft vermehren, nun auch selber direkt Kontakt mit dem FBI haben, jemanden treffen, der schon einmal sehr unangenehmen Kontakt mit dem FBI hatte, in dem wir an den Möglichkeiten einer freundlichen Zusammenarbeit zwischen Hackern und Geheimdiensten zweifeln, uns an einer lockeren Mischung aus Juristen- und Biologendeutsch erfreuen und uns klar wird, dass sich nicht Polizei- und Geheimdienste, sondern Profi-Forscher um die Biohacker-Bewegung kümmern müssen …

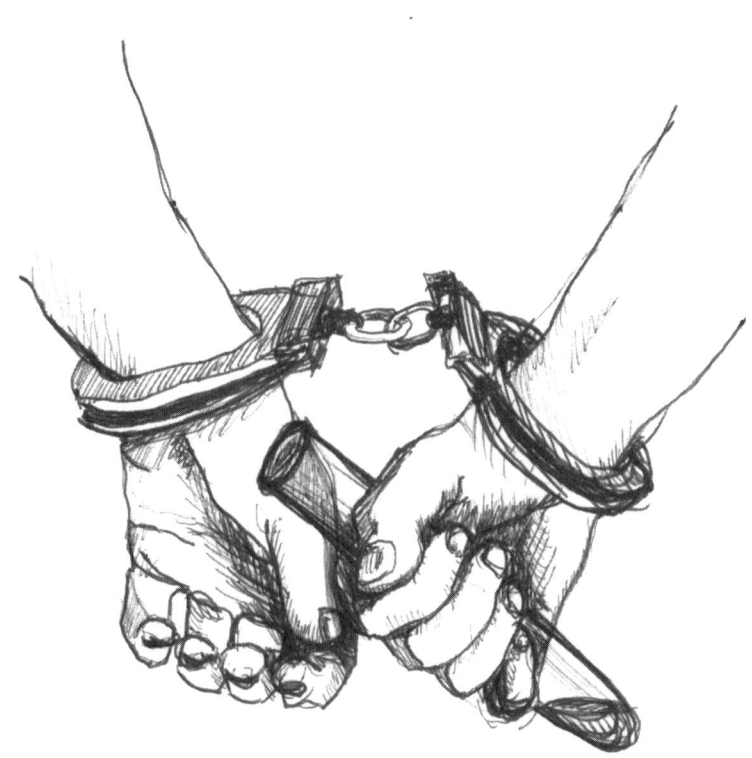

SAG HI ZUM FBI

Manche Akademiker zweifeln noch am Sinn von DIY-Forschung und glauben nicht, dass auch ungeschulte Amateure Genanalyse und Gentechnik betreiben können. Wir selber wissen inzwischen, dass es zwar schwierig ist, aber möglich. Und gestandene Biosicherheitsexperten bekommen bereits Angst, wenn sie an Genbastler in Garagen nur denken. Im Frühjahr 2012 stritt die Fachwelt rund um den Globus und dazu ungezählte Journalisten, ob die Anleitung zur Herstellung von im Tierversuch extrem gefährlichen Grippeviren veröffentlicht werden oder besser unter Verschluss bleiben sollte. Und plötzlich waren auch Amateure ein Thema. Michael Osterholm etwa, Virusforscher an der University of Minnesota und Mitglied des National Science Advisory Board for Biosecurity der Vereinigten Staaten, äußerte sich ausdrücklich besorgt darüber, dass jemand in seinem Keller oder seiner Garage ein Killervirus konstruieren könnte, „nur weil er wissen will, ob er es könnte".[47]

Wir wollten auch wissen, was wir könnten. Seit ein paar Jahren hatte es immer wieder journalistische Artikel über die Biohacker-Bewegung gegeben – voller Spekulationen darüber, was in einer Bio-amateur-Umgebung alles möglich ist. Wir wollten nicht einfach nur mitspekulieren, zitieren und paraphrasieren. Wir wollten konkret wissen, was machbar ist, und dafür mussten wir selbst experimentieren. Wir wollten herausfinden, wie weit wir oder andere Biohacker in einem improvisierten Labor kommen könnten. Wir haben mit potenziell gefährlichen Genen hantiert. Wir sind auf dem Weg, der uns in die Lage versetzt hätte, eines der stärksten Gifte der Welt brauen zu können, so weit gegangen, wie es gerade noch legal war und wir es verantworten konnten. Wir können jetzt besser nachvollziehen, was Osterholm gemeint hat. Aber der Reihe nach.

Da stehen die Wunderbäume, etwas unterhalb der Leber. Mit etwa drei, vielleicht vier Metern Höhe überragen die grünroten Büsche das übrige Grünzeug in der Arzneipflanzen-Abteilung des Botanischen Gartens in Berlin. Die Beete sind hier in Form eines Menschen und seiner Organe angelegt. Lavendel, Baldrian und Johanniskraut wachsen wegen der nervenberuhigenden Wirkung im „Kopf"-Beet, der Wollige Fingerhut *Digitalis lanata* im „Herzen", und der Wunderbaum *Ricinus communis*, aus dessen Samen Öl gegen Verstopfungen gewonnen werden kann, sprießt in der „Magen-Darm"-Parzelle. Ein Schild mit einem Totenkopf darauf warnt vor der Giftigkeit der Samen, und auch die leuchtend rote Farbe der klettenähnlichen Früchte wirkt irgendwie alarmierend. Wie jeder Besucher könnten wir ein paar Samen mitnehmen und ein wenig Gift, Rizin, daraus gewinnen. Aus zehn der marmorierten Kapseln ließen sich drei Milligramm reines Rizin extrahieren, genug, um fünf Erwachsene zuverlässig ins Jenseits zu befördern.

Doch wir haben anderes im Sinn, wir wollen versuchen, uns den Code für das Gift zu besorgen: das Gen, das die Bauanleitung für das Rizin-Protein enthält, von dem schon winzige Mengen Leber und Niere schädigen und nach wenigen Tagen zum Tod führen können. Unweigerlich, es gibt kein Gegenmittel. Gerade dieser Umstand hat das Gift in Terror- und Geheimdienstkreisen populär gemacht. Es wurde etwa dem bulgarischen Dissidenten Georgi Markov zum Verhängnis, der 1978 mit einem Rizin-beladenen Schrotkorn umgebracht wurde, das aus einer Regenschirmspitze abgefeuert worden war.

Es war nicht der einzige Anschlag mit dem Wunderbaum-Gift. Rizin-Pulver wurde 2004 im Postamt des US-Senats gefunden. Und im gleichen Jahr flogen islamistische Extremisten in Frankreich auf, die ein Rizin-Attentat vorbereitet haben sollen. Auch das Terrornetzwerk al-Qaida soll mit Rizin experimentiert haben.

Die Behörden sind also alarmiert. Das gesamte Gen, das aus etwas mehr als 1730 Basen-Bausteinen besteht, bei einer Firma zu ordern, die künstliche Gene herstellt, ist praktisch nicht möglich, wenn man nicht in einem ausgewiesenen Labor forscht. Denn jede Bestellung wird dort von einer Sicherheitssoftware kontrolliert, bevor die Herstellung gestartet wird. Dabei wird jede Gensequenz, die mindestens 200 Bausteine lang ist, mit einer Datenbank abgeglichen, in der alle bekannten Gene gespeichert sind. Findet die Software dann eine Übereinstimmung (ein „Match") der bestellten Sequenz mit einem Gen wie dem für Rizin, wird die Bestellung storniert – und die Polizei informiert.[48] Denn solche Erbanlagen stehen auf einer Liste der sicherheitsrelevanten Gene.

Doch wir müssen das ganze Gen gar nicht von einer Biotech-Firma kaufen. Es steckt schließlich abertausendfach zum Beispiel in einem Stück Blatt vom Wunderbaum. Ein solches stecken wir hier im Botanischen Garten in einem unbeobachteten Moment in ein mitgebrachtes steriles Plastikröhrchen. Noch nicht einmal das wäre nötig gewesen, denn das Gen ist auch in Rizinus-Samen enthalten, die man problemlos für 1,50 Euro pro Tütchen im Internet bestellen kann, und auch in Rizinus-Öl ließe es sich sicher finden. Wer wirklich an das Gen herankommen will, braucht dafür also weder Gensynthese-Firmen, noch muss er zum Blattdieb werden.

Wir versuchen es mit dem Blatt. Um das Rizin-Gen aus dem Erbgut der Pflanze herauszuholen, benötigen wir nur ein Paar kurze, 20 Bausteine lange DNA-Abschnitte. Die geben Anfang und Ende des Gens im Erbgut für eine Vervielfältigung im PCR-Automaten vor. Und an sie können wir tatsächlich nur über eine Bestellung bei einer auf DNA-Synthese spezialisierten Firma herankommen.

Wir sind uns nicht sicher, ob die Firmen, die solche Primer genannten DNA-Stücke herstellen, auch diese mit der Datenbank abgleichen. Mit gemischten Gefühlen tippen wir die Sequenz des Rizin-Primers in das digitale Bestellformular eines Syntheselabors ein: GAATG ... Wird man uns erwischen? ... CTAAT ... Machen wir uns schon mit der Bestellung solcher potenziell gefährlicher Genstücke verdächtig? ... GTATTT ... Wird die Firma uns den Behörden melden?

Schon am nächsten Tag klingelt es an der Tür. Es ist nicht die Polizei. Ohne weitere Fragen überreicht uns ein Bote einen Brief, in dem zwei kleine Röhrchen mit den gewünschten Primern stecken. Die Firma hatte uns, als wir zum ersten Mal etwas bei ihr orderten, angerufen. Wir hatten damals die Primer für das Sushi-Experiment bestellt und der freundlichen Dame erklärt, was wir mit ihnen vorhatten. Und sie hatte uns daraufhin offensichtlich in den „Vertrauenswürdig"-Bereich ihrer Datenbank geschoben (siehe Kapitel 4). Die nächste Lieferung an uns – die mit den Rizin-Primern – ging dann ohne weitere Fragen an unsere Büroadresse.

Als Bürgerforscher sind wir begeistert. Als Bürger sind wir erschrocken. Wir sind erschrocken, wie einfach es funktioniert hat. Bis hierher zumindest. Was folgt, ist die Laborarbeit, und wir wissen inzwischen: Die ist hart. Und wir brauchen tatsächlich wieder ein paar Tage und viele vergebliche Versuche, um Erbgut von *Ricinus communis* aus einem Blatt zu gewinnen. Als es endlich geklappt hat, setzen wir fast schon routiniert die PCR-Reaktion an, mit der wir das gesuchte Gen herauskopieren wollen.

So leicht uns diese Arbeit inzwischen auch von der Hand geht, die Stimmung ist angespannt. Jetzt geht es nicht mehr nur um Spaß am Basteln. Wir sind auf einen Pfad eingebogen, den wir nicht zu Ende gehen werden, aber dessen Gangbarkeit wir testen wollen.

Die PCR funktioniert auch nicht beim ersten Versuch, aber nach ein paar Anläufen sehen wir das orangefarbene Schimmern im Agarose-Gel, das uns verrät, dass der molekulare Kopiervorgang geklappt hat. Jetzt halten wir den wichtigsten Baustein in Händen, um etwas Gefährliches zu basteln.

Das Schema, nach dem sich Bakterien gentechnisch verändern lassen, ist im Grunde immer das gleiche: Wenn man solche Mikroorganismen zum Beispiel zum Leuchten bringen will, muss man ihnen nur ein Leuchtgen einpflanzen und sie mit den richtigen Zutaten füttern, schon fangen sie an, Licht auszusenden. Dafür braucht man das Gen und etwas Bio-Zubehör, an das man ebenfalls ohne größere Probleme herankommt: Bakterien, in deren Erbmaterial man das Gen einbauen könnte und die dann anhand der Geninformation das Leucht-Enzym herstellen würden, und Gen-Fähren, um den Bakterien das Gen einzubauen. Beides lagert zwar noch nicht in unserem Kühlschrank. Aber wir haben auch dafür Quellen gefunden, sogar mehrere. Auch befreundete Biohacker aus dem europäischen Ausland könnten uns damit ausstatten, wenn wir sie darum bitten würden. Wir haben sogar einen Händler ausfindig gemacht, der an uns geliefert hätte.

Will man Mikroben nun beibringen, Rizin zu produzieren, dann würde das im Prinzip genau so funktionieren. Nur wäre die Substanz, die dabei herauskäme, zunächst gar kein wirksames Gift. Denn in den Samen des Wunderbaums muss Rizin erst ein paar biochemische Reaktionen durchlaufen, bevor es sein tödliches Potenzial entfalten kann. Ohne diese Modifikationen ist es ungefährlich. Bakterien können diese biochemischen Reaktionen normalerweise nicht ablaufen lassen und das Gift so scharf machen, wie es die Pflanze vermag. An die genetische Bauanleitung für eines der tödlichsten Gifte der Welt kommt man also mit unseren Mitteln und ein bisschen Geduld zwar heran. Damit auch ein wirksames Gift zu produzieren, ist jedoch viel aufwändiger. Es ist so aufwändig, dass kein noch so böser Mensch sich wahrscheinlich die Mühe machen würde, es biotechnisch herzustellen – denn man kann es viel einfacher aus den Samen des Wunderbaums gewinnen.

Unmöglich wäre die biotechnische Herstellung wirksamen Rizins indes nicht. Unserem Wissen nach aber gab es bislang keinen einzigen Fall, in dem biotechnisch hergestelltes Rizin für einen Anschlag verwendet wurde. Das kann uns nur recht sein und dürfte sich aus den genannten Gründen auch in absehbarer Zukunft nicht ändern.

Nichtsdestotrotz ist Rizin ein gutes Beispiel dafür, was man mit einem Giftgen anstellen könnte (Details siehe Fußnote).[49] Denn das in den letzten fünfzig Jahren gesammelte und in Datenbanken einsehbare molekularbiologische Wissen bietet unendlich viele Möglichkeiten, Schaden anzurichten: Das Internet spuckt nach wenig aufwändiger Suche reichlich Anleitungen dafür aus. Diese wurden einst für Forschungszwecke entwickelt, etwa um herauszufinden, was ein in der Natur so weit verbreitetes Gift wie Rizin – oder auch andere natürliche Gifte – so gefährlich macht, oder wie sich diese Gifte für medizinische Zwecke in den menschlichen Körper schmuggeln lassen. Man bräuchte diese Versuchsprotokolle nur etwas abzuwandeln, schon wären es Anleitungen zum Missbrauch. Das ist umständlich und bislang zumindest viel komplizierter als etwa einfach das Gift aus Castorbohnen, den Samen des Wunderbaumes, zu extrahieren. Aber es ist möglich.

Unser Rizin-Experiment hat also zwei wichtige Ergebnisse gebracht:

Erstens: Wer ein Gift wie Rizin herstellen will, wird das gegenwärtig sicher nicht per Gentechnik tun, denn das wäre deutlich aufwändiger und komplizierter, als es mit konventionellen Methoden aus den Rizin-Samen zu gewinnen.

Zweitens: Grundsätzlich aber ist es ziemlich sicher auch für Amateure möglich, mithilfe von Gentechnik potente Gifte herzustellen. Und an die Zutaten und nötigen Informationen dafür kommt man heran.

Wir sind vielleicht nicht die Talentiertesten bei der Laborarbeit, aber wir halten es für durchaus möglich, dass selbst wir giftproduzierende Bakterien hätten herstellen können. Zeit und Geduld hat bislang jedes unserer Probleme so weit gelöst, wie wir es wollten, und alle nötigen Materialien und Methoden stehen uns zur Verfügung.

Wir haben es ganz bewusst und aus guten Gründen gar nicht erst probiert. Allein der Vorgang, ein Bakterium mit dem Rizin-Gen zu bestücken, oder selbst ein anderes, harmloseres Gen von einem anderen Organismus dort einzubauen, wäre in Deutschland außerhalb eines zugelassenen Sicherheitslabors bereits strafbar. Nicht nur deshalb versuchen wir es nicht. Wir haben auch keine Verwendung für ein Gift produzierendes Bakterium. Und es zu konstruieren, wäre auch unbesehen aller Gesetze in unserem improvisierten Labor unvernünftig und vielleicht sogar gefährlich.

Doch was ist mit Leuten, die kriminelle Energie mitbringen? Oder einem Studenten, der sich im Labor langweilt oder aus Frust auf dumme Gedanken kommt? Der Schritt vom Gen zum Gift ist zumindest in der Theorie gangbar.

Wäre die Welt nicht ein sichererer Ort, wenn man potenziell gefährliche Informationen unter Verschluss halten würde? Oder wäre damit die Freiheit der Forschung gefährdet? Tatsächlich sind im Netz reichlich Informationen zugänglich, die mit bösem Willen auch für Böses genutzt werden könnten, nicht nur über Bio-Gifte, sondern auch über Krankheitserreger. Und nicht nur wir drei geraten hier in hitzige Diskussionen, auch Wissenschaftler stehen immer dann vor der Frage „Veröffentlichen oder nicht?", wenn ihre Resultate nicht nur den Wissensstand der Menschheit erweitern, sondern auch einen zweiten, gefährlichen Nutzen haben können. Das Beispiel der niederländischen Forscher, die herausfinden wollten, was ein Virus lebensgefährlich macht, die dabei aber ein Rezept fanden, ein besonders gefährliches Virus tatsächlich herzustellen, haben wir ja bereits erwähnt (Kapitel 4).

Dass Leute, die DIY-Methoden anwenden, solche Informationen nutzen und erfolgreich gefährliche Viren produzieren, ist auf absehbare Zeit allerdings unwahrscheinlich. Wir selbst lassen natürlich die Finger von Krankheitserregern. Zudem stoßen wir in unserem Heimlabor ohnehin an Grenzen – und das, obwohl wir uns ziemlich intensiv informiert, 3500 Euro nur für Material ausgegeben, Wochen im Labor verbracht und jeweils sogar einen naturwissenschaftlichen Uni-Abschluss haben.

Für ein gefährliches Grippevirus bräuchten wir zusätzlich nicht nur eine Zucht geeigneter Säugetiere, Frettchen etwa, in denen der Erreger vermehrt werden könnte. Wir (oder hypothetische Do-It-Yourself-Bioterroristen auf unserem oder sogar deutlich höherem Niveau) haben auch ganz sicher nicht die technische Ausstattung eines Labors der Sicherheitsstufe 2. Doch die ist für die Arbeit mit Krankheitserregern nicht nur vorgeschrieben (worum sich Terroristen vielleicht eher nicht scheren würden), sondern für die, die mit den Keimen arbeiten, auch überlebensnotwendig. Nur ziemlich aufwändige Sicherheitsvorkehrungen und -technologien – wie Abzugshauben mit Steril-Filtern für die Luft, Unterdruck im hermetisch abgeriegelten Labor, Luftschleusen, Dekontaminationsvorrichtungen[50] – würden uns und die Menschen um uns herum ausreichend vor den Gefahren schützen, die wir heranzüchten könnten. Eine sterile Werkbank haben wir zwar in John Schloendorns Untergrundlabor im Silicon Valley gesehen. Er hat darin Zellkulturen angelegt, die er vor Keimen aus der Außenluft schützen musste. So wie die Filter dieser Anlagen nichts hineinlassen, so kann auch nichts entfleuchen. Eine solche Ausstattung ist die Minimalanforderung für das Arbeiten mit Krankheitserregern, und Johns Labor war (siehe Kapitel 2) eigentlich alles andere als eine DIY-Biobastelbude.

Spekulieren kann man viel, auch über Idioten, die – möglicherweise ohne sich selbst ausreichend zu schützen – mit gefährlichen Mikroben zu hantieren bereit sein könnten. Wir wollen aber lieber zunächst einmal bei den Dingen bleiben, über die wir einigermaßen informierte Aussagen treffen können. Dazu gehört, dass jene technischen Voraussetzungen für ein sicheres Arbeiten mit gefährlichen Erregern in einem Amateur-Setting gegenwärtig kaum realisierbar sind – im Gegensatz zu einem staatlich oder von anderen finanzkräftigen Organisationen geförderten Labor. Vielsagend ist hier das Beispiel der bislang ernsthaftesten Bioterroranschläge, bei denen in den USA 2001 mehrere Postangestellte an Infektionen mit Milzbrand-Erregern aus verseuchten Briefen starben. Laut FBI waren sie Resultat der Aktivitäten des Forschers Bruce Ivins aus den Hochsicherheitslabors von Fort Detrick im US-Bundesstaat Maryland.

Auch andere staatliche Programme zur Verteidigungsforschung bergen reale Gefahren. Mal besser, mal schlechter versteckt vor der Öffentlichkeit, testen Geheimdienste in Planspielen aus, was Bioterroristen anstellen könnten. Zu diesem Zwecke startete etwa das amerikanische Verteidigungsministerium zur Regierungszeit von Bill Clinton den Versuch, eine funktionierende Biowaffenfabrik in der Wüste von Nevada zu installieren. Angeblich ohne dass der Präsident davon wusste, zogen Agenten los und kauften alle notwendigen Teile auf dem freien Markt ein, setzten sie zusammen und nahmen die Anlage schließlich in den Testbetrieb. Sie wollten keine Biowaffen herstellen, sie wollten wissen, was möglich ist. Es war nichts anderes als ein Hack.

Es muss aber ja nicht gleich eine ganze Fabrik sein. Inzwischen wissen wir, wie einfach man jederzeit an gefährliche Gene oder Genfragmente herankommen kann. Und wir wissen, dass man in einem Heimlabor ohne Lebensgefahr zwar kein Killervirus, höchstwahrscheinlich aber zumindest Bakterien mit bedrohlichen Fähigkeiten züchten könnte.

Aber warum sollten Do-it-yourself-Biologen, die gerade aus Neugier ihre ersten Genkopien angefertigt haben, eine größere Gefahr darstellen als professionelle Biologen in hervorragend ausgestatteten Labors? In denen kann man noch ganz andere Dinge anstellen, zum Beispiel vollkommen neue Mikroorganismen erschaffen, wie

der Biotech-Pionier Craig Venter. Oder man kann, wie der deutschstämmige Virologe Eckard Wimmer, einen bekannten Killer nachbauen. In seinem Labor an der New York State University setzte er
das Genom des Poliovirus, das Kinderlähmung verursacht, aus kleinen genetischen Einzelteilen neu zusammen. Synthetische Biologen
wie Venter und Wimmer nutzten und nutzen allerdings Methoden,
die bislang in keinem der Labors, die wir besucht haben, auch nur im
Ansatz umgesetzt werden könnten. Doch das kann sich ändern. Wie
lange es bis dahin dauert, kann niemand vorhersehen. Unser Eindruck ist: noch ziemlich lange.

Bislang ist die Möglichkeit der gentechnischen Erschaffung gefährlicher Keime in erster Linie eine Frage von Ausrüstung, Ausbildung
und Motivation. Wenn die Gentechnologie aber immer einfacher
wird, wird es irgendwann vielleicht wirklich nur noch eine Frage der
Motivation sein. Trotzdem wäre es vollkommen unsinnig, deshalb
einen gentechnischen Teufel an die Wand zu malen, und das aus
gleich ein paar Gründen. Der wichtigste ist, dass man die hier notwendige Art von Motivation schlicht sehr selten antrifft. Das ist zumindest gegenwärtig so, sonst gäbe es längst ubiquitären Bioterror.
Denn tatsächlich ist dieser schon heute, und schon seit einiger Zeit,
ganz ohne Gentechnik mit Grundkenntnissen in der Kultivierung
von Bakterien ziemlich einfach machbar. „Solche Leute", sagt Wimmer, „können bereits existente Erreger nutzen, wie zum Beispiel das
Ehec-Bakterium, und über das Gemüse sprühen." Bioterrorismus
wäre also problemlos in die Tat umsetzbar, allgegenwärtig ist er
trotzdem nicht.

Mehr Zugang zu Technologie bedeutet zudem nicht unbedingt
mehr Missbrauch der Technologie. Computerbetriebssysteme mit
offenem Programmcode wie zum Beispiel Linux gelten als weitaus
sicherer als die kommerzielle Konkurrenz von Microsoft und Apple.
Wo viele Entwickler permanent an der Verbesserung der Software
arbeiten und sich gegenseitig kontrollieren, entsteht das sicherere
Programm. Mehr Zugang zu Technologien bedeutet im Allgemeinen
sogar weniger Gefahren durch diese. Auch hierfür ist das erfreuliche
Ungleichgewicht zwischen wohlmeinender und böswilliger Motivation einer der Gründe. Der andere ist, dass Zugang auch die Möglichkeit bedeutet, dass viele die Technologien verstehen lernen, und

damit auch ihre Risiken. Das wiederum ermöglicht nicht nur, dass viele versuchen können, Lösungen zur Minimierung der Risiken zu finden, sondern auch eine kompetente demokratische Kontrolle der Technologie-Nutzung. Denn eines zeigt ein Blick in die Vergangenheit ziemlich klar: Missbrauch von Technologie war bislang die Domäne schlecht oder gar nicht demokratisch kontrollierter herrschender Eliten. Kleine Ganoven haben hier jedenfalls kaum eine Rolle gespielt. All das heißt nicht, dass im Fortschritt der Biotechnologie keine Gefahren lauern. Und diese Gefahren könnten schlicht aufgrund ihrer biologischen, sich also potenziell selbst vervielfältigenden Natur auch eine andere Qualität bekommen als die, die andere Technologien mit sich bringen. Sie gehen aber heute und wahrscheinlich auch in der Zukunft eher nicht von einer Biohackerin in ihrer Küche oder einem DIY-Genforscher in seiner Garage aus.

So ungefährlich unser Experiment mit dem Rizin-Gen auch gewesen sein mag – in den USA hätte uns das bereits verdächtig machen und auf den Radar des FBI bringen können. Das jedenfalls werden uns Agenten eben dieser Behörde später selbst klipp und klar sagen. Der Künstler Steve Kurtz ist sogar aufgrund viel harmloserer Experimente festgenommen worden – wegen Verdachts auf Bioterrorismus.

Als wir im Sommer 2011 in die Straße zum Haus des Kunstprofessors der University at Buffalo einbiegen, müssen wir eine Menge Phantasie aufbringen, um uns vorzustellen, dass hier in dieser friedlichen und von herausgeputzten historischen Einfamilienhäusern geprägten Nachbarschaft im Mai 2004 tagelang Dutzende von Spezialfahrzeugen des FBI standen und Fernsehteams beobachteten, wie Beamte mit Gasmasken und in weißen Schutzanzügen das Haus von Steve Kurtz auf den Kopf stellten. Die Straße liegt menschenleer vor uns, es ist Mittag und so heiß, dass sich kaum jemand aus dem Wirkungsbereich seiner Klimaanlage wegbewegen mag. Auch Kurtz hat sich in den einzigen Raum seines Hauses mit gekühlter Luft zurückgezogen und hört unser Klopfen erst nach ein paar Minuten. Es öffnet ein großer, dunkelblonder Mann, dessen glatte Haare bis zur Schulter fallen. Der Gründer der Theater- und Installationskünstler-

Gruppe „Critical Art Ensemble" ist ein höflicher, freundlicher und oft lachender Gastgeber. Er erzählt uns von Kunst-Projekten des Ensembles wie „Molecular Invasion" gegen die gentechnisch veränderten Maispflanzen des Agrarkonzerns Monsanto, und auch von der „GenTerra"-Aktion, für die Kurtz und seine Frau Hope gentechnisch veränderte Bakterien verwendeten.

Dazu hatte sich das Künstlerpaar ein Heimlabor eingerichtet, in dem es mit Sicherheitsstämmen von Coli-Bakterien gentechnisch arbeitete. Das war sogar völlig legal, denn in den USA sind gentechnische Versuche nicht wie in Deutschland per Gesetz auf speziell eingerichtete Sicherheitslabors beschränkt. Kurtz führt uns über eine schmale Treppe in den ersten Stock, wo in einem kleinen Erker auf einem Campingtisch Laborutensilien vom Erlenmeyer-Glaskolben über Pipetten bis hin zu PCR-Maschine und Mikrowelle stehen. „Das hier ist es, was das FBI als mein Geheimlabor bezeichnet hat, direkt vor dem Panoramafenster."

Kurtz' Geschichte beginnt schon tragisch: „Meine Frau starb", sagt er, und als er die Erinnerung abruft, erlischt das Gastgeber-Lächeln. „Ich habe den Notarzt gerufen", doch der konnte nur noch den Tod von Hope Kurtz feststellen. „Und wenn jemand stirbt, der gerade mal 45 Jahre alt ist, dann ist das natürlich verdächtig", sagt Kurtz. Also verständigt der Arzt die Polizei. Kurtz wird befragt und sieht sich plötzlich als Gegenstand von Ermittlungen. Dann entdecken die Polizisten die Petrischalen und Bakterienkulturen, mit denen der Kunstprofessor gerade eine Ausstellung für das Massachusetts Institute of Contemporary Art vorbereitete. „Sie haben auf diesen ganzen Kram hier geguckt und dachten wohl, dass ich meine Frau vielleicht durch irgendein biochemisches Gift getötet hätte." Kurtz versucht den Beamten klarzumachen, dass das alles komplett harmlos sei, indem er einen Finger über eine Petrischale voller Bakterienkulturen zieht und sich in den Mund steckt. Aber als die Polizisten wieder gehen, meint einer: „Ich befürchte, das FBI wird mit Ihnen reden wollen."

Am nächsten Tag, als Kurtz sich zu Fuß auf den Weg macht, um die Beerdigung zu arrangieren, kommen tatsächlich zwei Autos voller FBI-Agenten angerast, schneiden ihm den Weg ab und nehmen Kurtz fest, unter Verdacht auf Bioterrorismus. Es folgt ein 22 Stunden langes Verhör. „Im Grunde entführten sie mich", sagt Kurtz, denn einen Haftbefehl oder eine Anklage gab es nicht. Das bei der Begrüßung offene Lachen im Gesicht des Professors ist jetzt endgültig abgelöst von einer in Falten gelegten Stirn und wiederholtem Kopfschütteln. Seine Stimme zittert.

Er hat die Geschichte schon oft erzählt, doch er durchleidet sie immer wieder neu. Während Kurtz verhört wird, durchwühlen Dutzende Beamte sein Hab und Gut – mit allem, was das FBI an Equipment für bioterroristische Verdachtsfälle aufzubieten hat. Es scheint, als habe man nur darauf gewartet, die Desinfektionsbäder, Schutzanzüge, Gasmasken und Dekontaminationskammern auszuprobieren. Mit denen hatten sich die FBI- und Heimatschutz-Behörden nach den Anschlägen des 11. September 2001 und den folgenden Anthrax-Attentaten im Zuge der staatlich verordneten Paranoia der Bush-Ära eingedeckt. „Hier sieht man, was vor dem Haus passierte", sagt Kurtz und zeigt auf ein Schwarz-Weiß-Bild in A3, das er aus einem der Aktenstapel in seinem Büro gezogen hat. Darauf sind FBI-Agenten in Schutzanzügen zu erkennen, von denen einer gerade in einem Desinfektionsbad steht, um seine Schuhe zu dekontaminieren. „Sie waren bewaffnet, hatten Zelte aufgestellt – und bestellten Pizza und Gatorade", erzählt Kurtz, der später die leeren Dosen und Pizzakartons im Garten fand.

Das Labor und der Computer werden konfisziert, Bücher, Manuskripte und halbfertige Kunstobjekte eingepackt und zur Untersuchung zum FBI verfrachtet. Sogar die Leiche von Hope Kurtz wird zur genaueren Inspektion vom lokalen Leichenbeschauer zum FBI überstellt. „Und sie fingen meine Katze ein, weil sie dachten, ich würde sie als Überträger verwenden, um die Nachbarn anzustecken."

Die allerdings demonstrieren für seine Freilassung, sammeln sogar Geld für Anwaltskosten. „Das ist hier eine enge Gemeinschaft, jeder kennt jeden", sagt Kurtz. Seine Nachbarn lassen sich weder von eventuellen Killerkeimen noch von der Angst der Offiziellen anstecken. Einer stellt ein Schild auf: „Er ist kein Terrorist, er ist mein Nachbar". Gut sichtbar für Polizei und Fernsehkameras.

Kurtz wird zwar nach dem Verhör freigelassen, er darf aber erst nach einer Woche nach Hause, wo er außer dem Imbissabfall im Garten eine Menge Unordnung und seine Katze auf dem Dachboden eingeschlossen findet.

Durchatmen kann er kaum. Nicht nur der Tod seiner Frau und die Erinnerungen daran, wie man mit ihm in dieser Phase umgegangen ist, machen ihm von nun an zu schaffen. Zwar ist nach der Obduktion schnell auch den Behörden klar, dass seine Frau nachweislich an Herzversagen gestorben war, auch die Bakterienkulturen wurden nun hochoffiziell als harmlos anerkannt. Doch er wird trotzdem angeklagt, nicht wegen Bioterrorismus, sondern wegen „Postbetrugs" (mail fraud). Er habe sich die Bakterien auf gesetzeswidrigem Wege per Post zuschicken lassen, das ist der einzige Vorwurf, den man ihm offiziell macht. Das kann ihn trotzdem bis zu 20 Jahre hinter Gitter bringen. Es folgt ein fünf Jahre langer Prozess gegen den eigenen Staat, der ihn Nerven und viel Geld für Anwälte kostet. Am Ende wird Kurtz freigesprochen.

Seine künstlerische Arbeit im Critical Art Ensemble hat sich inzwischen von Gen- und Biotechnik wegbewegt. Doch im August 2012 gerieten der Professor und die US-Behörden erneut aneinander. Seine Ausstellung „Beschlagnahmt" („Seized") wurde ... beschlagnahmt. Nach seiner Freilassung hatte Kurtz kurzerhand die Überreste seines damaligen Labors und all den Müll des FBI – vom Absperrband über Gasmasken-Filter bis hin zu den Pizzakartons – zu einer Wanderausstellung arrangiert, die seit Jahren durch die Welt reist. Doch auf dem Rückweg von einer Veranstaltung in Ljubljana, Slowenien, stoppte der US-Zoll den Weitertransport, erzählt Kurtz: „Als die Kisten in New York City ankamen, inspizierte der Zoll routinemäßig, fand die Überreste von Bakterien darin und informierte die USDA", die zuständige US-amerikanische Landwirtschaftsbehörde. Die Beamten fanden die Gasmaskenfilter und andere für sie dubiose Dinge und schalteten das FBI ein. „Sie durchwühlten alles, rissen die Kartons auf, untersuchten jedes Blatt Papier, die Bücher, alles", sagt Kurtz. „Alles war zerknautscht, auf manchen Sachen müssen sie herumgelaufen sein, wir fanden Fußspuren auf dem Absperrband." Aber offenbar fanden die Beamten nichts Illegales, stopften alles unsortiert in die Kartons zurück, klebten sie notdürftig zu und schickten sie weiter nach Buffalo. „Zum Glück war das meiste schon vorher Müll."

Die Geschichte des Steve Kurtz kennt jeder Biohacker in den USA. Sie hängt wie ein Damoklesschwert über der Bewegung. Auch wenn die Gesetze in den USA gentechnisches Arbeiten im Heimlabor nicht explizit verbieten, können sich die Hobbyforscher vor staatlichen Übergriffen nicht sicher wähnen. Deshalb haben sich viele Biohacker entschlossen, die Flucht nach vorne anzutreten. Sie arbeiten nun regelmäßig mit dem FBI zusammen. Angesichts der Rücksichts- und Respektlosigkeit, die Kurtz an sich und seinem Eigentum wiederholt erfahren hat, ist das auf den ersten Blick eine überraschende Strategie. Doch auch das FBI scheint inzwischen dazugelernt zu haben. Die Behörde betreibt nun – wohl auch um peinliche Ermittlungspleiten wie mit Kurtz künftig zu vermeiden – ein „Outreach"-Programm, mit dem sie den Kontakt zur Biohacker-Szene pflegt. Und im Juni 2012 laden die Beamten sogar Biohacker aus aller Welt zu einer Konferenz in Kalifornien ein. Flug, Hotel und Essen inklusive. Und ein paar Einladungen gehen auch nach Deutschland.

„Ein Schock" sei das Schreiben des FBI zunächst für ihn gewesen, sagt Rüdiger Trojok. Als es am 11. April 2012 nachts um 23:12 Uhr per E-Mail bei ihm eingeht, sitzt der 26-jährige Freiburger Bio-Student gerade in seiner Studentenbude im Dachgeschoss an seiner Diplomarbeit. Er ist einer der ersten Biohacker in Deutschland, hat ein paar Schritte von dem Schreibtisch, an dem er gerade sitzt, sein improvisiertes Labor stehen, und jetzt klopft sein Herz bis unter die Schädeldecke.

Der Inhalt der E-Mail liest sich eigentlich harmlos, denn das FBI lädt ihn lediglich zu einer Konferenz nach Kalifornien ein. Zu der sollen Biohacker aus aller Welt kommen. Die auch geheimdienstliche Aufgaben abdeckende US-Bundespolizei lockt damit, dass eine solche Konferenz eine gute Möglichkeit für Biohacker sei, sich untereinander auszutauschen (was diese dann auch tun, siehe Kapitel 9). Vor allem will das FBI sich aber natürlich einen Überblick über die Szene und die sie bestimmenden Akteure verschaffen. Und über Risiken und Sicherheit soll diskutiert werden. Flug, Hotel und Verpflegung zahlt der amerikanische Staat.

Drei Wochen lang trägt Trojok die Einladung mit sich herum.

„Es war mir irgendwie suspekt, dass die mich auf einer Liste haben."
Er tauscht sich mit anderen Biohackern in Europa aus. Manche,
die auch eine Einladung bekommen haben, haben da den Agenten
längst zugesagt. Cathal Garvey aus Dublin aber, einer der aktivsten
Biohacker Europas und für viele Gleichgesinnte ein Vorbild, lehnt
das Angebot ab. Er will schlicht nichts mit dem FBI zu tun haben, wie
er uns später noch selbst erklären wird.

„Im Grunde habe ich mich dann aus purer Neugier entschieden
zu fliegen", so Trojok. Dazu kam, dass er und die Berliner Biohackerin Lisa Thalheim sich bereits ausführlich mit dem Thema Sicherheit
beschäftigt und auf einer Hackerkonferenz sogar Vorschläge für
einen Katalog selbst auferlegter Verhaltensregeln für Biohacker gemacht hatten. Trojok nimmt die Bedenken der Öffentlichkeit besonders ernst – und irgendwie repräsentiert eine staatliche Behörde wie
das FBI ja auch die Interessen dieser Öffentlichkeit. Wir selber haben
übrigens keine Sekunde gezögert: Als wir über Trojok von der Konferenz in Kalifornien erfahren, melden wir uns prompt an. Flug und
Hotel lassen wir uns aber lieber nicht vom FBI bezahlen.

Mitte Juni 2012 sitzen wir mit Dutzenden Biohackern in einem fensterlosen Tagungsraum im Keller eines Hotels in Walnut Creek, acht
Stationen mit der Regionalbahn BART nordöstlich von San Francisco. Begrüßt von einer freundlichen blonden FBI-Agentin, versorgt
mit einem „FBI-Menü" vom Hotel und gegrüßt von einem FBI-Beamten auf dem Weg ins plüschige Hotelzimmer, lässt sich das Gefühl
nicht abschütteln, beobachtet zu werden. Dabei gibt sich Nathaniel Head, leitender Special Agent der „Biological Countermeasures
Unit" des FBI und promovierter Mikrobiologe, alle Mühe, sich als
Buddy der Biohacker darzustellen. Er ist der Kopf des „Outreach"-
Programms und sagt, er könne den Enthusiasmus der fortschritts-
affinen Biohacker gut nachempfinden. So klingt es tatsächlich zunächst nicht nach Spionage, wenn er erklärt, dass das Büro den
Workshop organisiert habe, um „mehr über Biohacking" zu lernen
und um „in der Lage zu sein, zwischen den ‚white and black hats' zu
unterscheiden".

Die Schwarzhüte sind im Hacker-Slang jene Gestalten, die ihr Wissen nutzen, um Schaden anzurichten. Die Weißkappen dagegen sind

die Guten in diesem Bild, jene, die Schwachstellen von Systemen offenlegen, ohne sie zu missbrauchen, und vielleicht sogar Systemverbesserungen vorschlagen. Auf DIY-Biologen übertragen bedeutet das: harmlose Bastler einerseits, bioterroristisch motivierte andererseits. Dass man als Behörde auf der Suche nach diesen Hutfarben erst einmal verstehen muss, was Biohacker überhaupt machen, ist nachvollziehbar. Bei Steve Kurtz jedenfalls fehlte dieses Wissen ganz offensichtlich.

Seit 2009 verfolgt das FBI die „Outreach"-Strategie – offenbar nicht ganz erfolglos. Beim jährlichen iGEM-Wettbewerb etwa, der immer wieder Biohacker hervorbringt (siehe Kapitel 3), veranstalten die Agenten Workshops zu Sicherheitsfragen. Und anstatt mit Schutzanzügen anzurücken und grundlos Leute zu verhaften, bieten die Beamten den Biohackern frühzeitig ihre Unterstützung beim sicheren Aufbau von Biohackerspaces an, kommen mit ihnen ins Gespräch und erklären dann ihre Sicherheitsanliegen. In die Gründung des New Yorker „Genspace" waren die Beamten früh involviert, stellten Kontakte zum Chef der New Yorker Feuerwehr und den Gesundheitsbehörden her – und feierten dann sogar auf der Eröffnungsparty mit. Die Gründer von Biocurious in Sunnyvale haben die Handynummern des in der Bay-Area zuständigen FBI-Beamten Sean Donahue in ihren eigenen Telefonen gespeichert.

Und auch sonst ist es für viele US-Biohacker offenbar inzwischen eine Selbstverständlichkeit, mit dem FBI zusammenzuarbeiten. Die erste gemeinsame Konferenz mit der amerikanischen Szene fand 2009 in San Francisco statt. Für Walnut Creek 2012 gingen zum ersten Mal auch Einladungen nach Europa und Asien.

Gut drei Dutzend Biohacker sind der Einladung gefolgt, überwiegend junge Leute in den Zwanzigern oder Dreißigern. Darunter Biologen, aber auch Programmierer, Elektrotechniker und Künstler. Es ist ein bunter Haufen, den das Desinteresse an modischer Kleidung und die Lust am Forschen und Tüfteln vereinen. Jeans und T-Shirts mit Uni-Emblem herrschen vor. Im Gegenzug zur Übernahme der Spesen für Hotel- und Flugkosten bittet das FBI die Hacker um einen kurzen Vortrag über die derzeitigen Aktivitäten.

Zwei Tage lang hören wir von der Arbeit der Kollegen und der rasanten Entwicklung der Bewegung, aber auch von den Problemen mit sensationslüsternen Medien und misstrauischen Behörden. Die Sicherheit der eigenen Unternehmungen ist in vielen Vorträgen ein wesentliches Thema. Und es wird deutlich, dass man noch ganz unterschiedlich damit umgeht. Während Biohacker im New Yorker „Genspace" ihre Experiment-Ideen zunächst skizzieren und im Zweifelsfall von einem wissenschaftlichen Beirat absegnen lassen müssen, verzichtet man im Biohackerspace Biocurious in Sunnyvale, Kalifornien, auf solche Regularien. „Wir haben keine Kontrollinstanz für Experimente", berichtet Kristina Hathaway, eine der Biocurious-Gründerinnen, in ihrem Vortrag. Wer zu Biocurious komme, werde lediglich gebeten, das Experiment sicher und legal durchzuführen. Man setze vielmehr auf Transparenz: „Wenn man ins Labor kommt, kann man das andere Ende des Raums sehen", sagt Hathaway. So bleibe sichtbar, was jeder tue. „Und wir achten darauf, dass die Leute wissen, was sie tun."

Dann übernimmt das FBI wieder das Podium, in Gestalt von Heads blonder, freundlich lächelnder Kollegin. Kate Carley nimmt das Mikrofon in die Hand, um die versammelten Biohacker mit Worst-Case-Szenarien zu konfrontieren. Da ist zum Beispiel die fiktive Biohackerin „Debbie", die mit gefährlichen Bakterien arbeiten will, die Bedenken anderer Biohacker in den Wind schlägt und – besonders verdächtig – extreme politische Reden schwingt. Dann wird sie dabei entdeckt, wie sie noch spätnachts alleine im Gemeinschaftslabor experimentiert. „Was würdet ihr tun, würdet ihr den Vorfall melden?", liest die Agentin die vorformulierten Fragen vor, mit denen sich die Biohacker jetzt beschäftigen sollen.

Das FBI verfolgt beim „Biohacker-Problem" dieselbe Strategie, die New York zur Vorbeugung von Anschlägen in der U-Bahn anwendet: „If you see something, say something" – wer etwas sieht, soll es melden. Konkret hieße das dann, dass die Hobby-Gentechniker den freundlichen FBI-Kontaktmann schon dann anrufen „dürfen", so Carley, wenn Debbie nur durch radikale Ansichten auffällt.

Die europäischen Biohacker werfen sich irritierte Blicke zu und beginnen die Köpfe zusammenzustecken. Die Stimmung, eben in den Gesprächen untereinander noch vom Enthusiasmus einer Graswurzel-Bewegung getragen, kippt. Bürger als Informanten? Das seien

Stasi-Methoden, zischelt es zwischen den deutschen Biohackern hin und her.

Rüdiger Trojok entschließt sich, seinem rein fachlichen Vortrag eine kurze Bemerkung voranzustellen. Er erzählt von seinem Großvater, der in der DDR nur wegen ein paar offener Worte so sehr drangsaliert und sogar mit Gefängnis bedroht worden war, dass er schließlich kurz vor dem Mauerbau mitsamt Familie in den Westen ging. „Ich will keine neue Diskussion anfangen", sagt er, angesichts des bislang Erörterten „Ihnen aber doch etwas zum Nachdenken mitgeben".

Ob denn schon einmal ein „Black Hat" entdeckt oder wenigstens ein verdächtiger DIY-ler gemeldet worden sei, wird Nathaniel Head in der anschließenden Diskussion gefragt. „Nein", räumt der FBI-Mann ein, bislang nicht. Aber sollte irgendwann jemand mit einem Krankheitserreger wie Anthrax, Ebola oder Tularämie arbeiten wollen, sei „der Punkt erreicht, an dem man uns anrufen sollte", erklärt Heads Kollege Sean Donahue den versammelten Biohackern noch einmal eindringlich. Donahue ist der in San Francisco für „Massenvernichtungswaffen" zuständige FBI-Mitarbeiter. Und im Grunde bedeuten seine Worte nichts anderes, als dass er unter den hier freundlich „all inclusive" Eingeladenen und ihren Mitstreitern die Wegbereiter des Bioterrorismus der Zukunft vermutet, auch wenn ihm offensichtlich bislang jegliche Indizien dafür fehlen.

Im Anschluss verteilen die Beamten auch gleich noch ein paar Info-Kärtchen. Aufgemacht wie ein Quartett-Spiel zeigen sie Bilder und Informationen zu Anthrax- und Pest-Bakterien sowie Pocken- und Ebola-Viren. Um dem Nerd-Nachwuchs gerecht zu werden, hat das FBI die Info-Kärtchen sogar in einer „App" für Smartphones abrufbar gemacht. Einige Biohacker sind belustigt ob dieses unbeholfenen digital-analogen „Outreach"-Versuchs, andere eher verwirrt. Sie glauben nicht, dass jemand so naiv sein könnte, ohne entsprechende Schutzausrüstung mit solchen Erregern zu arbeiten. Und sie sind irritiert, dass die Bundespolizei der Vereinigten Staaten offenbar in solchen Szenarien denkt.

Wir sind während der Diskussion um die hypothetische „Debbie" ziemlich still gewesen. Denn sie hat in dem Planspiel mit Rizin-Genen herumgespielt. Wir selbst hatten ja zumindest ansatzweise in unserem Labor genau das getan, um herauszufinden, ob unsere technischen und handwerklichen Möglichkeiten vielleicht ausreichen würden, einen Terrorkeim zu basteln. Allein das, hören wir nun, wäre Grund genug gewesen, uns zu melden (das Verb „denunzieren" fällt uns dazu unwillkürlich ein), und wir hätten damit in den USA schon auf der schwarzen Liste des FBI landen können.

Vielleicht werden wir ja sogar längst als „Black Hats" geführt, obwohl wir nichts Gefährliches oder Illegales getan haben? Vielleicht werden wir bei der nächsten Einreise in die USA besonders gründlich gefilzt, weil wir auf irgendeine Liste geraten sind? Zwar wissen wir nichts davon, schließlich ist das, was Geheimdienste tun und in ihren Dateien verwalten, bei aller hier plakativ zelebrierten Offenheit natürlich geheim. Aber allein die Möglichkeit, dass wir, oder jemand anderes, der es nicht verdient hat, längst zu den Bösen oder zumindest zu den Verdächtigen gezählt werden, löst beklemmende Gefühle aus.

Doch sind die Wachsamkeit und die Bemühungen des FBI nicht auch gerechtfertigt? Nehmen wir die Perspektive des Biohackers ein, müssen wir das Outreach-Programm des FBI als überzogene, auch ungeschickte, Einmischung, als Überwachung harmloser Bürger, als staatlichen Übergriff empfinden. Doch wir haben durch unsere eigene experimentelle Recherche selbst ja auch erfahren, dass mit der entsprechenden Dummheit oder kriminellen Energie sicher auch Gefahrenpotenzial besteht. Bleibt einem Staat, dem am Wohl seiner Bürger liegt, überhaupt noch eine andere Option, als proaktiv Informationen zu sammeln?

Am Abend nach der Tagung ziehen sich die europäischen Biohacker zurück in eine der Bars in Walnut Creek und sind sich bei Bier und kalifornischem Wein schnell einig: Das Modell des FBI ist falsch, und nach Europa passt es schon gar nicht. Es gebe keinen Grund, mit Interpol, BND oder Polizeibehörden zusammenzuarbeiten, sagt Rüdiger Trojok: „Biohacking ist eine zivile Angelegenheit und keine Sache für Geheimdienste." Solange Biohacker die Sicherheitsregeln einhalten, müsse das Forschen ohne vorauseilende Einmischung der Staatsgewalt möglich sein.

Dass der − natürlich nicht anwesende − Steve Kurtz nichts vom „Outreach"-Programm des FBI hält, ist vor dem Hintergrund seiner

Erfahrungen sicher nicht verwunderlich: „Niemand sollte jemals mit dem FBI kooperieren," sagt er. Zwar sei die Wahrscheinlichkeit falscher Anschuldigungen unter Präsident Obama inzwischen geringer. Das FBI stehe nun zumindest nicht mehr wie zu Bushs Zeiten unter Druck, „Heimwerker-Terroristen" zu finden. Doch das könne sich „über Nacht ändern, wenn die Konservativen an die Macht kommen".

Manche Biohacker schreckt das FBI mit seiner Einmischung bereits so sehr ab, dass sie Konsequenzen ziehen. Sie brechen ihre Zelte in den mit der Bundespolizei kooperierenden Hackerspaces ab und arbeiten entweder in ihrer Garage oder gründen ein eigenes Gemeinschaftslabor. Dass ein solches lange FBI-frei bleibt, ist aber natürlich auch nicht garantiert, denn irgendwo Spitzel einzuschleusen gehört zu den Kernkompetenzen von Behörden mit Geheimdienstaufgaben.

Noch bevor irgendein Biohacker jemals etwas angestellt hat, könnte also die Zusammenarbeit mit den Behörden unbeabsichtigte Konsequenzen haben. Denn wenn sich Biohacker in Gemeinschaftslabors nicht sicher vor Überwachung fühlen können, werden viele von ihnen eben jenen offiziellen, sinnvollen, die Sicherheit fördernden Initiativen den Rücken zukehren. Das wäre für alle Beteiligten ein schlechtes Outreach-Outcome.

Nathaniel Head wird nicht müde zu beteuern, dass es ihm nicht um Überwachung gehe. Sinn des Programms sei es vielmehr, eine Art Schnittstelle zwischen Biohackern und Öffentlichkeit zu schaffen. Aber seit wann sind die Geheimdienstabteilungen des FBI Öffentlichkeit? Donahue versucht zu erklären: Wenn Politiker aus dem Kongress oder Bürger von den Medien aufgeschreckt würden über „unregulierte Amateurbiologen", dann könne das FBI nun sagen, „dass wir mit der Amateurgemeinde kommunizieren und dass sie keine Gefahr darstellt".

Und man kann fast den Eindruck bekommen, dass das Modell des engen Kontakts zu den Biohackern, auf das er und Head sichtlich stolz sind, zumindest teilweise funktioniert, zumindest was den Kenntnisstand der Agenten anbetrifft. Denn inzwischen, nach rund drei Jahren „Outreach", haben sie, wie es scheint, tatsächlich gelernt, was es ist, das Biohacker tun, und dass sie es normalerweise mit Vorsicht tun. „Unsere Erfahrungen mit der DIY-Bio-Bewegung sind bisher überwältigend positiv gewesen", lautet die offizielle Position des FBI. DIY-Biologen hätten nicht das Know-how und die Technologie, um Gesellschaft und Umwelt zu gefährden. „Das FBI stuft die Biohacker-Community nicht als Gefahr für die Öffentlichkeit ein", so die Sprecherin der Behörde, Betsy Glick.

Wenn es diese „Community" offiziell „als Gefahr für die Öffentlichkeit" einstufen würde, kämen sicher auch nicht mehr allzu viele Mitglieder dieser Community zu „Outreach"-Konferenzen. Und natürlich ist es nicht die Aufgabe einer Behörde, die auch geheimdienstlich arbeitet, Hobbybiologen ein Eiapopeia zu singen. Der „Outreach" ist Mittel zum Zweck. Es geht vor allem darum, sich Informationswege zu eröffnen. Mit den Biohackern vernetzt zu sein bedeutet für die FBI-Agenten, deren Aktivitäten und Pläne verfolgen zu können. Und die Bundespolizei will auch darüber informiert sein, ob und wie Amateurlabore vielleicht von Kriminellen, die deren Infrastruktur, Hilfsbereitschaft und Wissen für gefährliche Zwecke zu missbrauchen suchen, unterwandert werden könnten. Da die Biohacker-Bewegung von Anfang an international agiert, hofft Ermittler Head, dass sein Konzept einer Kooperation von Behörden und Biohackern nun auch international Schule macht: Denn jetzt sei die „Gelegenheit da, diese Gruppen für Sicherheitsfragen zu sensibilisieren".

Insgesamt ist die Zusammenarbeit von Biohackern und FBI eine Mischung aus Schattenboxen, Pokerspiel und Pragmatismus. Die Agenten müssen nett zu den Hackern sein, sonst ist es schnell vorbei mit dem Outreach. Die Hacker gehen diese Art Pakt mit dem Teufel ein, weil sie vielleicht selbst Gefahrenpotenzial und keine andere Möglichkeit sehen, mit diesem Gefahrenpotenzial umzugehen, vielleicht aber auch, weil ab und an ein bezahlter Flug nach Kalifornien inklusive Meeting mit Gleichgesinnten auch nicht zu verachten ist.

Doch der Ansatz der amerikanischen Behörden, den mittlerweile neben dem FBI auch der Auslandsgeheimdienst CIA verfolgt, schafft möglicherweise mehr Gefahren, als er bannt. Er hat das Potenzial, die Biohacker-Bewegung in einen opportunistischen und einen jegliche vorauseilende Überwachung ablehnenden Flügel zu spalten. Er könnte die bisherige positive Tendenz der Biohacker, virtuell, in klei-

nen Gruppen und in Hackerspaces gemeinsam und offen zusammenzuarbeiten, untergraben und Misstrauen säen, womit er genau
das Gegenteil von dem erreichen würde, was ursprünglich beabsich-
tigt war.

Die Skepsis wächst. Wir wissen von europäischen Biohackern,
die einer Einladung der CIA bewusst nicht mehr folgen. Wir wissen,
dass die Diskussionen auf DIYbio.org inzwischen zum Teil weniger
sorglos und offen als früher geführt werden, weil sich alle sicher
sind, dass FBI und Co. mitlesen. Es kursieren dort zu der Zeit,
als dieses Buch entsteht, bereits Entwürfe für ein sehr behörden-
kritisches Manifest. Kein freier, freiheitsliebender, unbescholtener
Mensch lässt sich gerne von der Polizei oder einem Geheimdienst
beobachten oder als Informant (oder besser: Spitzel) vor den Karren
spannen. Und wer üble Absichten hat, wird diese ziemlich sicher
nicht im FBI-gesponserten Hackerspace lautstark kundtun. Debbie
gibt es nicht.

Zurück in Deutschland fragen wir beim Bundeskriminalamt vergeblich nach Ansprechpartnern zum Thema Biohacking. Ein vergleichbares Programm, wie es das FBI unterhält, gebe es nicht, so eine
Sprecherin. Und dass der Bundesnachrichtendienst eine offizielle
„Outreach"-Kampagne startet, ist auch eher unwahrscheinlich.

Am Berliner Robert Koch Institut, Sitz des Zentrums für Biologische Sicherheit (ZBS), ist dessen Vorsitzendem Lars Schaade die
Biohacker-Bewegung immerhin ein Begriff. Als er das erste Mal davon hörte, stand zunächst die „Sorge um die Sicherheit" an erster
Stelle, erzählt der Wissenschaftler, dann „die Frage nach der wissenschaftlichen Qualität", aber auch das „Staunen, was in Garagen
alles möglich ist". Generell sei der Versuch zu begrüßen, Berührungs-
punkte und Verständnis dafür zu schaffen, was in der DIY-Bewegung
geschieht und was sie bewegt. Er hält es für sinnvoll, dass Aufsichts-
behörden mit Biohackern kommunizieren, um ein Bewusstsein für
mögliche Risiken zu schaffen. Die Entwicklung einer vertrauens-
vollen Arbeitsebene, die DIY-Biologen den Zugang zu Informationen
und Know-how ermögliche, bedürfe einer offenen Kommunikation.
Hierzu müssten die passenden Medien gefunden werden etwa in
Blogs, Twitter, Facebook anstelle von wissenschaftlichen Facharti-

keln, Gesetzen oder Verwaltungsvorschriften. Auch Veranstaltungen wie „Tage der offenen Tür" in Forschungseinrichtungen könnten seiner Meinung nach genutzt werden, um Verbindungen herzustellen und DIY-Biologen zu einem Dialog einzuladen. „Aus der DIY-Biologie-Bewegung – sofern sie nicht illegale Arbeiten durchführt – können Vorteile für den Einzelnen entstehen", meint Schaade. Und wenn es nur dem eigenen Wissenszuwachs diene.

Doch wenn es um gentechnische Veränderungen von Bakterien oder anderen Organismen in Deutschland geht, wie sie Biohacker in den USA legal auch in ihrem Heimlabor durchführen dürfen, wird Schaade sehr deutlich: „Wer in Deutschland privat Gentechnik ohne Genehmigung betreibt, verstößt gegen Gentechnikgesetz und Gentechnische Sicherheitsverordnung. Selbst bei Versuchen, die keine gentechnischen Manipulationen beinhalten, können andere Gesetze und Vorschriften relevant sein, wie zum Beispiel das Chemikaliengesetz, das Tierschutzgesetz, das Infektionsschutzgesetz oder die Biostoffverordnung. Viele denkbare Versuche sind daher ohnehin im privaten Raum verboten."

Solche Worte müssen jeden Biohacker, der ein bisschen mehr versuchen will, als nur ab und zu ein Sushi- oder Muskel-Gen anzuschauen, einschüchtern. Auch wir haben an manchen eigentlich für Laborarbeit gedachten Tagen mehr Zeit mit dem Lesen von Gesetzestexten als mit dem Lesen im Erbgut verbracht. Solche Texte können sowohl an ihren deutlichen als auch an ihren unverständlichen Stellen einschüchternd sein. Meistens sind sie aber letztendlich doch ziemlich eindeutig.

So ist etwa durch das Gentechnikgesetz durchaus nicht jegliches „Privat-Gentechnik-Betreiben", wie Schaade es nennt, verboten. Zweifelsfrei auch außerhalb von Sicherheitslabors erlaubt sind gentechnische Laborarbeiten in Deutschland etwa so lange, wie das Erbgutmaterial (selbst wenn es gentechnisch manipuliert sein sollte) nicht in einen Organismus eingesetzt wird. „Die Isolierung von DNA stellt noch keine erlaubnis- beziehungsweise genehmigungspflichtige Tätigkeit im Sinne des Gentechnikgesetzes dar", bestätigt uns etwa der Rechtsanwalt Jürgen Robienski. Er forscht an der Medizinischen Hochschule Hannover im „Engineering Life"-Projekt, einer universitätsübergreifenden, interdisziplinären Untersuchung zu den ethischen Implikationen der Synthetischen Biologie, zu deren juristischen Aspekten.

Im Übrigen wird bei diesen Experimenten fast nur mit Wasser hantiert, in dem DNA und Enzyme gelöst sind, was im Chemikaliengesetz oder der Biostoffverordnung nicht als gefährlich eingestuft wird – jedenfalls nicht in den verwendeten Mengen. Damit sind all solche Experimente erlaubt, die sich allein auf der Ebene der DNA abspielen – wie die von uns durchgeführten diagnostischen Gentests an der eigenen DNA, Barcoding des Sushi-Imbisses oder auch das Isolieren des Rizin-Gens aus einem Blatt des Wunderbaums.

Und wie sieht es mit unserer Spionage im Hundehaufen aus? „Der genetische Fingerabruck bei Hunden ist nicht verboten", sagt uns Robienski. Nicht einmal das informationelle Selbstbestimmungsrecht des Hundehalters hält er für betroffen. Und das Gendiagnostik-Gesetz „findet keine Anwendung, da der Zweck Ihres genetischen Fingerabdrucks nicht einer der im Gesetz genannten Zwecke wie medizinische oder Abstammungsanalyse ist und damit schon der Anwendungsbereich des Gesetzes gar nicht eröffnet wird."

Tatsächlich erlauben die deutschen Gesetze sogar bestimmte gentechnische Veränderungen von Lebewesen, solange diese Veränderungen nur mit Genmaterial aus derselben Art vorgenommen werden. Solche heißen dann „cisgene" Veränderungen. Während in der klassischen, „transgenen" Gentechnik ganze Gene oder andere DNA-Sequenzen einer Art in das Erbgut einer anderen verfrachtet werden, ist ein cisgener Gentransfer beispielsweise schon das klassische Kreuzen einer faden, hochgezüchteten Erdbeerart mit einer Wildvariante, die zwar kleine, aber dafür schmackhafte Früchte produzieren kann. Bei einem klassisch züchterischen Kreuzungsvorgang werden Tausende von Genvarianten durchmischt, was bei der Erdbeere normalerweise dazu führt, dass sich alle Merkmale mischen, also im Idealfall etwas schmackhaftere, aber auch nicht so ertragreiche Früchte dabei herauskommen. Ein Transfer einzelner Gene von der kleinen, leckeren Wildvariante auf die Zucht-Erdbeere könnte dagegen zu besser schmeckenden, großen Früchten führen.

Der Fachbegriff für solchen arteigenen Gentransfer heißt Selbstklonierung. Sie ist auch mit Bakterienerbgut im Heimlabor nach

Gesetzeslage durchaus erlaubt – wenn also etwa Gene eines un-gefährlichen Coli-Bakterienstamms in einen anderen solchen Coli-Stamm verfrachtet werden. Denn laut Gentechnikgesetz gilt Selbst-klonierung eben *nicht* als „Verfahren der Veränderung genetischen Materials" und muss folglich auch nicht in einem Sicherheitslabor stattfinden.[51]

Im Gentechnikgesetz heißt es in einer heiteren Mischung aus Juristen- und Biologen-Slang: „Zur Selbstklonierung kann auch die Anwendung von rekombinanten Vektoren zählen, wenn sie über lange Zeit sicher in diesem Organismus angewandt wurden". Für die praktische Arbeit eines Biohackers bedeutet das: Wer etwa das Darmbakterium *Escherichia coli* mit ein paar Genen aus einem an-deren Coli-Stamm verändern will, darf dafür sogar Genfähren (Vek-toren, also kleine DNA-Ringe oder Viren) verwenden, die auch Erb-gutstücke aus anderen Arten als *E. coli* enthalten. Voraussetzung ist nur, dass diese Genfähren schon „lange Zeit sicher" eingesetzt worden sind. Was „lange Zeit" bedeutet, ist allerdings im Gesetz nicht klar formuliert.

Dass solche „Selbstklonierungsexperimente" rechtens sind, hat die Zentrale Kommission für Biologische Sicherheit (ZKBS) beim Bundesamt für Verbraucherschutz und Lebensmittelsicherheit be-reits 2001 festgestellt, anlässlich der Bewertung des „Blue Genes"-Experimentierkastens, der von der Pharmafirma Roche in Deutsch-land für den Schulunterricht vertrieben wird.[52] Er enthält die Zutaten für ein Experiment, in dem Coli-Darmbakterien des Sicherheits-stamms K12, bei denen ein Gen namens lacz nicht funktioniert, eine intakte Version eben dieses Gens eingebaut wird. Das geschieht auch tatsächlich mit einer gentechnisch veränderten Genfähre. Nach dieser durchaus gentechnischen Manipulation können die Bakterien dann wieder ein Enzym namens Beta-Galaktosidase herstellen und sind in der Lage, einen chemischen Stoff namens „XGal" in einen blauen Farbstoff umzuwandeln. Wenn die Bakterienkolonien also letztlich blau werden, ist das das Zeichen, dass der gentechnische Versuch funktioniert hat.

„Die Experimente mit dem Blue-Genes-Experimentierkasten be-dingen kein gentechnikspezifisches Gefährdungspotenzial", stellt die ZKBS fest. „Das Vektor-Empfänger-System erfüllt die Anforderungen einer biologischen Sicherheitsmaßnahme. Die mit dem Experimentierkasten durchführbaren Experimente führen nicht zu gentechnisch veränderten Organismen (GVO) im Sinne des Gentechnikgesetzes, weil es sich bei diesen Versuchen um eine Selbstklonierung handelt, die nicht als Verfahren der Veränderung genetischen Materials gilt. Voraussetzung ist, dass die Versuche in einem geschlossenen System (z. B. geeigneter Experimentierraum) durchgeführt werden und die Freisetzung oder das Inverkehrbringen der erzeugten Organismen nicht vorgesehen sind."[53]

In einer Stellungnahme speziell zur Cisgenese stellt die ZKBS im Juni 2012 fest, dass „Cisgenese der Selbstklonierung gleicht, denn der resultierende Organismus weist keine fremden Nukleinsäuren mehr auf." Es handelt sich demnach bei dem entstehenden Organismus um keinen gentechnisch veränderten Organismus (GVO) im juristischen Sinne, „solange er ausschließlich im geschlossenen System verwendet wird". Erst „wenn er für Freisetzungen und/oder Inverkehrbringen genutzt wird", gilt dies dann als gentechnische Veränderung, und das Gentechnikgesetz greift wieder.[54]

Wir haben uns schon lange abgewöhnt, die zugrunde liegende Logik von jedem von Juristen verfassten Stück Papier völlig durchdringen zu wollen. Und warum etwas, ohne dass die Technik selber sich im Geringsten ändert, im Labor keine Gentechnik ist, im Freien aber schon, darauf gibt es nur eine Antwort: Es ist pragmatisch-juristische Auslegungssache.

Unabhängig davon, welche Experimente Biohacker in Deutschland durchführen dürfen und welche nicht – eine bioterroristische Gefahr sieht der ZBS-Vorsitzende Lars Schaade von den Heimwerker-Biologen nicht ausgehen: Zwar sei, „wenn gentechnisch veränderte Organismen unter Bedingungen hergestellt werden, die nicht den Sicherheitsanforderungen entsprechen, eine akzidentelle Freisetzung nicht gänzlich auszuschließen". Doch die „Herstellung oder Veränderung vermehrungsfähiger Organismen oder die Expression funktioneller Proteine" seien bis auf weiteres „noch ein komplexer Vorgang, der nicht ohne weiteres in einer Garage vorgenommen werden kann". Doch genauso wie FBI-Agent Head will auch Schaade es „nicht völlig ausschließen, dass Missbrauchspotential entstehen könnte – durch DIY-Biologen selbst, aber möglicherweise auch durch andere Personen, die sich die Ergebnisse der DIY-Biologen aneignen".

Auch die deutsche Politik ist inzwischen auf die Do-It-Yourself-Biologie aufmerksam geworden. So beschäftigt sich das Büro für Technikfolgen-Abschätzung des Deutschen Bundestages (TAB) seit Ende 2011 mit der Synthetischen Biologie, der damit einhergehenden Vereinfachung gentechnischer Methoden und den gesellschaftlichen Folgen einer solche Techniken aufgreifenden DIY-Biologie. Zu einem Seminar dort wurde im Herbst 2012 auch der deutsche Biohacker Rüdiger Trojok eingeladen und um Stellungnahme gebeten. Ein Bericht soll im Frühjahr 2013 erscheinen und den Politikern gegebenenfalls eine Grundlage für neue Gesetze und Regularien sein.[55]

Dem Bundestagsabgeordneten der Linken Jan van Aken, der lange Jahre für die inzwischen nicht mehr existierende Organisation Sunshine Project gegen die Verbreitung und Erforschung von Biowaffen aktiv war, ist unwohl beim Gedanken an Scharen von Heimwerker-Gentechnikern: „Die Gefahr, dass man im Labor etwas zusammenschustert, von dem man nicht weiß, was es ist, ist sehr groß", meint van Aken, ein ausgebildeter Biologe. Zwar hat er keine Angst vor Bioterror-Küchen in Garagen, denn „dafür ist das noch immer zu schwierig". Aber wenn Amateure gentechnisch arbeiten und die Organismen dann im Abfluss landen, wäre das eine ständige Freisetzung von genetischem Material. „Das macht in 99,9 Prozent der Fälle sicher kein Problem, aber wir wissen nicht, was mit den 0,1 Prozent passiert." Jedem Biostudenten im zweiten Semester zuzutrauen, auch Biowaffen konstruieren zu können, sei jedoch Unsinn: „Man kann noch so gute Rezepte haben, man braucht die Leute, die das schon mal gemacht haben, um zu lernen, wie man es wirklich machen muss", so van Aken. Nur weil etwas im Internet stehe, „heißt das nicht, dass man es auch reproduzieren kann".

Auch Piers Millet von der Genfer Implementation Support Unit der Biowaffenkonvention (Biological and Toxin Weapons Convention BTWC[56]) der Vereinten Nationen ist derzeit „nicht besonders beunruhigt, dass die DIY-Bio- oder Citizen-Science-Bewegung Biowaffen konstruieren könnte". Vielleicht werde das in der Zukunft ein

Thema, falls sich die bisherige Entwicklung hin zu billigeren Materialien und einfacheren Methoden fortsetzt. Millet hofft für diesen Fall, „dass die DIY-Bio-Bewegung dann helfen kann sicherzustellen, dass ihre Ressourcen nicht missbraucht werden von Leuten mit bösartigen Absichten".

Offiziell haben die Mitgliedsstaaten der BTWC noch keine abschließende Haltung zur Citizen Science, so Millet. Doch immerhin ist das Interregional Crime and Justice Research Institute der Vereinten Nationen im Rahmen einer Sicherheitseinschätzung von Synthetischer Biologie und Nanotechnologie zu dem Schluss gekommen, dass Sorgen um versehentliche oder absichtliche Freisetzungen von gentechnisch veränderten Organismen aus Garagen-Labors derzeit nicht angemessen sind: „Angesichts des gegenwärtigen Entwicklungsstands und der Möglichkeiten der Amateur-Gemeinde erscheinen beide Szenarien übertrieben und das Gefahrenpotential eher gering", heißt es im Report.[57] Da das Phänomen DIY-Bio jedoch real und nicht aufzuhalten sei, so die an dem Bericht beteiligten internationalen Experten, sei es besser, „die Entwicklung der Bewegung zu formen und Kommunikationskanäle aufzubauen, als sie gegen sich aufzubringen und in den Untergrund zu drängen".

Sogar das Outreach-Programm des FBI schätzt Millet in diesem Zusammenhang grundsätzlich positiv ein. Die Gesellschaft habe zwei Möglichkeiten, mit der Entwicklung umzugehen. Man könne „sich entweder auf sie einlassen, Kommunikationskanäle aufbauen und gemeinsame Interessen und Vorgaben entwickeln, oder sie als eine Gefahr für die Sicherheit behandeln, unabhängig davon, ob sie es jetzt ist oder in der Zukunft sein wird". Auch Millet sieht die Gefahr, dass strenge Kontrolle samt geheimdienstlicher Infiltrierung wahrscheinlich viele Biohacker in den Untergrund treiben würde, was letztlich eine noch weniger sichere Situation schaffen würde. Er setzt auf die Eigeninitiative der Akteure, in ihrem eigenen Interesse angemessen auf Sicherheitsfragen zu reagieren. „Ich weiß von Fällen, wo neue Mitglieder Arbeiten mit Krankheitserregern erwogen haben, und sie wurden von anderen Mitgliedern der Bewegung von diesem Vorhaben abgebracht, ohne dass externe Kräfte involviert werden mussten", so Millet. Regierungen könnten diese Selbstregulierungskräfte stärken, indem sie Biohackerspaces unterstützen, reibungslosen Austausch mit den staatlichen Aufsichtsstrukturen sicherstellen und die regulatorischen Behörden auf die nicht-traditionellen Strukturen von Citizen Scientists vorbereiten.

Wie gut Biohacker daran tun, sich über Biosicherheits-Standards Gedanken zu machen, betont der Bericht ebenfalls: „Ein einziger Fall, sei es unabsichtlich oder ein unverantwortlicher Akt selbst ohne Gefährdungspotenzial, könnte einen öffentlichen Aufschrei auslösen und die Politik zum Handeln zwingen." Das könnte zu Verboten führen und die Entwicklung der Bewegung hemmen. Eine gemeinsame Plattform für Austausch, Transparenz, ein gemeinschaftlicher Code of Conduct und einfach zu befolgende Biosicherheitsregeln schlägt der UN-Bericht vor – Dinge, die deutsche Biohacker schon erwogen, bevor sie sich überhaupt an ihre ersten Experimente gewagt haben.

Wir selber haben uns nach unseren zwei Jahren zwar oft stümperhaften, aber freien Biohackings, nach unzähligen Gesprächen und mit anderen Biohackern ausgetauschten E-Mails und nach sehr viel Nachdenken unsere eigene Meinung gebildet: Ja, es ist richtig und wichtig, Biohackern eine Hand entgegenzustrecken. Outreach-Arbeit von Polizei und Geheimdiensten mit der unverhohlenen Aufforderung, schon bei Verdacht den Hacker an der Laborbank nebenan oder aus dem Hackerforum zu denunzieren, ist aber sicher der falsche Weg.

Es muss auch anders gehen. Warum nicht ein „Outreach" durch jene, die sowohl die größte Kompetenz auf dem Gebiet haben als auch letztlich verantwortlich dafür sind, dass es DIY-Biologie und Biohacking und die dafür nötigen Techniken heute überhaupt geben kann – die professionellen Wissenschaftler? Wenn schon staatliche Mittel investiert werden sollen, um eine sichere, für die Gesellschaft und die beteiligten Einzelpersonen positive Entwicklung zu ermöglichen und zu fördern, warum nicht durch freiwillige, aber attraktive Mentoring-Programme von Universitäten, Fraunhofer-, Leibniz-, Helmholtz- und Max-Planck-Instituten? Profi-Wissenschaftler könnten am ehesten beurteilen, was in Amateurlabors möglich ist und vielleicht bald möglich sein wird, wenn sie selber Kontakt zu Amateuren hätten. Sie könnten es am besten, wenn dieser Kontakt vertrauens- und respektvoll wäre, vielleicht auch durch eine Art Schweigepflicht gedeckt. Sie könnten sogar profitieren, indem sie echte Talente finden und für die Arbeit im eigenen Uni-Labor gewinnen.

Appelle an das Verantwortungsbewusstsein der Biohacker sind gut, richtig, wichtig. Aber Verantwortung müssen auch andere übernehmen – Staat, Behörden, Wissenschaftler. Sie müssen freie Bürger unterstützen, die nichts anderes tun, als sich etwas anzueignen, was ihnen ohnehin gehört: eine Technologie, deren Entwicklung sie als Steuerzahler weitgehend mitfinanziert haben.

Solche Bürger, die sich solche Freiheit nehmen, gibt es immer mehr, und auch immer mehr von ihnen in Europa. Ein paar davon begegnen wir im nächsten Kapitel.

Kapitel 9 …

… in dem ein Klo zum Labor, unser Auto zum Wertguttransport und eine Freiburger Dachwohnung zum historischen Ort wird, in dem eine Manga-DIY-Biologin umfällt und der Schauplatz eines Rembrandt-Bildes zum Schauplatz von Biohacking wird, in dem wir nach ein paar Bieren beginnen zu phantasieren, um schließlich unser Labor in ein paar Pappkartons zu verstauen …

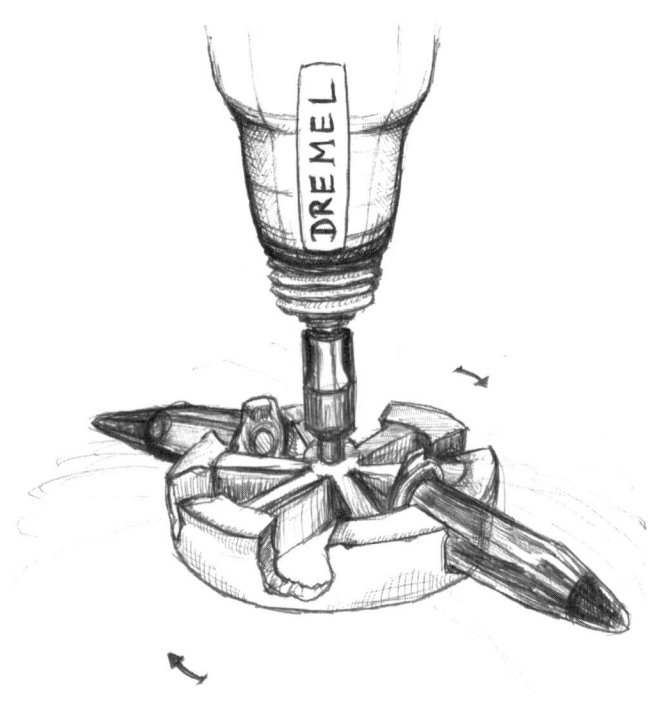

EURO-HACKER UND GERMAN VORSICHT

In wie vielen Dachkammern, Kellern oder Garagen in Deutschland sieht es wohl schon so ähnlich aus wie hier? In einer kaum fünf Quadratmeter großen Kammer seiner Freiburger Studentenbude hat der angehende Diplom-Biologe Rüdiger Trojok sein privates Genlabor aufgebaut. Ein Ikea-Regal an der Wand beherbergt seine Chemikaliensammlung. Der Gerätepark samt Photometer zum Messen von DNA-Konzentrationen – ein exquisites Werkzeug, das selten zu finden ist in Amateurlaboren – lagert auf zwei Tischen, halb unter die Dachschräge des winzigen Labors gequetscht. Es ist so ziemlich alles da, was zum Biohacken nötig ist. Und was noch fehlt, haben wir aus Berlin mitgebracht zum – wie wir unser im Wortsinne experimentelles Treffen spaßhaft nennen – „ersten deutschen Biohack".

Dass es außer uns wohl noch andere Biohacker in Deutschland geben würde, davon waren wir ausgegangen. Hin und wieder tauchten auch deutsch klingende Namen auf der DIYbio.org-Mailingliste auf, über die sich Biohacker weltweit austauschen. Doch zum ersten Kontakt zu einem anderen deutschen Biohacker verhilft uns der DIYbio.org-Gründer Mac Cowell. Er macht Sascha per E-Mail mit „Rudiger" aus Freiburg bekannt. Dieser Rüdiger ist erst einmal wenig begeistert, dass Sascha Journalist ist: „Ich hatte mit meinen Experimenten noch nicht einmal richtig angefangen, da ist schon die Presse da", erinnert er sich später. Doch man kommt per Skype-Chat ins Gespräch, tastet sich ab. Sascha erzählt Trojok von unseren eigenen Experimenten. Er findet unseren Ansatz dann bald doch ganz interessant. Und wir vereinbaren für Ostern 2011 ein Treffen in Freiburg – zum gemeinsamen Experimentieren.

Berlin–Freiburg. Neun Stunden lang im Auto, vollgeladen mit zwei Kisten Laborzeug. Empfangen werden wir von einem jungen Mann mit langen, zum Pferdeschwanz zusammengebundenen Haaren, Stoppelbart und Brille. Die gängigen Klischees über Biologen erfüllt Rüdiger Trojok auf den ersten Blick zu praktisch 100 Prozent. Er erzählt später auch von seinem Faible für Fantasy, Science Fiction und Rollenspielgruppen sowie Reisen in entlegene, toilettenpapierfreie und mückenverseuchte Regionen des Amazonasgebietes. Doch anders als viele seiner Studienkollegen ist Trojok ein unruhiger Selbermacher, der sich nicht damit begnügt nur nachzukauen, was ihm Professoren an der Uni erzählen. Er hat das theoretische Studium satt, will selbst ausprobieren, was er kann, denn schließlich will er irgendwann einmal eine Firma gründen, selbstständig sein.

Auf die Idee zum Biohacking kommt Trojok, wie schon andere vor ihm, über den internationalen iGEM-Wettbewerb. 2009 ist er im Team der Freiburger Universität mit dabei. „Das war total cool", gerät er ins Schwärmen. „Zum ersten Mal konnte man als Student eigenständig arbeiten." Beim Finale am MIT in Boston trifft der Nachwuchsforscher Hunderte von Studenten mit dem gleichen Enthusiasmus für gentechnisches Tüfteln.

„Schon bevor ich mit dem Studium angefangen habe, wusste ich, dass ich mich irgendwann mal selbstständig machen wollte, und habe schon im ersten Semester Laborgeräte auf Ebay gekauft", erklärt Trojok. Seine Erfahrungen mit dem iGEM-Wettbewerb hätten ihm Mut gemacht, endlich richtig loszulegen und selbst auszuprobieren, wie nützlich sein theoretisches Wissen tatsächlich ist. „Im Internet habe ich die Website DIYbio.org gefunden und gesehen, dass es schon auf der ganzen Welt Do-It-Yourself-Biologen gibt." Und wenn die das können, kann ich das auch, denkt sich Trojok und sucht sich ein Labor zusammen. „Zum Teil habe ich mir die Geräte auf Ebay ersteigert, zum Teil abgestaubt, was die Uni wegwerfen wollte." Ein paar Monate später und 1500 Euro ärmer legt er im Frühjahr 2011 mit den ersten Experimenten los. Keine gentechnischen Veränderungen von Bakterien oder anderen lebenden Organismen allerdings. Auch Trojok weiß, dass das, anders als in den USA, in Deutschland außerhalb von Sicherheitslabors verboten ist. Aber erlaubt ist zum Beispiel, aus dem eigenen Speichel ein wenig der eigenen DNA herauszuholen und seinen eigenen genetischen Fingerabdruck im Heimlabor zu nehmen. Und das wollen wir jetzt gemeinsam in seiner Dachkammer versuchen.

Ein paar Stunden nach uns, es ist schon nach Mittag, trudelt Lisa Thalheim in Trojoks Dachwohnung ein. Die brünette Berliner Biohackerin hat das Flugzeug nach Basel und dann die Bahn gen Freiburg genommen. Doch getroffen hatten wir sie schon ein paar Tage vorher in Berlin Prenzlauer Berg, als wir ihre kleine, handliche PCR-Maschine in unser Auto geladen haben. Lisa hat schlicht keine Lust, bei der Gepäckkontrolle am Flughafen angesichts einer etwaigen Frage, was das denn für eine Maschine sei, in Erklärungsnöte zu geraten.

Lisa Thalheim ist Informatik-Studentin, macht ihr Diplom im Fachbereich Bioinformatik an der Berliner Humboldt-Universität. Man kann sie getrost als Computerhackerin bezeichnen, denn sie verdient ihren Lebensunterhalt damit, die Computersysteme von Firmen auf ihre Sicherheit gegenüber Hackerangriffen zu testen. Damit verkörpert sie die Verbindung zwischen den Kulturen der Computer- und Biohacker.

Wer Gelegenheit bekommt, mit der eher stillen Studentin zu reden, weiß schnell, dass er es mit einer hochintelligenten, selbstsicheren, aber alles andere als arroganten Tüftlerin zu tun hat, die gern ihrer eigenen Wege geht. Zwar sprüht sie nach außen hin nicht wie andere Biohacker vor Enthusiasmus. Sie versucht auch nicht, andere von ihrer Idee des „Biotinkering", wie sie ihre Art des Biohacking lieber nennt und damit eher den Bastel-, Frickel- und Improvisieraspekt betont, zu überzeugen.

Doch sie arbeitet beständig daran, die Bedingungen für das „Bio-Basteln" zu verbessern. Um uns vor unserer Autobahnfahrt nach Freiburg ihre PCR-Maschine zu übergeben, führt uns Thalheim in die alten Räume der Berliner „Raumfahrtagentur". Es ist ein Hackerspace, der bis unter die Decke vollgestopft ist mit für uns undefinierbarem Elektrokram und halbfertigen oder ausgeschlachteten Computern. In einem kleinen Kabuff hat Thalheim ihr molekularbiologisches Equipment abgestellt. Fürs Biohacken selbst ist auf den zwei, vielleicht drei Quadratmetern kaum Platz. „Wir ziehen bald um", sagt Thalheim. „In ein ehemaliges Schwimmbad im Wedding, da baue ich mir gerade ein ehemaliges Klo in ein Labor um." Ein paar Monate später wird sich dort die erste Berliner Biohacker-Gruppe um Lisa Thalheim formieren.

Doch daran ist jetzt noch nicht zu denken. Sie drückt uns ihre PCR-Maschine und noch ein paar andere Kleinigkeiten in die Hand, die wir für die in Freiburg geplanten Experimente brauchen. Wir sind von der handlichen und offensichtlich neuen Maschine beeindruckt. Unser eigenes PCR-Monstrum ist jedenfalls wahrscheinlich plus-minus fünfzehn Jahre alt, doppelt so groß wie eine Mikrowelle und allein kaum zu heben. „Ja, das kleine Ding hat mich fast 4000 Euro gekostet", sagt Thalheim. Sie ist dabei, wie immer, gelassen und ruhig, fast bedächtig. Bevor sie zu schnell etwas sagt, denkt sie lieber erst ein wenig nach, lässt mitunter eine Pause entstehen, die anderen schon fast peinlich lange wäre, um dann aber ebenso gelassen weiterzureden. „Ich wollte einfach sichergehen und zumindest diese Fehlerquelle ausschließen." Wir pfeifen durch die Zähne, verstauen das Gerät wie ein rohes Ei im Auto, fragen uns, ob es auch Heckscheibenschilder mit dem Spruch „PCR an Bord" gibt, und verabschieden uns fürs Erste.

Als Lisa dann ein paar Tage später in Rüdigers Bude in Freiburg zu uns stößt, erkundigt sie sich erst einmal freundlich, wie die Fahrt war. Wir hätten Verständnis, wenn sie mehr daran interessiert wäre, dass ihr teures Stück Ausrüstung eine gute Reise hatte, als wir. Nach einem improvisierten spätnachmittäglichen Frühstück in Trojoks kleiner Küche machen wir uns ans Experiment: Zunächst einmal extrahieren wir wieder Erbgut aus unseren Mundschleimhautzellen. Wir wollen unseren eigenen genetischen Fingerabdruck erstellen. Unter viel Gekicher schaben wir uns Zellen aus den Wangen. Dann folgen wir dem Versuchsprotokoll eines DNA-Extraktionskits, das wir uns von einer kleinen, deutschen Firma haben schicken lassen und in dem alle nötigen Reagenzien enthalten sind. Die Atmosphäre ist locker, wir machen Fotos, erzählen einander alles Mögliche zum Thema, fühlen uns ein wenig wie Pioniere. Wir trennen die DNA von den Zell- und Speichelresten, pipettieren Dutzende Male wässrige

Lösungen von einem „Eppi" ins nächste, wir zentrifugieren und waschen und zentrifugieren erneut. Schließlich trocknen wir einen Hauch weißlichen Schattens am Boden jener Minigefäße, von dem wir hoffen, dass es die DNA ist. Um das zu kontrollieren, lösen wir jene weißliche Spur in ein paar Mikrolitern destilliertem Wasser auf und geben etwa die Hälfte davon auf ein vorbereitetes Gel. Auch wenn die DNA-Moleküle zu groß sein dürften, um bei der Gel-Elektrophorese vom elektrischen Feld weit in das Gel hineingezogen zu werden, sollten wir erkennen können, ob wir genug DNA extrahiert haben oder nicht.

Wir könnten für den Check auf Erbmaterial auch Rüdigers Photometer benutzen, doch noch haben wir das Gerät nicht in Gang bekommen. Während die Gel-Elektrophorese läuft, haben wir etwa zwei Stunden Zeit, um etwas zu Abend essen zu gehen, in einem der von Freiburger Studenten frequentierten günstigen Restaurants. Tatsächlich müssen auch wir, je länger unsere Biohacker-Karriere dauert, immer mehr aufs Geld achten.

Als wir zurück in Rüdigers Dachkammer kommen, ist es schon dunkel und Zeit für die Auswertung unseres ersten Arbeitstages. Das Ergebnis ist nur zur Hälfte erfreulich: Zwei der vier DNA-Extraktionen scheinen funktioniert zu haben, dort hängt ein deutlich erkennbarer schmieriger Strich im Gel. In den anderen beiden Bahnen ist kaum etwas zu erkennen. Wir beschließen, dennoch mit allen vier DNA-Proben eine PCR-Reaktion durchzuführen – aber erst morgen. Schlafsäcke und Isomatten werden hervorgekramt, und bald herrscht Ruhe.

Der nächste Tag beginnt mit einem sich etwas länger hinziehenden Frühstück, an dessen Ende uns klar wird, dass wir schon wieder viel geredet, aber nichts getan haben. Wir setzen daraufhin zügig die Reaktion an, deren Ziel es ist, unser eigenes Genprofil, einen genetischen Fingerabdruck, zu erstellen. Dazu haben Thalheim und Trojok wieder spezielle kurze DNA-Stücke bestellt. Diese „Primer" kommen zusammen mit unseren DNA-Proben in das teure PCR-Gerät; mit ihnen lassen sich die für jeden Menschen charakteristischen Erbgutregionen, die wir analysieren wollen, vervielfältigen.

Doch die PCR-Reaktion braucht ihre Zeit. Sie braucht länger, als wir dachten. Und wir müssen uns dummerweise bald auf den neunstündigen Weg zurück nach Berlin machen. Wir warten ungeduldig, bis die PCR-Maschine mit schrillem Piepsen verkündet, dass sie mit dem Vermehren der DNA fertig ist. Dann packen wir das gute Stück wieder vorsichtig ins Auto und müssen uns ohne Ergebnis verabschieden. Denn eine weitere Stunde können wir nicht warten. Die wäre mindestens nötig, um eine Gel-Elektrophorese laufen zu lassen und im Gel dann das Genprofil sehen zu können. Rüdiger und Lisa müssen das nun allein durchziehen.

Irgendwann auf der Rückfahrt, zwischen Heilbronn und Nürnberg, erfahren wir per SMS, dass die Reaktion nicht funktioniert hat. Wir sind inzwischen abgebrüht genug, um den Misserfolg mit einem Schulterzucken wegzustecken. Dass alles gleich funktioniert, haben wir ohnehin noch nie erlebt. Das Ergebnis – oder das Fehlen eines solchen – ist also eher Standard. Wir sind sogar ziemlich zufrieden mit unserem ersten deutschen Biohacker-Treffen. Es hat Spaß gemacht, wir haben ein bisschen experimentiert und viel geredet – über Chancen und Risiken des Biohacking und der Biohacker-Bewegung. Nehmen wir die Biohacker-Perspektive ein, dann ist es schön zu wissen, dass man nicht das einzige Minigrüppchen beginnender Biohacker in Deutschland ist, dass es noch andere gibt und dass diese auch nicht virtuoser und erfolgreicher im Labor hantieren als man selbst. Und nehmen wir die Bürger- oder Journalisten-Perspektive ein, dann können wir notieren, dass diese anderen – zumindest die, die wir jetzt ein wenig besser kennen – sehr genau wissen, was sie tun, und alles andere als auf Gesetzesbrüche oder Biohazard-Nervenkitzel aus sind.

Als wir uns verabschiedet hatten, hatte uns Rüdiger Trojok gebeten, dass wir die bei ihm gemachten Fotos vorerst nicht veröffentlichen. Er wollte nicht, dass bekannt wird, dass er hier ein Genlabor in der Wohnung hat. Wir versicherten ihm, dass wir über unseren „ersten deutschen Biohack", bei dem dummerweise aber fast schon erwartungsgemäß nichts erfolgreich „gehackt" worden war, nur mit seiner Zustimmung berichten werden.

Trojoks Vorsicht kommt nicht von ungefähr, denn in Freiburg, so erzählt er uns, würden militante Gentechnik-Gegner auch schon mal Scheiben einschmeißen. In der gentechnikskeptischen deutschen Gesellschaft, glaubt Trojok, wird kein offenes Biohacking möglich sein, ohne der Öffentlichkeit plausibel machen zu können, dass man sich über die Sicherheit ausgiebig Gedanken gemacht hat. Er beschließt deshalb, zunächst einen „Code of Conduct" zu entwerfen, also eine Art Katalog selbstauferlegter praktischer und ethischer Regeln für ein sicheres und verantwortungsbewusstes Biohacking, bevor er weiter experimentiert. Andere in der internationalen Biohacker-Szene denken ähnlich, allen voran Jason Bobe, Gründer der DIYbio.org-Website und mit Mackenzie Cowell Biohacker der ersten Stunde. Er lädt Trojok, Thalheim und andere europäische Biohacker ein paar Monate nach unserem gemeinsamen Hack in Freiburg – im Sommer 2011 – zu einer Konferenz nach London ein, um dort über einen gemeinsamen Code of Conduct zu diskutieren.

Bobe hat mit dem Genomforscher George Church das Personal Genome Project an der Harvard University aufgebaut. Er ist mittlerweile geschäftsführender Direktor einer Non-Profit-Organisation gleichen Namens (www.personalgenomes.org), die die Erforschung der Genome von Einzelpersonen in deren und im Interesse der Gesellschaft fördern will. Für DIYbio.org engagiert er sich nur in seiner Freizeit – aber durchaus nicht nur als Websites-Initiator, sondern auch als aktiver Biohacker, zum Beispiel im „BioWeatherMap"-Projekt. Dieses hat zum Ziel, die Vielfalt von Bakterien an gewöhnlichen Orten abzubilden. Mithilfe von DNA-Barcoding, jener Methode, mit der man auch Sushi-Fische bis auf Artniveau bestimmen kann, sucht er derzeit nach den Bakterienspezies, die sich in etwa 300 exemplarischen US-Haushalten finden lassen. „Und in einem anderen Projekt charakterisiere ich die Mikroben an fünf Stellen des Körpers von 200 Menschen." Die Ergebnisse für seine Versuche, welche Bakterien sich auf Geldstücken finden lassen, sind bereits veröffentlicht. Es ist eine der ersten ernsthaften von Biohackern initiierten wissenschaftlichen Studien überhaupt.[58]

Doch neben dem konkreten Biohacken versucht Bobe auch, die Entwicklung der gesamten Szene zu unterstützen. Zum einen hat er, zusammen mit Todd Kuiken vom Woodrow Wilson Center in Washington, eine „Ask-A-Biosafety-Expert"-Initiative[59] ins Leben gerufen, die Biohackern ermöglicht, über die DIYbio-Website anonym die Laborsicherheit betreffende Fragen an Experten zu stellen. Zum anderen hat er, ebenfalls in Kooperation mit dem Woodrow Wilson Center, den Workshop zum Code of Conduct an der London School of Economics and Political Science organisiert, zu dem auch Thalheim und Trojok eingeladen sind. Auf eigene Kosten fliegen die beiden deutschen Biohacker im Sommer 2011 in die Hauptstadt des Vereinigten Königreichs. Im Gepäck haben sie bereits konkrete Vorschläge zur Selbstbeschränkung, zu einem Meldesystem für verdächtige Aktivitäten und gar einem „Schwur", den jeder Biohacker ablegen soll.[60] Schließlich hätten die Sicherheits- und Hygieneregeln für professionelle Labors ja durchaus ihren Sinn. Auf DIY-Niveau angepasst, könnten sie auch Amateuren, die die entsprechenden Routinen nie in der Uni gelernt haben, manche Unsicherheit nehmen und beim sicheren und erfolgversprechenden Arbeiten helfen. Manche Anfänger kämen zum Beispiel auf die Idee, Coli-Bakterien aus dem eigenen Darm zu verwenden, anstatt der Laborstämme, die sie bei Spezialfirmen bestellen und bezahlen müssten, erzählt Thalheim. Doch nur die Laborstämme seien so verändert, dass man sicher mit ihnen arbeiten könne, und Thalheim sagt genau das jedem neuen Amateurbiologen, wenn das Thema zur Sprache kommt. Aber es wäre noch viel besser, wenn derlei Tipps und Regeln in einem Code zusammengefasst und Biohacker-Neulingen routinemäßig nahegebracht würden, sagt Trojok: „Als Student wird man allmählich in die Sicherheitsbestimmungen für Labors eingeführt und macht das dann irgendwann automatisch, aber es ist ganz etwas anderes, wenn man zu Hause plötzlich selbst durchdenken muss, ob dies oder das sicher ist oder ob diese oder jene Chemikalie in den Hausmüll darf oder speziell entsorgt werden muss."

Lisa und Rüdiger stellen in London ihre Ideen vor, doch die Gedanken der beiden Deutschen gehen den übrigen Biohackern viel zu weit. Auch Bobe wundert sich über den Regulier-Eifer: „Die deutschen Biohacker scheinen sehr vorsichtig zu sein und Angst vor der Reaktion der Öffentlichkeit zu haben." Trojok habe zum Beispiel ein Bild seines Dachkammer-Labors gezeigt, aber sofort darum gebeten, es nicht zu veröffentlichen. Die Deutschen schlugen in London sogar regelmäßige gegenseitige Inspektionen vor, verpflichtende Sicherheitsstandards, „alles Mögliche", sagt Bobe. Ein eher liberales Regelwerk, das auf Standards weitgehend verzichtet und lediglich ein allgemeines Ziel wie „Keinen Schaden anrichten" ausruft, sei für die Deutschen und auch die meisten anderen europäischen Biohacker völlig inakzeptabel gewesen, weil sie glaubten, dies einer Gentechnik-kritischen Öffentlichkeit nicht vermitteln zu können. Trojok selbst sagt, die Öffentlichkeit hätte in seinen Überlegungen zwar durchaus eine Rolle gespielt. Letztendlich entscheidend sei aber, dass gewisse Regeln aus seiner und Thalheims Sicht objektiv sinnvoll seien und auch als Identifikationsmerkmal verantwortungsbewusster Biohacker dienen könnten. Auf die Formulierung eines gemeinsamen Codes kann man sich in London jedenfalls nicht einigen. Zum Zeitpunkt, da dieses Buch in den Druck geht, wird das Thema nach wie vor diskutiert, bisher ohne dass eine gemeinsame Linie gefunden wurde.

Der Trip nach London wird nicht die letzte offizielle Reise der deutschen Biohacker in Sachen Biohacking-Sicherheit sein. Ein knappes Jahr später fliegen Rüdiger, Lisa und auch wir nach Kalifornien, um dort an dem bereits erwähnten FBI-Workshop teilzunehmen.

In Kapitel 8 haben wir schon beschrieben, was dort dann offiziell und auch weniger offiziell diskutiert wird. Die Konferenz ist aber auch eine Art Klassentreffen der Biohacker, mit freundlicher Unterstützung des amerikanischen Steuerzahlers. Uns laufen jede Menge alte Bekannte über den Weg. Tom Burkett etwa ist da, der Professor am Community College in Baltimore, den wir 2010 besucht hatten (siehe Kapitel 3) und der derzeit den Biohackerspace BUGSS aufbaut. Wir treffen auch Ellen Jorgensen von Genspace in New York und Kristina Hathaway von Biocurious in Sunnyvale wieder.

Zur Absurdität der Situation gehört aber auch, dass uns dort, elf Flugstunden von Deutschland entfernt, etwas gelingt, was wir bislang kaum geschafft haben: einige der anderen europäischen Biohacker endlich persönlich zu treffen. Darunter sind auch ein paar neue, junge Gesichter der ständig wachsenden und sich verändernden DIY-Bio-Bewegung.

Zum Beispiel Radka Hanečková. Die 25 Jahre alte Grafikerin aus Österreich zog 2009 nach Prag, begann sich nebenbei für Physik und Entwicklungsbiologie zu interessieren, hörte öffentliche Vorlesungen an der Uni und gründete schließlich 2010 mit Freunden den Hackerspace „brmlab".[61] „Ich wusste von Anfang an, dass ich mein Interesse an Molekularbiologie irgendwie einbringen wollte, und als wir dann im Herbst 2010 einen geeigneten Raum gefunden hatten, wurde ein kleiner Teil davon mein Biolabor", erzählt Hanečková. Im slowakischen Bratislava geboren, kam sie erst mit elf Jahren nach Österreich und studierte später in Wien Grafik. Inzwischen hat sie jedoch ihren Grafikerjob an den Nagel gehängt und ein Biologie-Studium an der Prager Karls-Universität begonnen. Das lässt ihr nebenher noch genügend Zeit für eigene Experimente im Privatlabor: „Wir haben ein Laser-Mikroskop gebastelt, indem wir einen Laser-Pointer durch einen Wassertropfen projizieren, wir haben natürlich DNA isoliert aus Erdbeeren, irgendwelchen anderen Früchten, Tulpen, und als ich flüssigen Stickstoff in die Hände bekam, isolierten wir Chlorophyll aus Blättern und beobachteten es unter UV-Licht."

Während Hanečková sich vor allem für Biologie interessiert, sind die meisten anderen brmlab-Gründer eher Computer- und Softwarefreaks. Die lassen sich jedoch offenbar gern auch auf Bioprojekte ein. Solch interdisziplinäre DIY-Zusammenarbeit macht zum Beispiel Hacks möglich, bei denen aus dem Laufwerk einer Festplatte die Steuereinheit einer Zentrifuge entsteht. „Momentan arbeiten wir am Umbau eines Autokühlschranks in einen Brutschrank", erzählt uns Radka weiter. Das brmlab ist auch ein gutes Beispiel dafür, dass sich die Zusammenarbeit mit Biohackern für Profi-Forscher lohnen kann. Die Neurobiologin Tereza Nekovarova vom Institut für Physiologie der Universität Prag bat das brmlab, eine Variation der „Skinner Box" zu bauen, einem Kasten, in dem das Lernverhalten von Ratten getestet werden kann.[62] „Mittlerweile ist sie fertig, und es laufen zwei Experimente damit", sagt Hanečková stolz. Ihr Steckenpferd sei aber Bioelektrizität und die Wahrnehmung von elektromagnetischen Feldern. „Fische können das", betont Hanečková, „und ich bin auf verschiedene DIY-Projekte von Leuten gestoßen, die versuchen, sich selbst Extrasinne dazu zu bauen." Eine der einfachsten Modifikationen sei es, sich kleine starke Magnete mit hautfreundlichem Superkleber an die Fingerspitzen zu kleben. „Ich hatte mir so einen Magneten für zehn Tage angeklebt, und Mikrowellen spürt man dann so fast auf einen halben Meter Entfernung", erklärt Hanečková. „Der Magnet reagiert auf das Feld mit Vibration, die man dann mit den empfindlichen Fingerspitzen spürt." Mit ein wenig Übung könne man sogar Frequenzen unterscheiden. „Man spürt beschleunigende Straßenbahnen, Neonröhren, Ladegeräte und sogar Kabel wie zum Beispiel das zum eingeschalteten Wasserkocher." Manche Leute gehen noch einen Schritt weiter und lassen sich in einem Bodymod-Studio den Magneten unter die Haut einpflanzen, so Hanečková. „Da hätte ich allerdings Gesundheitsbedenken."

Ohnedies ist die Studentin nicht naiv, was Risiken des Biohackens betrifft. Selbst in ihrem Manga-Style-Comic-Blog lässt Hanečková eine Figur, ihr Alter Ego „Chidori", Bakterien mit Bananengeschmack züchten und kosten – worauf die Figur prompt umfällt.[63] „Wenn man mit Mikroorganismen arbeitet, dann besteht immer eine gewisse Gefahr, es müssen gar nicht gentechnisch veränderte Mikroorganismen sein", sagt Hanečková. „Es liegt an jedem Einzelnen von uns, sich der Verantwortung bewusst zu sein, aber ich sehe da eigentlich keinen so großen Unterschied zu anderen Berufen, wo man Verantwortung für Menschenleben trägt." Die Software- und Hardware-Hacker, die im brmlab in der Mehrheit sind, hätten am Anfang viele Fragen hinsichtlich Sicherheit gehabt. „Ich habe als Reaktion darauf viele Sicherheitsmaßnahmen eingeführt, zum Beispiel einen verschließbaren Schrank für Chemikalien, Ess- und Trinkverbot im Labor, Verbot von unbeschrifteten Gefäßen im Laborbereich, so in der Art", erzählt Hanečková.

Aus Österreich kommt auch einer der derzeit jüngsten Biohacker. Andreas Stürmer, 21 Jahre alt und erst seit zwei Jahren Biotechnik-Student im österreichischen Wels, ist in Walnut Creek nicht persönlich dabei, aber den Anwesenden DIY-Biologen durchaus sehr präsent. Denn er ist einer von denen, die auf DIYbio.org derzeit am aktivsten diskutieren. Sein erstes Experiment war die genetische Veränderung von Bakterien, denen er das Leuchten im Dunkeln beibrachte. Derzeit versucht er, Pflanzen zum Leuchten zu bringen. „Aus ästhetischen Gründen", wie er sagt. Allerdings ist das kein triviales Unterfangen. Den Bauplan für ein künstliches Gen, das die Fähigkeit zu leuchten von Bakterien auf Pflanzen übertragen soll, hat er bereits entworfen. Aber da jede Organismenart den universellen

genetischen Code ein wenig anders, gewissermaßen mit unterschiedlichem genetischen Dialekt, verwendet, muss Stürmer von Bakterien-
in Pflanzen-Dialekt übersetzen. Das künstliche Gen könnte er mit
viel Aufwand selbst aus Genschnipseln zusammensetzen oder es bei
einem Unternehmen ordern, das Kunstgene auf Bestellung produziert.

„Entweder man hat einen Riesenaufwand oder man bezahlt einen
Haufen Geld", sagt der Nachwuchs-Erfinder, der auf Spendengelder
für sein Vorhaben hofft. Über das Internetforum wurde ihm bereits
Unterstützung zugesichert. Dort hat er auch die entscheidenden
Hinweise für seine Konstruktionsarbeiten bekommen. Mithilfe von
im Internet frei zugänglicher Fachliteratur und dem, was er in der
Bibliothek seiner Universität findet, plant er sein Experiment minu-
tiös. Bislang arbeitet Stürmer noch in einem Hochschullabor, in dem
ihn einer seiner Lehrer experimentieren lässt. In fünf Jahren hätte
Stürmer aber gern ein eigenes Labor, eines der niedrigsten biologischen Sicherheitsstufe, in dem man mit gentechnisch veränderten
Organismen arbeiten darf, „mehr will ich gar nicht, ich will ja nicht
mit gefährlichen Keimen arbeiten", sagt er. Er würde seine medizinische Hobby-Forschung gerne als Nebenbeschäftigung betreiben und
möglichst über „ein gutes Projekt, das Geld abwirft", finanzieren.

Stürmer (21), Hanečková (25) oder Trojok (26) und noch einige
andere gehören bereits zu einer zweiten Generation von Biohackern.
Sie geben sich nur noch nebenbei mit Schnapsglas-Experimenten,
DNA-Extraktion aus Erdbeeren oder anderen Spielereien ab. Sie
setzen sich stattdessen selbstbewusst ehrgeizige Ziele, die zu erreichen einiges gentechnisches Geschick erfordern dürfte. Sie bauen
darauf, dass ihnen schon bald ein Netzwerk funktionierender und
gut ausgestatteter Biohacker-Labors zur Verfügung stehen wird.
Und offenbar sind es – nach der ersten, vor allem amerikanischen
Generation – immer mehr Europäer.

Als wir den stickigen Konferenzraum verlassen, um die Übertragung der Fußball-Europameisterschaft (der Klassiker Deutschland
gegen Holland) auf einem der Hotelfernseher zu sehen, gesellt sich
Pieter van Boheemen dazu. Er war 2010 Mitglied des iGEM-Teams
der TU Delft und ist inzwischen Biohacker in Amsterdam. Eine halbe
Stunde lang denken wir nicht ans Biohacking, doch nach zwei Toren

für Deutschland verliert Pieter das Interesse am Spiel, und wir unterhalten uns über die niederländische Biohacker-Szene. Er erzählt, dass die Amsterdamer ihr Labor in jenem Gebäude aufbauen konnten, in dem 1632 Rembrandts berühmtes Bild „Die Anatomie des Dr. Nicolaes Tulp" entstand. An diesem für die Entwicklung einer freien Wissenschaft in Europa so symbolhaften Ort hat heute die „Waag Society", eine Stiftung für Kunst, Wissenschaft und Technologie,[64] ihr Institut. Sie stellt den Amsterdamer Biohackern dort Räume zu Verfügung. Auch bei ihnen geht es zunächst um das Basteln günstiger Werkzeuge, die Biohacking erschwinglicher machen sollen. „Als wir starteten, gab es keinen Plan – zwei Freunde und ich spielten mit Arduino-Microcontrollern herum und kombinierten das mit unserem IT- und Biotech-Wissen." Inzwischen haben die drei eine mobile PCR-Maschine gebaut, die sie zur Diagnose von Malaria einsetzen wollen. Bei einem von Vodafone gesponserten Wettbewerb gewann van Boheemen damit einen mit 40 000 Euro dotierten Preis, um den Prototyp zu einem Produkt weiterentwickeln zu können.[65] Außerdem testet er und seine Freunde, welche Produkte aus dem Supermarkt Gebrauchsgüter für das Labor ersetzen könnten. Inzwischen hat der Holländer gar einen weltweiten Wettbewerb ausgerufen, GOODIYbio,[66] eine Art iGEM nur für Biohacker. „Das Ziel ist, Teams herauszufordern, mehr reproduzierbare Projekte zu entwickeln", sagt van Boheemen. „Die DIY-Bio-Bewegung wird vermutlich ein wenig chaotisch und unorganisiert bleiben, aber ich glaube, dass sie auch neue Unternehmen hervorbringen wird, die durch Bildung und Produktion gesellschaftliche Werte schaffen werden."

Es ist gut möglich, dass sich Amsterdam bald zu einem Dreh- und Angelpunkt der europäischen Biohacker entwickelt – sei es aufgrund der günstigen Lage, der Finanzierungssituation oder des zumindest bislang liberalen politischen Umfelds.

Ähnlich geschichtsträchtig wie das Amsterdamer Labor ist auch das „MadLab"[67] im englischen Manchester. Es hat im Northern Quarter der Stadt Unterschlupf gefunden. Das Viertel ist einer der Orte, wo die industrielle Revolution begann, und Friedrich Engels beschrieb seine Einwohner und deren Leben in seinem ersten Buch „Die Lage der arbeitenden Klasse in England" (1844). Heute ist die Gegend bekannt für ihre alternative Kultur- und Pub-Szene, und

MadLab fungiert nicht nur als Biohacker-Knotenpunkt, sondern auch als Ort der Subkultur, wo etwa auch Langzeitarbeitslose beim Experimentieren Beschäftigung, Ablenkung und Bildung finden. Die DIY-Biologie-Gruppe im MadLab entstand aus einer Kooperation mit der Manchester Metropolitan University und bekam sogar Unterstützung durch den Wellcome Trust, eine der größten privaten Forschungsstiftungen der Welt.

Als wir nach zweimal Mario Gomez, einmal Robin van Persie und unserem Gespräch mit Pieter van Boheemen in den Konferenzraum zurückkehren, berichtet gerade der Pariser Thomas Landrain, Doktorand in einem Labor für Synthetische Biologie und 2007 iGEM-Teilnehmer, über die Gründung des Biohackerspaces „La Paillasse". Zu Deutsch bedeutet das „Der Labortisch".[68] Die Grundausstattung dafür bekamen die Pariser Biohacker aus dem Nachlass einer bankrotten Biotech-Firma. „Wir sind etwa zehn aktive Mitglieder, circa 100 auf der Mailingliste", referiert Landrain. Darunter seien auch viele Designer und Künstler. „Aber uns fehlen Frauen, bitte bringt eure Frauen mit!", ruft Landrain ins Auditorium und kreiert damit einen seltenen Moment gemeinsamen fröhlichen Gelächters in der Hacker- und Agenten-Runde. Überhaupt scheinen die Franzosen ziemlich viel Spaß am Biohacken zu haben, denn sie beschäftigen sich unter anderem mit „Biotic Games", Spielen mit lebenden Organismen, Bakterien etwa, oder auch Kaulquappen. „Man hat Bakterien oder Ähnliches und verfolgt oder lenkt diese Organismen auf eine Weise, dass man ein Spiel spielen kann", erzählt Landrain und zeigt unter anderem einen Film, in dem Kaulquappen mit Licht in die gewünschte Richtung dirigiert werden. Frösche spielen auch eine Rolle bei der Kooperation zwischen La Paillasse und dem iGEM-Team der Universität Evry. In deren Projekt taucht zum ersten Mal bei iGEM eine Krallenfrosch-Art *(Xenopus tropicalis)* als Versuchsobjekt auf. Den Tieren sollen gentechnisch die Erbanlagen eines pflanzlichen Hormonsystems eingebaut und dessen Wirkungen im Embryo zwischen den verschiedenen sich entwickelnden Organsystemen untersucht werden

So wenig die Strategie des FBI, Biohacker zum gegenseitigen Bespitzeln anzuregen, unter den europäischen Hackern Anklang findet, so gut dient die Tagung dazu, sich gegenseitig kennenzulernen und gemeinsame Projekte zu vereinbaren. Eines davon ist die – zunächst erst einmal theoretische – Arbeit an einer Mikrobe, die auf dem Mars lebensfähig sein soll.

Ein anderes ist die Beschäftigung mit einer Strategie, wie man sich in Zukunft gegenüber Geheimdiensten und anderen Polizeibehörden verhalten will.

Rüdiger Trojok ist im Juli 2012 nach Kopenhagen umgezogen, wo er seine Diplomarbeit beenden will. Kaum eingelebt, hat er sich schon dem Kopenhagener Hackerspace „Labitat" angeschlossen, in dem die dänischen Biohacker Martin Malthe Borch und Marc Juul ihre „BiologiGaragen" eingerichtet haben. Für das „Medical Museion" der Universität Kopenhagen haben sie bereits eine Ausstellung über synthetische und Do-It-Yourself-Biologie entwickelt. Trojok hat dafür seine bereits im vorigen Kapitel erwähnte „Gene-Gun" gebaut. Mit ihr kann fremde DNA in Zellen hineingeschossen werden, und es ist die Technik, die dem Agrarkonzern Monsanto zu vielen seiner Patente auf Saatgut verholfen hat, die ihrerseits heute wirtschaftliche Probleme für Kleinbauern in aller Welt verursachen. Seine Gen-Pistole funktioniert, an Zwiebelzellen hat er sie schon ausprobiert. Sie tatsächlich wie ein Gewehr aussehen zu lassen wäre technisch nicht nötig gewesen. Doch Trojok hat sie auf einen entrindeten, schlanken Ast montiert, der in der Form einer langgezogenen Pistole gewachsen ist. Dieses ironische Design soll den Spaß an der Sache einerseits, aber auch ein Bewusstsein für mögliche Risiken der Gentechnik für die Gesellschaft andererseits transportieren. Beides ist ihm wichtig.

Trojok versteht sich als Teil einer Grassroots-Bewegung, die eine so machtvolle Technologie wie die Gentechnik nicht in der Gewalt von Konzernen, sondern in den Händen der Bürger wissen will. So wie die Computerhacker des Chaos Computer Clubs das Internet und jegliche Computertechnik nicht allein den Regierungen und Konzernen überlassen, so werden die Biohacker „das Pendant in der Biotechnik sein", sagt Trojok. „Wir haben schon drüber nachgedacht, den Chaos Biologie Club zu gründen." Nicht nur Experten oder Firmen sollen bestimmen, was man von Gentechnik zu halten hat, sondern „die Leute sollen lernen, wie es geht, und es selbst er-

fahren können". Denn erst dann könne man verstehen, was die realen Risiken sind, „und vor allem, warum Gentechnik so cool ist."
Diese Ansicht vertritt Trojok auch im Herbst 2012 in seinem Vortrag vor dem Büro für Technikfolgen-Abschätzung des Deutschen Bundestages (TAB). Das Beratergremium hatte ihn aus Kopenhagen nach Berlin gebeten, um sich im Rahmen eines geplanten Gutachtens zur Synthetischen Biologie auch über Do-It-Yourself-Biologie zu informieren. Am Tag nach seinem Auftritt dort sind wir mit ihm in den Räumen des Berliner Hackerspaces „Raumfahrtagentur" verabredet. Auch Romie Littrell hat sich dafür angekündigt, ein Biohacker aus Los Angeles, der sich zur gleichen Zeit zu einem spontanen Besuch entschlossen hat. Er hat gerade ein paar Hacker in der slowenischen Hauptstadt Ljubljana besucht, und für amerikanische Verhältnisse liegt dann Berlin praktisch um die Ecke.
Per E-Mail haben wir ausgemacht, dass er bei Richard auf der Ikea-Couch, die so orange wie eine DNA-Bande in einem Elektrophorese-Gel ist, übernachten kann. Littrell trudelt mitten in der Nacht nach zwölfstündiger Mitfahrgelegenheits-Mitfahrt mit seinem Trolleykoffer in Berlin ein und fällt nach einem artig akzeptierten Begrüßungsglas Weißwein erschöpft ins improvisierte Bett.
Am nächsten Morgen beginnt Romie seinen Berlin-Aufenthalt erst einmal mit einer ausgiebigen Online-Sitzung am Laptop. Der junge Mann mit den kurzen dunklen Haaren und dem modischen Lippeneinrahmungsbärtchen ist nur ansatzweise erholt, denn in Ljlubljana wurde, so erzählt er beim Kaffee, meist bis frühmorgens gebiohackt, um danach direkt zum Frühstück in die Stadt zu gehen. Aber auch für Berlin ist sein Kalender bereits voll: Berlin Wall, Brandenburg Gate und German Biohacking.
Littrell ist promovierter Biotechnologe, hat an der University of California in Berkeley studiert und war zwischen 2007 und 2008 Labormanager am MIT. Dass Biotechnologie außerhalb von Labors machbar sein könnte, habe er sich damals nicht vorstellen können, sagt er. Doch schon bald — inspiriert von iGEM und der gerade aufkeimenden Biohacker-Szene in Boston — erkannte er, was außerhalb der Forschungsinstitutionen möglich ist. Kaum zurück in Los Angeles, fand er im Frühjahr 2010 Gleichgesinnte auf einer Konferenz, die der Historiker und Anthropologe Christopher Kelty von der dortigen

University of California (UCLA) organisiert hatte. Kelty lud unter dem Titel „Outlaw Biology" ein, um über die neuen Bio-Amateure zu diskutieren – und darüber, was das, was sie tun, für die Gesellschaft bedeutet.

Die meisten Biohacker dort störte es ziemlich, als Gesetzlose bezeichnet zu werden, erinnert sich Littrell. Einige von ihnen mögen sich als Teil einer revolutionären Bewegung am Rand der Gesellschaft sehen, es sei jedoch sinnvoll, vorsichtig mit solchen Begriffen umzugehen. Auch eine schnelle Revolution durch Amateur-Forschung sieht er nicht heraufziehen.

Er selbst sei anfangs eigentlich nur auf der Suche nach einem Raum für sich gewesen, in dem er seine Ideen verwirklichen konnte. Doch rasch wurde der Austausch mit anderen Biohackern für ihn genauso wertvoll wie die eigentliche Laborarbeit, und er gründete „DIYbio LA": „Ich bin nicht überzeugt davon, dass Gemeinschaftslabors der beste Platz sind, um unsere Arbeit zu erledigen, aber sie sind definitiv wertvolle Begegnungsstätten, um Ideen auszutauschen und voneinander zu lernen."

In dem Gemeinschaftslabor der LA Biohackers arbeitet er mit Kollegen derzeit an einem der bislang wohl anspruchsvollsten DIY-Bio-Projekte. Es wäre sogar für professionelle Labors eine ziemlich große Nummer. Die Gruppe will ein Enzym namens Nitrogenase so verändern, dass es auch bei 25 Grad Celsius schafft, wozu es normalerweise 65 Grad benötigt: Stickstoff aus der Luft in eine chemische Form zu verwandeln, die für Pflanzen und den Menschen nutzbar ist. Zwar besteht die Erdatmosphäre zu 78 Prozent aus Stickstoff, aber nur ein paar Bakterien schaffen es, diesen Stoff, den nicht nur alle Organismen zum Leben brauchen, sondern auch die Industrie (etwa zur Herstellung von Edelstahl) und die Landwirtschaft (für die Düngemittelproduktion), aus der Luft zu holen. Die kalifornischen Biohacker versuchen Nitrogenase-Bakterien durch einen Vorgang, den man „gerichtete Evolution" nennt, allmählich so zu verändern, dass sie ihren Wohlfühlbereich von einer brodelnden heißen Quelle in Richtung Zimmertemperatur verlagern. Es ist ein Riesenprojekt, langwierig dazu, und man kann sich fragen, warum ausgerechnet ein paar Amateure sich an so etwas heranwagen. Natürlich, sagt Littrell, sei es anspruchsvoll und das Risiko zu scheitern enorm hoch. Die

Chance zu lernen sei aber auch riesig. „Es ist ein Pilotprojekt, in dem wir lernen, wie man so etwas macht. Der Weg ist das Ziel."

Inzwischen ist DIY-Bio für ihn vor allem „ein Ausdruck unseres Bedürfnisses zu lernen", philosophiert Littrell, während er in Richards Lieblingscafé auf der Warschauer Straße die Qualität von Bio-Muffins made in Germany testet: „Es liegt in unserer Natur, die Grenzen unserer Fähigkeiten und unseres Wissens verschieben zu wollen." Und DIY-Bio senke die Eintrittsbarriere für all diejenigen, die lernen wollen.

Barrieren ganz anderer Art, die Reste der Berliner Mauer, will sich Littrell jetzt erst einmal ansehen gehen, danach Brandenburger Tor und Reichstag, das ganze Sightseeing-Programm, „Berlin in one day". Abends treffen wir ihn dann zusammen mit Rüdiger Trojok wie verabredet in der Raumfahrtagentur wieder, dem Hackerspace im Stadtteil Wedding, wo Lisa Thalheim ihr kleines Labor aufgebaut hat. Thalheim selbst hat keine Zeit, sie schreibt an ihrer Diplomarbeit in Bioinformatik. Also zeigen wir ihm das, was die Keimzelle der Berliner Biohacking-Szene ist, oder besser: werden soll. Ein winziger Raum, ein ehemaliges Klo der umgebauten Badeanstalt, in die die Raumfahrtagentur eingezogen ist. Dort gibt es Wasseranschlüsse und genug Platz für ein oder zwei sehr schlanke Biohacker.

Thalheims mühsam zusammengetragene Geräte sind schnell gezeigt, Littrell ist höflich beeindruckt und fragt, welche gentechnischen Experimente hier denn gemacht würden. „Gar keine, nichts von dem, was in LA oder Boston machbar wäre", erklärt Trojok ihm, und wir erzählen vom deutschen „Genetic Engineering Law" oder wie immer es auf Englisch heißen mag, das gentechnische Experimente, bei denen Organismen mit artfremden Genen verändert werden, auf zugelassene, professionell geführte Sicherheitslabors beschränkt. Das ist ein Stempel, den Thalheims Selfmade-Labor nicht hat und bis auf weiteres auch nicht bekommen wird. Es folgt die uns inzwischen schon vertraute Diskussion über Sinn und Unsinn der restriktiven deutschen Gentechnik-Gesetze. Wir selber versuchen neutral die Argumente pro und contra aufzuzählen, Romie schüttelt aber nur den Kopf ob so viel seiner Meinung nach wenig begründeter „German Vorsicht". Einig sind wir uns dann aber, noch ein wenig

Berliner Nachtleben zu schnuppern, und fahren mit der U-Bahn bis zur Haltestelle Oranienburger Tor. Wir zeigen Romie das „Tacheles", eine Ruine, doch ein Beispiel für die Kreativität, die aus Bürger-Power entstehen kann. 1909 mit damals modernen gewaltigen Stahlbetonkuppeln als Kaufhaus eröffnet und Ende der 30er Jahre als „Haus der Technik" genutzt zur Ausstellung und Vorführung unzähliger elektrotechnischer Erfindungen der AEG, wurde das Gebäude nach dem Mauerfall von Künstlern besetzt. Sie bewahrten es damit vor dem Abriss, der noch von den DDR-Behörden angeordnet worden war. Innerhalb weniger Wochen wurde aus der jahrelang ungenutzten Ruine ein bunt bemaltes, von Dutzenden Künstlerateliers durchsetztes, mit Kino, Panorama-Bar und Blauem Salon für Lesungen und Konzerte ausgestattetes Kulturzentrum. Gut zwanzig Jahre lang ist das Haus ein Paradebeispiel für die Kraft der alternativen Kunst und Kultur Berlins. Doch nun stehen wir vor verschlossenen Türen, denn Anfang September 2012 wurde das Tacheles, Jiddisch für Klartext, geräumt – auf Veranlassung eines unbekannten Eigentümers.

Angesichts des Schicksals des Tacheles kommen wir schnell darüber ins Gespräch, wie sehr das Engagement von Bürgern von den Rahmenbedingungen abhängt, die ihnen eingeräumt werden. Der gedankliche Sprung zu unserem eigentlichen Thema ist dann nur noch der einer alten Katze: Wird sich Do-It-Yourself-Biologie in Deutschland frei und sicher entfalten und die Gesellschaft positiv beeinflussen können? Werden Biohacker einen von Gesetzen und der Bevölkerung selbst akzeptierten und auch geschützten Platz in dieser Gesellschaft finden? Werden sie Plätze finden, wo sie ihren Ideen nachgehen können, ohne ausgesperrt oder gar in die Illegalität gedrängt zu werden?

Nach einem letzten Blick auf das geschlossene Tacheles suchen wir uns eine Kneipe auf der Oranienburger und landen im Souterrain-Lokal „Silberfisch". „Das übersetzen wir lieber nicht", sagt Trojok, als er sieht, wie der Amerikaner sich bereits in eins der gemütlichen Sofas fallen lässt und uns gerade zu einem Bier einladen will. Bei Berliner Pilsner wird Littrell gesprächig und erzählt uns von Marc Dusseiller, den er gerade in Ljubljana getroffen hat. Der Schweizer Nanotechnologe hat seine Uni-Karriere an den Nagel gehängt und stattdessen Hackteria.org initiiert, ein Netzwerk unter anderem fürs Biohacken. „Hackteria ist eine tolle Gemeinschaftsaktion", sagt Littrell, sie biete Raum für Experimente, die nicht in die üblicherweise streng getrennten Kategorien von Kunst, Forschung, Bildung oder Technik einzuordnen sind, sondern von jedem etwas sein dürfen. Kunst und Bildung seien Vorläufer für neue kulturelle Bewegungen, sagt Littrell. DIY-Bio brauche mehr Teilnehmer, „und Hackteria macht einen guten Job, sie mit anderen Bewegungen und Gruppen zu vernetzen und sie zu inspirieren".

Hackteria, so schreibt Dusseiller auf seiner Website, wolle mit „einfachen Technologien für die künstlerische Auseinandersetzung mit den Lebenswissenschaften und der Nanotechnologie (...) einen Zugang schaffen für eine breite Gruppe von Medienkünstlern, Naturforschern und Musikern". Die Initiative ist ein eher virtuelles Gebilde, eine Webplattform, die Anhänger auf der ganzen Welt hat – darunter auch Trojok – und Workshops in Bangalore, Bergen, Yogyakarta und allerhand anderen Orten organisiert. Sie war 2012 auch für den von Wikimedia Deutschland ausgelobten „Zedler-Preis für Freies Wissen" nominiert.

Littrell hat Dusseiller in Ljubljana getroffen, um ein paar Tage lang bei „NanoŠmano" mitzuwirken, einer Mischung aus Ausstellung, Live-Labor und Kunstworkshop mit Fokus auf die Schnittstellen zwischen Nanotechnologie, Kunst und anderen Wissenschaften. Während NanoŠmano 2010 noch in einer Galerie mit Nanotechnik, Kunst und Design experimentierten, fand das Projekt 2011 in einer verlassenen Bar und 2012 in einem gemeinschaftlichen Schrebergarten, Onkraj gradbišča, statt. Man will neue Räume für die Auseinandersetzung mit Forschung, Technik und Kunst erobern und an der Grenze zwischen dem Lebenden und Künstlichen experimentieren. Begeistert – und auch nach wie vor ausgelaugt von dem Workshop – zeigt uns Littrell Fotos aus Ljubljana. Zu sehen sind meterlange Becken voller Algenzuchten, Experimente für optimale Kompostbedingungen, Mikrofluidiksysteme zur Zellsortierung und auch angeblich musizierende Mess-Elektroden. Dazu kommen Bilder von allerhand abgefahrenen künstlerisch inspirierten Experimenten, angesichts derer wir dann jetzt mal mit den Köpfen schütteln.

Die DIY-Biologie mag ihren Ursprung in den USA haben, aber momentan gibt es in Europa die spannenderen Projekte, meint Littrell. Begeistert ist er vor allem vom Iren Cathal Garvey. Der gilt als eine Art Wunderkind der DIY-Biologie. Garvey bricht 2010 seine Doktorarbeit in einem renommierten Labor ab, aber nicht um der Wissenschaft den Rücken zu kehren. Für ihn geht es jetzt sogar erst richtig los. Im Haus seiner Eltern richtet er sich ein eigenes Labor ein und bekommt im Juli 2011 von der irischen Umweltschutzbehörde das Zertifikat ausgehändigt, das ihm erlaubt, Bakterien in seinem Heimlabor gentechnisch zu verändern. Auf der DIYbio-Mailingliste ist der 27-jährige Garvey einer der Wortführer. Wissenschaftler, die ihn kennen, beschreiben ihn als sehr intelligent, aber zu ungeduldig, um im akademischen System bestehen zu können.

Seit er das System verlassen hat, arbeitet er daran zu demonstrieren, dass Wissenschaft nicht hermetisch abgeriegelt sein muss und auch mit kleinem Budget auskommt. Er baut die für viele Experimente nötigen Behälter für Wasserbäder aus alten Kaffeedosen. Er benutzt Marmeladengläser statt Erlenmeyerkolben. Und ein alter Schnellkochtopf ersetzt den Autoklaven, jenen beheizbaren Druckbehälter, mit dem in Labors Ausrüstung sterilisiert und sonstige unerwünschte Bakterien abgetötet werden. Berühmt, zumindest in der Biohacker-Szene, wurde er mit seiner „Dremelfuge", einer zur Zentrifuge umfunktionierten Bohrmaschine der Firma Dremel. Auf das Originalgerät hat Garvey dafür einfach einen Rotor montiert, der vier bis sechs kleine Reaktionsgefäße halten kann.

Ende 2012, zu dem Zeitpunkt, da dieses Buch so langsam fertig werden muss, arbeitet er an einer Art molekularer Open-Source-Genfähre. Mit ihr soll es möglich werden, jedwede DNA in Bakterien einzuschleusen, um diese dann in Produktionsstätten für Biomoleküle für die eigenen Zwecke zu verwandeln. Er habe es so ausgelegt, dass Amateure damit arbeiten können und dabei nichts weiter benötigen als das, was man in einem normalen Haushalt oder im Supermarkt um die Ecke findet, schreibt uns Garvey. Außerdem arbeitet er gerade an einer neuen Methode zur Aufreinigung von Proteinen. Mit diesen beiden Methoden kombiniert, könne jeder „seine molekularen Werkzeuge selber herstellen". Als echter Hacker stellt er alles, was er erfindet, patent- und lizenzfrei, also „open source", zur Verfügung. „Free Wetware statt freier Software!", nennt er das – „Wetware" ist die inzwischen gängige Bezeichnung für die molekulare Hard- und Software der Biologen. Garvey ist für uns eine Art Phantom, denn wir haben es nie geschafft, ihn persönlich zu treffen. Unsere erhoffte Reise nach Irland kam nicht zustande. Und zum FBI-Treffen in Kalifornien ist er nicht gekommen, weil er die Methoden der Behörde ablehnt. Wir kommunizieren mit ihm also auf die Art und Weise, die Standard ist unter Biohackern – per E-Mail. Und er nimmt sich mehr Zeit, macht sich mehr Gedanken, unsere Fragen zu beantworten, als mancher Professor.

Glaubst du, dass Heimwerkerbiologie in ein paar Jahren mehr sein wird als eine Randnotiz der Geschichte?

Garvey: Das hoffe ich sehr. Ich denke unser Ansatz wird Schule machen. Ich glaube, dass Biotechnologie denselben Weg einschlagen wird, den die Computertechnik bereits gegangen ist. Zuerst verlässt sie die kommerziellen und akademischen Labors und wird von der Hackerszene aufgenommen und breitet sich von dort in den Alltag aus. Soweit ich das sehen kann, gibt es nur zwei Hindernisse. Die Öffentlichkeit fühlt sich so lange wohl, wie sie ignorieren kann, dass Krebsmedikamente, bezahlbares Getreide und all die Enzyme, die eine moderne Gesellschaft heute am Laufen halten, von der Biotechnologie bereitgestellt werden. Sobald Biotech sichtbar wird, wird es gruselig, zum Beispiel in Hollywood-Filmen, aber auch dadurch, dass Unternehmen den Leuten weismachen wollen, dass ihr Handwerk zu kompliziert ist, um von Laien verstanden zu werden. Und dann gibt es noch den Widerstand der Wirtschaft. All jene Unternehmen, die von den hohen Preisen für biotechnologische Erzeugnisse profitieren, weil sie ihr Geschäftsmodell bedroht sehen. Aber auch die, die von der Angst leben, die glauben machen wollen, dass Biotechnologie gefährlich ist. Ich werde nicht vorhersagen, was die Biohacker alles hervorbringen werden, aber ich habe ein paar Vorstellungen: Warum sollten die Nutzpflanzen der Zukunft nicht automatische Updates bekommen, die sie vor Krankheitserregern schützen?

Sobald ein Schädling auftaucht, schreibt jemand ein genetisches Schutzprogramm, verschickt es über das Internet. Beim Bauern steht eine Maschine, die die Schutzgene in das neue Saatgut einbaut. Und warum sollte dasselbe nicht auch für unsere Haustiere funktionieren?

Welche Projekte anderer Biohacker findest du spannend?

Ich denke, dass die wichtigste Neuerung in den nächsten zehn Jahren der private DNA-Drucker sein wird. Einige in der Biohackerszene denken genau darüber nach. Sobald so ein Apparat verfügbar ist, wird die Bewegung einen riesigen Sprung machen. Bislang ist die Beschaffung der künstlichen DNA das größte Problem. Es dauert, es kostet Geld, und vielleicht funktioniert das designte Molekül nicht einmal, dann ist es verlorenes Geld und verlorene Zeit. DNA-Drucker würden diese Probleme mit einem Schlag lösen. Auf der DIY-Liste wird außerdem gerade die Idee diskutiert, eine Art Warenlager für die genetischen Bausteine, die wir verwenden, und die Bakterien, die wir nutzen, aufzubauen. Über eine Website könnte jeder das anfordern, was er braucht. Es wäre fantastisch, wenn wir nicht nur die Sequenzdaten untereinander tauschen könnten, sondern echte Gen-Fragmente.

Wo siehst du DIY-Biologie in fünf oder zehn Jahren?

Bislang haben wir nur die Vorarbeiten gesehen, um Amateuren den Weg in die Biotechnologie zu bahnen. Aber jetzt haben wir alle Werkzeuge. Wir haben PCR-Maschinen, Zentrifugen und Gel-Elektrophoresekammern. Bald werden die ersten molekularen Werkzeuge dazukommen, wie das Plasmid, an dem ich arbeite. Und wir haben nahezu alle wichtigen Protokolle für Amateuranwender umgeschrieben. Die Biohacker aus Los Angeles haben zum Beispiel ein äußerst einfaches Rezept für die Aufreinigung von Plasmiden entwickelt. Was wir jetzt noch brauchen, ist wie gesagt eine billige Quelle für synthetische DNA. Mit all dem anderen Zeug kann man schon ganz ordentlich traditionelle Molekularbiologie betreiben. Aber die alten Methoden sind nervig und langsam: Man muss das Erbmaterial isolieren, das man als Ausgangsmaterial nutzen möchte, man muss die genetische Veränderung einbauen, sie zur Kontrolle sequenzieren lassen. Und man muss testen, ob es funktioniert. Die Synthetische Biologie soll das alles überflüssig machen. In fünf Jahren sollte es Design-Software geben, mit der jeder Erbmaterial designen kann. Vielleicht gibt es dann schon DNA-Drucker. Anderenfalls kann man die selbst entwickelten Bausteine günstig bei einem Dienstleister produzieren lassen. Biotechnologie wird dann so einfach sein, wie heute einen Text zu schreiben, zu bearbeiten und schließlich auszudrucken. Nur entstehen dabei Organismen, die tun, was wir von ihnen wollen. Vielleicht produzieren sie Indigo, mit dem wir unsere Klamotten färben können. Oder sie stellen Laktase her, weil jemand in der Familie Laktose-intolerant ist. Oder sie riechen vielleicht einfach nur speziell.

Wie schätzt du die möglichen Gefahren aus Amateurlabors ein?

Je länger ich darüber nachdenke, desto absurder erscheint mir dieses Problem. Die Wahrscheinlichkeit, dass man die üblichen Laborbakterien oder auch Pflanzen in etwas Gefährliches verwandelt, ist in etwa so hoch, als würde man „zufällig" das Schreibprogramm „Word" in „Stuxnet" verwandeln. Und wenn Bioterrorismus aus Garagen so wahrscheinlich ist, wie FBI und CIA uns glauben machen wollen, warum ist das dann noch nicht passiert? Es ist nicht schwierig, an gefährliche Keime wie Anthrax oder Ebola zu gelangen. Sie tauchen alle in der freien Wildbahn auf. Man muss sie nur einsammeln und an anderen Orten verteilen. Oder Polio, oder Tuberkulose, oder Legionellen. Bioterrorismus braucht keine synthetische Biologie, um einem Angst zu machen. Leute, die Bioterror aus Garagen als ernstzunehmende Bedrohung darstellen, versuchen bloß, Angst zu verbreiten, um ihren Berufsstand zu rechtfertigen.

Wie denkst du über das Outreach-Programm des FBI?

Die Behörde sollte sich und ihre Methoden aus der Gemeinde der überwiegend umsichtigen Wissenschaftsbegeisterten heraushalten. Andere Biohacker, die bereits mit dem FBI zu tun hatten, haben die Behörde mit der Stasi verglichen. Besessen vom Überwachungsgedanken, stiftet sie Menschen dazu an, ihre Mitbürger auszuspionieren, und verbreitet überall Angst. Die CIA arbeitet inzwischen genauso. So wie ich das sehe, haben diese Behörden die Möglichkeit, die gesamte Kommunikation zu kontrollieren: E-Mails, Suchmaschinen, soziale Netzwerke. Deshalb habe ich mich in der letzten Zeit viel mit Verschlüsselungstechnologien beschäftigt, gegen die das FBI auch massiv vorgeht.

Dass das amerikanische Verteidigungsministerium über seine Forschungsabteilung Hackerspaces finanziert, hältst du wahrscheinlich auch nicht für eine so tolle Idee?

Das ist ein Paradebeispiel für die korrumpierende Wirkung des Geldes. Wenn die Summe auf dem Scheck nur groß genug ist, wird jeder irgendwann ins Grübeln kommen, wie viel schneller er damit sein Ziel erreichen könnte. Und wenn man das Geld einmal angenommen hat, dann fällt es auch viel schwerer, die Förderer zu kritisieren. Wie werden sich Hacker fühlen, die vielleicht Millionen von der Militärforschungsbehörde bekommen haben, wenn sie gebeten werden, Details zu verändern? Geben sie das Geld zurück, wenn der Sponsor etwas Kontrolle fordert, zum Beispiel unter dem Vorwand, dass man verhindern wolle, dass Terroristen die Infrastruktur nutzen? Ich glaube, das wird den meisten schwerfallen, und deshalb hasse ich dieses Vorgehen. Ich bin enttäuscht und hoffe auf die verbliebenen freiheitsliebenden Hacker, die weiter ihren Träumen nachgehen, ohne den Köder zu schlucken. Und ich hoffe, dass es noch lange dauern wird, bis Ähnliches auch in Europa passiert.

„Ganz genau", stimmt Rüdiger Trojok zu, als wir ihn beim Bier im „Silberfisch" auf Garveys Meinung zum FBI ansprechen. Das Misstrauen gegenüber den Biohackern ist eine von Trojoks größten Sorgen, spätestens seit er von der Outreach-Konferenz in Walnut Creek zurück ist. „Das FBI platziert sich inzwischen sogar mit Agenten an den amerikanischen Universitäten", erzählt Trojok und verweist auf ein Papier des FBI, das auf der Tagung herumgereicht wurde, „sodass Forscher anonym Bericht erstatten können, falls die Arbeit eines Kollegen ,verdächtig' erscheint." Sowohl die FBI-Agenten, laut Trojok

„alles junge, nette, gutaussehende Leute", die sich als „Buddies, mit denen man reden kann", präsentieren, als auch viele US-amerikanische Biohacker hätten zunächst gar nicht verstanden, warum die Europäer auf den Aufruf zum Bespitzeln so verhalten reagiert hätten. Erst später habe er erkannt, dass die amerikanischen Hackerkollegen kaum eine andere Wahl haben als zu kooperieren. Wer nicht mitmacht, macht sich verdächtig. „Mir ist da erst klar geworden, wie wichtig unsere Gesetze in Europa sind, dass ich frei forschen kann, solange ich die Sicherheitsregeln erfülle."

Der reisende Amerikaner Romie Littrell hingegen fühlt sich trotz seiner Sightseeing-Tour durch den Osten Berlins auch nach dieser Erklärung nicht durch die nicht einmal besonders subtile Überwachung durch das FBI gestört. Allerdings hätten sich einige Mitglieder seines Gemeinschaftslabors in Los Angeles vom Auftreten der Bundespolizei bedroht gefühlt. „Aber das kann auch an dem Verhalten des einzelnen Beamten gelegen haben und ist nicht unbedingt gegen die Linie des FBI gerichtet." Romie ist eher pragmatisch eingestellt, will Vorurteile auf beiden Seiten abbauen.

Wir stehen kurz davor, in eine hitzige Grundsatzdiskussion über Terrorprävention versus Freiheitsrechte abzugleiten. Doch wir kriegen gerade noch die Kurve und lassen den Rest des Abends die Politik und ihre hilflosen Versuche, mit der Biohackerbewegung umzugehen, beiseite. Der Nächste ist dran mit der nächsten Runde Bier, dem wohl ältesten, bekanntesten und ertragreichsten deutschen Biotech-Produkt. Jeder nimmt einen großen Schluck, dann fachsimpeln wir über neue Biotechniken und deren mögliche zukünftige Einflüsse auf das Biohacking. Es mag teilweise am Gerstensaft liegen, doch Garveys Vision eines Bio-Druckers erscheint plötzlich keinem von uns mehr in allzu weiter Ferne.

Und auch eine neue Methode zur gentechnologischen Veränderung von Organismen, die gerade in den Profi-Labors dieser Welt Furore macht, ist vielleicht schon greifbar nahe für DIY-Biologen: „Talen", abgeleitet von Transcription Activator-Like Effector Nuclease, heißt das neue Wunderwerkzeug, mit dem Gen-Ingenieure mit bislang unerreichter Genauigkeit in das Erbgut eingreifen und genetische Bausteine entfernen oder austauschen können. Vor allem erleichtern die Talen-Werkzeuge das Verändern pflanzlicher oder tierischer Zellen, die für Genmanipulationen bislang viel schwieriger zu greifen waren als Bakterien.

Eine ertragsschwache Weizensorte ist aufgrund zufälliger Mutationen resistent gegen eine Pilzkrankheit? Mit der Talen-Methode ließen sich diese Mutationen einfach in das Erbgut der Hochleistungssorten einbauen. Das war auch schon mit den alten Werkzeugen der Gentechnik möglich, jedoch weniger präzise, und an die Erbgutmanipulation im Labor schloss sich jahrelange klassische Züchterei an, um die neue Eigenschaft auch in die marktgängigen Sorten einzukreuzen. Talene könnten auch in der Gentherapie zum Einsatz kommen, überall wo Gene zwischen Organismen ausgetauscht werden sollen oder eine Reparatur von Erbinformation ansteht.

Talene sind aufregend, weil sie leicht herzustellen und kaum durch Patente geschützt sind, sodass sie im Prinzip frei zugänglich sind, auch für Biohacker. Man kann mithilfe der Talene wahrscheinlich nahezu alle Restriktionsenzyme – die molekularen DNA-Scheren – nachahmen, selbst wenn sie durch Patente geschützt sein sollten. „Derzeit ist es nicht legal, Restriktionsenzyme zu produzieren und zu verkaufen, weil die Patentinhaber ihren Anteil am Gewinn haben wollen, bis das Patent ausläuft", so rufen wir uns Garveys Worte ins Gedächtnis, „aber ein neues Hybridprotein, das die gleiche DNA-Sequenz schneidet, ist OK!"

Garvey kann es kaum erwarten, Biohacking bald mit Talenen betreiben zu können. Noch ist diese molekulare Chirurgie allerdings nicht einmal Routine in vielen Top-Labors von Profibiologen. Doch viel spricht dafür, dass die Methode sich weit verbreiten und bald auch günstig anzuwenden sein wird. Damit würde sie dann auch in die Reichweite der Biohacker gelangen.

An diesem Abend, nach dem zweiten, dritten Bier, ist der deutschamerikanischen Biohackergruppe nichts mehr zu visionär. Nicht einmal die Automatisierung der Veränderung von Pflanzen oder Bakterien oder anderen Lebensformen. Wir sehen uns, wie wir in ein paar Jahren an einem Computer sitzen und BioBricks oder andere standardisierte DNA-Stücke auswählen, virtuell zusammenstecken und große Teile der „nassen" (und, da stimmen wir Garvey zu, nervtötenden) Laborarbeit von Apparaten erledigt werden. Es wäre eine Welt, in der DNA-Stücke von druckerähnlichen Geräten synthetisiert werden, die auf jedem Schreibtisch Platz fänden. Von wieder anderen Robotern würden sie dann in Bakterien oder Hefezellen gespritzt, um diese mit den nötigen Gen-Kombinationen für die gewünschten Fähigkeiten zu versehen.

Diese „Automatisierung von Biodesign" ist nicht nur bierselige Amateur-Phantasie: Die Firma BBN Technologies entwickelt tatsächlich in einem Kooperationsprojekt mit den Labors von Ron Weiss am MIT und Traci Haddock an der Boston University eine Computersprache, Proto genannt. Sie soll genau das tun, worüber wir gerade spekuliert haben: Synthetische Biologie automatisieren, sie zu einer Fließband-Technologie machen. Tool-Chain to Accelerate Synthetic Biological Engineering (TASBE) heißt das Projekt deshalb.[69]

Vielleicht stehen irgendwann – in 20, oder 30, oder 50 Jahren – wirklich Apparate in vielen Haushalten, die auf Knopfdruck neue Organismen produzieren, welche man selbst oder ein Dienstleister zuvor am Computer entworfen hat. Oder wir werden einfach, wie in Garveys Vision, das neueste genetische Update herunterladen, um unsere Petersilie auf dem Küchenfenstersims vor Falschem Mehltau zu schützen. Völlig neue Kombinationen von Erbgut-Teilen wären möglich, genetische Chimären aus zwei, drei oder zwanzig unterschiedlichen Arten. Ob das dann erlaubt und sicher sein wird oder nicht, darüber sollten möglichst nicht Konzerne oder Lobbygruppen der Industrie einerseits oder fundamentalistische Umweltgruppen andererseits entscheiden. Sondern möglichst aufgeklärte Bürger und deren parlamentarische Repräsentanten, beraten von möglichst unabhängigen Profi- und auch Amateur-Wissenschaftlern.

Die Entwicklung der Technologie selbst ist jedenfalls nicht aufzuhalten. Seit dem Jahr 2000, als das menschliche Erbgut nach etwa 13 Jahren entziffert wurde, ist das Lesen von Erbgutinformationen stetig schneller und billiger geworden, sodass heute eine Vollsequenzierung der 3,3 Milliarden DNA-Bausteine des menschlichen Erbguts in Minuten möglich ist.[70] 2005 hat das Forschungsteam des Japaners Mitsuhiro Itaya das Erbgut einer photosynthesefähigen Blaualge noch mühsam per „Megaklonierung" mit dem Bakteriengenom von *Bacillus subtilis* vermischen müssen, um eine neue Art zu schaffen, einen „Cyanobacillus", der Eigenschaften beider Organismen trug.[71] Nur fünf Jahre später, 2010, hat Craig Venter, Popstar der Genomforschung und inzwischen in der Mission der Schaffung synthetischen Lebens unterwegs, Stücke des Erbguts des Bakteriums *Mycoplasma genitalium* am Computer nach Wunsch verändern, neu synthetisieren und in eine erbgutfreie Mycoplasma-Zellhülle einsetzen lassen. Tatsächlich entstand ein lebensfähiger Organismus (siehe Kapitel 3). Was erwartet uns, angesichts der galoppierenden Entwicklung der Biotechniken, im Jahre 2015 oder 2030? Und welche dieser Techniken werden über kurz oder lang auch Biohackern zugänglich sein?

Trojok, Thalheim, Littrell und viele andere Biohacker werden in den nächsten Jahren noch viel damit beschäftigt sein, die nötigen Geräte und Techniken in den Gemeinschafts- und Garagenlabors zu etablieren. Sie werden vielleicht sogar ordentliche Sicherheitslabors anmelden, das zumindest ist ein mittelfristiges Ziel von Thalheim und Trojok. Doch die Kosten und der bürokratische Aufwand sind immens, sagt Trojok und nennt diese Hürden „ein ernstes Problem".

Nach allem, was wir inzwischen von Rüdiger gehört haben, wäre er der Letzte in der DIY-Bio-Bewegung, der die geforderten Sicherheitsauflagen nicht einhalten wollte. Das „ernste Problem", das er heraufziehen sieht, ist vielmehr eine unheilvolle Kombination von hohen bürokratischen Hürden und sinkendem technischen und finanziellen Aufwand für Heimlabors. Die für gentechnische Arbeiten nötigen Werkzeuge und Zutaten seien inzwischen für jedermann ziemlich billig zu haben, und es könne sein, „dass manch einer die Sicherheitsauflagen scheut und das einfach zu Hause macht, weil es inzwischen technisch machbar ist".

Für Trojok bedeutet das: Entweder werden bestimmte Experimente, die in den letzten dreißig Jahren Genforschung ihre Sicherheit bewiesen haben, vom Gentechnikgesetz freigegeben. Oder es müssen öffentliche, mit allen Sicherheitsstandards ausgestattete, von Profi-Forschern betreute und zugelassene Gemeinschaftslabors eingerichtet werden, in denen Biohacker ohne Überwachung und Gängelung basteln können − sodass sie gar nicht erst in die Versuchung kommen, ein eigenes Labor im Keller aufzubauen. So würden sich auch Unfälle und deren Folgen kontrollieren lassen, wie sie trotz Vorsicht nun mal in jedem Labor passieren könnten.

Inzwischen ist es selbst für Berliner Nächte schon sehr spät, und wir fahren nach Hause. Romie macht sich am nächsten Tag nach Amsterdam auf, um dort die Biohacker um Pieter van Boheemen zu treffen und bei den europäischen Vorentscheidungen für den iGEM-Wettbewerb dabei zu sein. Rüdiger fährt zunächst in die Schweiz zu einem „Hacksprint" mit Biohackern aus dem Hackteria-Netzwerk, dann zu einem Symposium zur Ethik der Synthetischen Biologie nach Freiburg und schließlich zurück nach Kopenhagen, um an seiner Gene-Gun und seinem Bericht für das Büro für Technikfolgen-Abschätzung des Bundestages weiterzubasteln.

Und wir räumen im Büro die Laborregale, verpacken unsere Reagenzien, Pipetten, Zentrifuge und das PCR-Gerät in zwei Umzugskartons. Die improvisierte Laborbank wird nun wieder zum Schreibtisch. Der muss jetzt frei sein, denn wir wollen endlich aufschreiben, was wir in den letzten zwei Jahren über Biohacking und Biohacker, Open Science und Spaß und Risiken der Amateur-Gentechnik gelernt und erfahren haben.

Und wir wollen auch zu Papier bringen, wie wir genau an diesem Ort selbst amateurhaft, aber ernsthaft und standhaft, unsere DIY-Bio betrieben haben. Wir wissen, dass es nur eine Momentaufnahme sein wird, ein Schnappschuss einer sich täglich verändernden Bewegung. Doch wir sind sicher, dass diese Bewegung, wenn sie sich in den richtigen Rahmenbedingungen entfalten darf, viel verändern kann und wird.

Kapitel 10 …

… in dem wir über die Zukunft nachdenken, uns ein aufgeklärtes, aktives, sozial verantwortliches, mitbestimmendes Biobürgertum und eine freie Biologie für alle wünschen und auch eine Politik, die verantwortlich, liberal und flexibel Regelungen findet, in dem wir mehr Chancen als Risiken sehen und der Gefahr des Bioterrorismus mit Vernunft und der Kraft und Kompetenz der gar nicht terroristischen, intelligenten Menge gegenübertreten wollen …

BIO-BÜRGER, BIO-TERROR, BIO-ZUKUNFT

Sarah, eine Freundin von Richard, postete im Sommer 2012 auf Facebook Folgendes: „Nicolas hat mich grad gefragt, wo er flüssigen Stickstoff kaufen kann. Sollte ich mir Sorgen machen?" Nicolas ist Sarahs Sohn, er war gerade erst sieben geworden. Mit ausreichend flüssigem Stickstoff kann man auch einen Eisbären zum Erfrieren bringen. Weil er bei Raumtemperatur rapide den Aggregatzustand wechselt und sich massiv ausdehnt, ist die Explosionsgefahr extrem, speziell, wenn Nicolas sich das Zeug im Stickstoffladen an der Ecke in eine Plastikflasche abfüllen lassen, diese dann verschließen und in den Schulranzen stecken würde. Und wenn sich aus flüssigem Stickstoff Stickstoffgas bildet, verdrängt dieses erst mal die Luft rundherum, es droht Erstickungsgefahr. Flüssiger Stickstoff hat schon ein paar Menschen das Leben gekostet.[72]

Es gibt also gute Gründe, warum es im Laden an der Ecke keinen flüssigen Stickstoff gibt und warum kleine Leute wie Nicolas ihn auch sonst nicht zu kaufen bekommen wie eine Packung Haribo.

Die Frage, ob Sarah sich Sorgen machen muss, ist damit aber noch nicht beantwortet. Die Gefahr, dass Nicolas sich flüssigen Stickstoff irgendwo besorgen kann, ist gering – wenn auch nicht gleich null. Der Verdacht, dass er mit dem Zeug Bomben bauen und seine Lehrerin in die Luft jagen will, ist bei dem kleinen, lieben Kerl ziemlich unbegründet. Die Wahrscheinlichkeit, dass er längst weiß oder bei Sarahs Erklärung sehr schnell verstehen wird, wie gefährlich die minus 200 Grad kalten Moleküle sind, ist dagegen ziemlich hoch. Schon allein die Tatsache, dass ein Siebenjähriger sich für flüssigen Stickstoff und seine Anwendungen interessiert, sollte eigentlich jede Mutter stolz machen, und das war sicher auch der Grund, warum Sarah die Anekdote überhaupt gepostet hat. Und die Aussicht, dass Nicolas bald unter Aufsicht und irgendwann vielleicht als Wissenschaftler selbstständig und sicher mit flüssigem Stickstoff hantieren und dabei vielleicht auch eines Tages tatsächlich etwas Sinnvolles erforschen wird, besteht durchaus.

Regierungen, Parlamente, für öffentliche Sicherheit zuständige Behörden – sie alle sind heute in einer Nicolas-Situation. Es geht nur nicht um Erstklässler und flüssigen Stickstoff, sondern um Erwachsene und Gentechnik, Genanalyse, synthetische Biologie. Wenn mehr und mehr Leute aus der nicht speziell ausgebildeten und in speziellen Labors sitzenden Öffentlichkeit plötzlich Krankheitsgene analysieren, Bakteriengene umherschieben, nach Banane schmeckende Erdbeeren basteln wollen, muss man sich dann als Gesellschaft, als Gesetzgeber Sorgen machen? Muss man versuchen, den Zugang zu den nötigen Werkzeugen und Zutaten so zu erschweren wie Kindern den Kauf von flüssigem Stickstoff? Ist jeder, der Gentechnik und Ähnliches als Hobby verfolgen will, sofort terrorverdächtig? Oder kann man auf Vernunft und Einsichtsfähigkeit bauen? Kann man sich freuen, dass in der Bevölkerung das Interesse an einer das 21. Jahrhundert bestimmenden Technologie wächst, und auch die Bildung und Kompetenz in der ihr zugrunde liegenden Wissenschaft? Kann man gar hoffen, dass für die Gesellschaft etwas qualitativ oder auch messbar Positives aus einer neuen Bürger-Biologie herausspringen kann?

Wenn man Freunden oder Bekannten erzählt, dass man gerade an einem Buch über Leute arbeitet, die in der Küche oder Garage Biotech, Genanalyse und Gentechnik betreiben, sagen manche spontan Dinge wie „Cool, das will ich auch machen". Bei den meisten ist die erste Reaktion aber eher ein „Klingt gefährlich". Die einen denken an Frankenstein'sche Monster, die anderen an selbstgebastelte H5N1-Viren oder andere Killer-Keime. Möglich, dass Deutsche bei allem, was nur ansatzweise wie biomedizinische Manipulation klingt, besonders vorsichtig reagieren, aber auch Freunde und Kollegen aus anderen Ländern melden spontan meist dieselben Bedenken an. Es wäre also zu kurz gegriffen, würde man die kritischen, vorsichtigen, restriktiven Gedanken gegenüber DIY-Biologie und Biohacking nur einem regulationswütigen Staat oder den ihre Pfründe in Gefahr sehenden Profiforschern an Unis und in Biotech-Unternehmen zuschreiben.

Der Physiker Freeman Dyson wird gerne als Prophet oder gar „Schutzheiliger" (etwa von Marcus Wohlsen in seinem Buch „Biopunk"[73]) der Biohacker bezeichnet, weil er in einem kleinen Essay, der eigentlich die Besprechung eines Buches über Amateur-Astronomie war, ein dämmerndes Zeitalter fantastischer selbstgemachter Biotech-Kreationen heraufbeschwor. Dyson prognostizierte dort unter anderem wohlhabende Vorstadt-Bürger, die ihren Gärten mit selbst gemachter Gentech-Botanik einen individuellen Touch geben, ebenso wie Subsistenz-Bauern in eher weniger wohlhabenden Gegenden, die mithilfe billiger und einfacher Biotech-Tools mehr und bessere Kartoffeln auf den Tisch der Familie bringen. Ein paar Zeilen aus genau jenem Artikel muss man, wenn man Dyson wirklich zum Biohacker-Heiligen erheben will, allerdings ignorieren. Denn Dyson schreibt auch, die zukünftige „Nutzung von Gentechnik-Baukästen" müsse „streng reguliert" werden – und dass „Gentechnik an Mikroben ein großartiges Werkzeug für Terroristen" sei und dass es vielleicht nötig sein wird, Amateuren Experimente in diese Richtung komplett zu verbieten.

Wie es um mögliche Risiken und Nebenwirkungen von Biotech in Bürgerhand einerseits steht und welche positiven Erwartungen DIY-Biologen, Biohacker, Life-Science-Outlaws und Biopunks andererseits haben, darum ging es in weiten Teilen dieses Buches. Wie sollten also Gesellschaften wie die der Bundesrepublik, Gesetzgeber wie der Bundestag, Regierungen, Behörden, Gerichte – aber auch etablierte Wissenschaftler und deren Institutionen – den neuen Möglichkeiten und den Verfechtern ihrer Nutzung begegnen?

Dass Prognosen, speziell wenn sie die Zukunft betreffen, ein bisschen schwierig sein können, ist ein beliebtes, meist dem Physiker Niels Bohr zugeschriebenes Bonmot. Auch Science Fiction hilft meist nicht weiter, dafür muss man sich beispielsweise nur Ridley Scotts

Blade Runner mit Harrison Ford noch einmal anschauen. Dort wird ein düsteres Los Angeles im Jahr 2019 gezeigt, in dem es fliegende Autos und auch Gentech-Menschen (Replikanten) gibt – aber keine Mobiltelefone. Tatsächlich weiß heute niemand genau, wie sich DIY-Biologie in den kommenden Jahren entwickeln wird, welche ihrer Versprechen tatsächlich vielversprechend sein, welche der mit ihr verbundenen Befürchtungen wirklich in real Fürchterliches münden könnten. Sicher ist nur, dass heute und in den kommenden Jahren die Weichen gestellt werden für eine Zukunft, in der Biotechnologie eine immer größere Rolle spielen wird, in der Industrie, der Landwirtschaft, der Medizin, sogar in Design und Kunst. Die Weichen werden in Form vollendeter Tatsachen gestellt von Profi-Wissenschaftlern an Unis, in Unternehmen, in Regierungsbehörden, und von Amateurforschern. Sie werden aber vor allem gestellt werden von Parlament und Regierung, den Repräsentanten des Volkes. Und wie sie gestellt werden, wird einen zwar heute noch nicht in Details abschätzbaren, aber mit Sicherheit wichtigen Einfluss darauf haben, wie sich die Gesellschaft und ihr Verhältnis zu Wissenschaft und Technologie in den kommenden Jahrzehnten entwickeln werden. Und darauf, ob neue Technologien sich für die Gesellschaft und jeden Einzelnen und jede Einzelne positiv oder negativ auswirken werden.

Der amerikanische Journalist Marcus Wohlsen schreibt in seinem Buch „Biopunk", der Kern der „Vision der Biohacker" sei „ein extremer Optimismus hinsichtlich der Macht von Technologie, Gutes zu tun". Technologie allerdings ist neutral, sie tut nichts Gutes und nichts Schlechtes. Die Macht, mit ihr Gutes oder Schlechtes zu tun, liegt bei den Menschen, die sie entwickeln und benutzen oder sich gegebenenfalls auch entscheiden, sie nicht zu benutzen. Unfälle oder nicht beabsichtigte Konsequenzen gab es immer. Zu Schwermetallvergiftungen führende Konservierungsmethoden, abstürzende Flugzeuge, das Klima aufheizende Autos, kernschmelzende AKWs sind nur einige Beispiele aus der jüngeren Menschheitsgeschichte. Es waren aber immer Menschen, die letztlich entschieden haben, ob in der Schmiede Schwerter oder Pflugscharen gemacht werden, ob sie die Tollkirsche als Gift oder in der Medizin einsetzten. Den Stahl oder die Tollkirschen-Pflanze einfach abzuschaffen war jedenfalls nie eine realistische Option – so wie heute die Biotechnologie auch nicht

BIO-BÜRGER, BIO-TERROR, BIO-ZUKUNFT

mehr aus der Welt zu schaffen ist. Es war allerdings auch schon immer so, dass die Entscheidungen über den Einsatz von Wissenschaft und Technologie nicht unbedingt den Willen der Mehrheit repräsentierten und nicht unbedingt etwas „Gutes" bewirkten. Biotechnologie und Gentechnik können – sowohl in der Hand von Profis als auch von Halb-Profis oder Amateuren – Werkzeuge sein, mit denen man unumstritten Gutes (ein neues Medikament) und unumstritten Schlechtes (ein gentechnisch gebasteltes Krankheitsvirus) schaffen kann – oder etwas, bei dem sowohl ein guter als auch ein schlechter Ausgang möglich ist (Gentech-Pflanzen).

Die wichtigste Frage ist also eine im Grunde sehr, sehr einfache: Wie ist es am ehesten möglich, die unaufhaltsamen Entwicklungen im Bereich Biotech/Gentechnik/synthetische Biologie so zu kanalisieren, dass viel Gutes, wenig Schlechtes und möglichst nichts Katastrophales dabei herauskommt?

Wir sind zusammen über mehr als zwei Jahre in die Welt der Biohacker, Outlaw-Biologen, Vorstadtkrebsforscher und Küchengenetiker eingetaucht. Wir haben unsere eigene DNA beschaut, Hundekackeerbgut analysiert, Gift-Gene gehackt. Wir haben unzählige Do-it-yourself-Biologinnen und -Biologen getroffen, sie interviewt, mit ihnen im improvisierten Labor gewerkelt. Wir haben dabei immer versucht, trotzdem die nötige Distanz zu bewahren, um einen unverstellten Blick zu haben, haben uns mit Kritikern unterhalten, haben die Fachliteratur von Gentechnik bis Wissenschaftssoziologie gewälzt. Wir wollten nicht nur wissen, ob Biohacking wirklich funktioniert (Antwort: ja, das tut es, einigermaßen), sondern auch, was das dann bedeutet. Wir glauben nicht, nun die endgültige Antwort auf letztere Frage zu kennen. Zu ein paar Schlussfolgerungen sind wir aber gekommen.

Der Tatsache, dass Methoden für die Genanalyse, Werkzeuge und Geräte der Biotechnologie und Bausteine für synthetische Biologie immer billiger, einfacher, verfügbarer werden, ist inzwischen nicht mehr zu entfliehen. Die Biotech-Uhr kann niemand zurückdrehen. Aus Angst vor möglichen Gefahren zu versuchen, jeglichem Laien den Umgang mit dieser Technologie zu verbieten, wäre nicht nur falsch und antidemokratisch, sondern auch aussichtslos. Vielleicht wäre es noch ein paar Jahre lang möglich, etwa den Zugang zu Genbausteinen zu erschweren. Doch die Techniken werden sich so entwickeln, dass man auch sie irgendwann im Garagenlabor wird herstellen können. Denkt man dies konsequent zu Ende, wären mittel- und langfristig nur eine extrem restriktive Regulation und Kontrolle geeignet, hier tatsächlich einen Effekt zu haben. Denn die Vereinfachung und Verbilligung der Techniken werden fortschreiten. Alles liefe auf einen Bio-Big-Brother-Staat hinaus, der im Grunde jede Küche, jedes Gewächshaus und jede Festplatte überwachen müsste.

Eine solche Politik stünde auf einer Stufe mit dem Verbot unzähliger Bücher oder einer umfangreichen Zensur von Web-Inhalten, sie würde die Öffentlichkeit beinahe komplett von Informationen über einen der wichtigsten Forschungs- und Technologiebereiche ihrer Gegenwart abschneiden. Es gäbe „verbotenes" Herrschaftswissen und eine zensierte Volksbildung. Es gäbe geheime Herrschaftstechnologie, die Gene manipuliert, neue Protein-Wirkstoffe in die Produktion schickt, künstliche Organismen erlaubt oder verbietet. Und die Frage, wer mit welcher Begründung Zugang zum Herrschaftswissen bekommt und wie man in diesem elitären Kreis dann Missbrauch verhindert, wäre damit noch ebenso wenig beantwortet wie jene, wie man kriminellen Zugriff von außen auf das geschützte Wissen überhaupt effektiv verhindern will. Wünschen wir uns Gentech-Eliten, die hinter verschlossenen Türen agieren? Und die der Öffentlichkeit nicht mitteilen, welche Erbgutsequenzen und deren Nutzung sie gerade abgenickt haben, die für uns über neue Kartoffelsorten, neue Therapien, neue Biotech-Sonnencremes entscheiden?

Man kann diese Vision als allzu düsteres Szenario abtun. Tatsächlich aber sind nur zwei Zutaten nötig, um sie wahr werden zu lassen: eine Fortsetzung des biotechnologischen, biowissenschaftlichen Fortschrittes einerseits und eine extrem restriktive Bio- und Bio-Informationspolitik andererseits. Was die Folgen sein können, wenn eine Experten-Elite, die der breiten Öffentlichkeit die Kompetenz abspricht und mit Unterstützung gewählter Volksvertreter einen wichtigen Bereich des Wirtschafts- und Gesellschaftssystems okkupiert, zeigt die 2008 ausgebrochene Finanzkrise.

Allerdings ist auch die Befürchtung, dass billige, einfache Bio-technologie in den falschen, von einem inkompetenten oder böswilligen Gehirn kommandierten Händen, ziemlich unangenehme Folgen haben könnte, sicher nicht unbegründet. Haben wir also nur die Wahl zwischen Pest und Cholera? Hätten wir die Geister, die wir jetzt nicht mehr loswerden, lieber gar nicht erst rufen sollen?

In fast allen Artikeln, die in den vergangenen Jahren in den USA und hie und da auch anderswo zum Thema Biohacking erschienen sind, werden Parallelen zwischen frühen Hard- und Software-Bastlern wie Steve Wozniak, Steve Jobs und Bill Gates und den vermeintlich kommenden Biotech-Millionären gezogen, die heute noch als Biohacker mit Uralt-PCR-Maschinen in Garagen und Küchenecken hocken. Solche Artikel bedienen den amerikanischen Traum, und ein paar große Namen in einem Text über ein paar unbekannte Geeks verleihen jeder Erzählung den Anschein von Relevanz. Und wer würde dem sympathischen bärtigen Underdog oder der unscheinbaren Studentin mit der Hornbrille nicht den großen Durchbruch wünschen? Die wirklich interessanten, relevanten Parallelen allerdings zwischen dem Computerhackertum der letzten vier Jahrzehnte und den Biohackern von heute liegen nicht darin, ob zwei oder drei von Letzteren vielleicht einmal unermesslich reich werden oder auch nicht. Sie liegen in den transformativen, demokratisierenden Möglichkeiten neuer Technologien für breite Bevölkerungsschichten einerseits und in der Chance, die positiven Potenziale dieser Technologien zu fördern und ihre Gefahren zu erkennen und zu bannen.

Relevant hier ist nicht der angeblich die Biohacker-Community definierende „Optimismus hinsichtlich der Macht von *Technologie*, Gutes zu tun". Es ist schlicht der durchaus erfahrungsbasierte Optimismus bezüglich der generellen Tendenz des freien *Menschen*, Gutes tun zu wollen.

Tatsächlich sind ein paar Erfahrungen aus jener letzten großen und noch anhaltenden technischen Revolution der PCs und des World Wide Web hier ganz erhellend. Sie hat ein paar Leute zu Legenden und unermesslich reich gemacht. Sie hat aber auch das Wirtschaftsleben und die Leben der Einzelnen inzwischen fast überall auf dem Globus nachhaltig verändert und unzähligen Leuten Zugang zu so unterschiedlichen „Dingen" wie Arbeit, Bildung und Spaß verschafft. Und sie hat Probleme mit sich gebracht, Sicherheitslücken, Computerviren, Online-Kinderpornographie, Cyber-Crime, Spam-E-Mail. Diesen Problemen folgte meist recht schnell der Ruf nach Gesetzen, Zugangsbeschränkungen, Strafen, Eingriffen in die zentrale Architektur des Webs. Dort, wo das versucht wurde, sind die Erfolge nach Einschätzung von Fachleuten wie Joi Ito, Chef des Media Lab am Massachusetts Institute of Technology, mäßig bis nicht messbar. Lösungen für neu auftauchende oder sich verschärfende Probleme hat es aber immer gegeben, und das meist von Leuten, auf die die Bezeichnung Hacker passt. Ito nennt etwa E-Mail-Spam als Beispiel. Es sei inzwischen ein fast vergessenes Problem, aber nicht aufgrund einst angedachter brachialchirurgischer Eingriffe am globalen Gehirn oder zentraler Spam-Filter bei den großen Mail-Providern. „Was passierte, war, dass Leute Software-Tools gebastelt haben, manche waren besser als andere, und es gab Konkurrenz auf einem freien Markt, und Spam ist weitgehend verschwunden",[74] sagt Ito, ohne dass die Autoritäten irgendetwas getan hätten. Diese „Leute" waren Geeks, Nerds, Hacker. Es ist ein vielsagendes Beispiel: Auf derselben technologischen Grundlage standen sich Menschen und Organisationen gegenüber, die aus Sicht der Nutzer des Netzes schlechte und gute Absichten verfolgten. Die Guten gewannen.

„Das Internet selbst gibt es überhaupt nur dank Hacker-Idealen, seine Expansion war geölt durch ein Design, das freien Zugang ermöglichte", schrieb kürzlich rückblickend Steven Levy, Autor des visionären Buches „Hackers: Heroes of the Computer Revolution" von 1984.[75] Dabei hat es seine Wurzeln in einem streng geheimen Militärprojekt. Dass das Internet heute in vielen Ländern ein frei und billig zugängliches Tool zur Kommunikation, zum Informationserwerb und -austausch, zur Archivierung von Weltwissen, zum Geschäftemachen, für Forschung und vieles mehr geworden ist, ist also zum einen der Hacker-Ethik mit Informationsfreiheit in ihrem Kern zu verdanken. Doch auch die Gesetzgeber vieler Staaten spielten halb aktiv, halb passiv eine entscheidende Rolle: Mehr oder weniger sehenden Auges begleiteten sie die Entwicklung des Netzes und der immer breiter werdenden Zugangsmöglichkeiten, die von immer mehr Leuten zu immer mehr Zwecken genutzt wurden, ohne dem Ganzen allzu viele Steine in den Weg zu legen.

Dass es so kommen würde, bezweifelten anfangs einige. Die netto nach wie vor demokratisierenden und mehr digitale Gleichheit schaffenden Auswirkungen des Netzes erwarteten vor einem Vierteljahrhundert nur die wenigsten derer, die sich theoretisch und praktisch mit dem Thema beschäftigten. Für die Wissenschaft etwa sagten die Kommunikations- und Computerwissenschaftlerinnen Leah Lievrouw und Kathleen Carley 1990 einen ausgeprägten „Matthäus-Effekt" des Netzes und sonstiger sich gerade entwickelnder Kommunikations- und Informationsverarbeitungstechnologien voraus.[76] Der Matthäus-Effekt, ein Begriff geprägt von dem Wissenschaftssoziologen Robert K. Merton, ist schlicht eine Version der Erfahrung, dass normalerweise die Reichen reicher werden und die Armen ärmer. Er steht konkret für positive Rückkopplungen in der Wissenschaft, die dazu führen, dass ohnehin schon bekannte und häufig zitierte Forscher auch ohne zusätzliche Leistungen immer bekannter und noch häufiger zitiert werden: „Denn wer da hat, dem wird gegeben, dass er die Fülle habe; wer aber nicht hat, dem wird auch das genommen, was er hat" (Matthäus 13,12 und 25,29). Lievrouw und Carley vermuteten, dass das, was sie seinerzeit als „Telescience" bezeichneten, diejenigen, die den besten Zugang zu „Tele-Technologien" haben werden, stark begünstigen müsste. Sie gingen davon aus, dass dies auch für den Zugang zum Netz und seinen Ressourcen gelten wird und dass das Netz somit sogar eine zentralisierende, weiter professionalisierende statt einer demokratisierenden und in die Breite gehenden Wirkung auf die Wissenschaft haben würde. Zwanzig Jahre später räumte Lievrouw ein, sich hier wohl geirrt zu haben: „Im Gegensatz zu dem, was das Telescience-Modell suggeriert, scheinen Internetzugang und Computertechnologie sich ziemlich gleichmäßig über die Fachgebiete und unter Berufsforschern und Amateuren gleichermaßen ausgebreitet zu haben, was die gemutmaßten Vorteile von Online-Kommunikation egalisiert hat."[77]

Und, so schreibt Lievrouw noch im selben Absatz: „Umfassender Zugang war auch ein Schlüsselfaktor für die Entwicklung der Zusammenarbeit zwischen professionellen Fachleuten und Amateuren."

Die Entwicklung des Netzes und der Computertechnologie ist also mehr als nur ein Beispiel dafür, wie eine neue Technologie langsam, aber unumkehrbar in die Hände von Millionen und Milliarden gelangen kann. Sie ist nicht nur ein Beispiel dafür, dass die Verbreitung einer solchen Technologie trotz durchaus mit ihr einhergehender Gefahren ziemlich sicher und unterm Strich mit einer bisher überwältigend positiven Bilanz vonstattengehen kann. Sie ist auch nicht nur ein Beispiel dafür, wie einst für Privatpersonen unbezahlbare und extrem kompliziert zu handhabende Geräte, Anwendungen, Dienstleistungen plötzlich für weite Teile der Bevölkerung zumindest in den reicheren Ländern der Welt erst erschwinglich und dann bald selbstverständlich werden. Sondern sie schafft auch die Voraussetzungen dafür, dass etwas Vergleichbares auch in ganz anderen Bereichen passieren kann: Die sozialen Netzwerke, getrimmt auf Alltags- oder auf berufs- und karrierebezogene Kommunikation, sind die derzeit prominentesten Beispiele dafür, wie das Internet Raum für (sinnlosen, aber auch sehr sinnvollen) Datenaustausch, Datenspeicherung und Datenauswertung für unzählige Nutzer – und sich diesen Nutzern andienende Dienstleister – schafft. Warum sollte das Netz nicht auch zum Trägermedium einer neuen wissenschaftlichen Revolution werden können – oder zumindest einer Evolution der bisherigen institutionellen, elfenbeinturmhaften hin zu einer demokratischeren, mehr auf *Beteiligung* setzenden, von Beiträgen der *Teilnehmer* profitierenden und den erzielten Nutzen auch *teilenden* Wissenschaft? Die Anfänge sind ja gemacht. Projekte und Initiativen wie Galaxy Zoo, Herbaria@home, BioWeatherMap (siehe Kapitel 5) oder DIYbio.org sind ohne das Web nicht denkbar.

Die Statistik-Professorin und Open-Source-Aktivistin Victoria Stodden, die an der Columbia University in New York lehrt, schreibt dazu: „Sowohl die zunehmende Digitalisierung wissenschaftlicher Forschung als auch die Verbreitung der Internet-Nutzung schaffen ideale Voraussetzungen für die öffentliche Kommunikation von Wissenschaft und der publizierten Daten, und auch für jede Art Code, der diesen zugrunde liegt." Dies sei, so Stodden weiter, eine „wichtige Veränderung und eine offensichtliche Einladung zu computer- und datengetriebener Bürgerwissenschaft". Ihrer Ansicht nach sind die Implikationen hinsichtlich der Art und Weise, „wie wir als Gesellschaft unsere Welt verstehen und über sie lernen, tiefgreifend".[78]

Code, das können Computerprogramme sein, Datenanalyse-Tools – aber natürlich auch genetischer oder sonstiger biologischer Code.

Das Internet (und später das Web) ist in den gut vierzig Jahren seit seinen Anfängen von einer teuren, schwer zu bedienenden Maschine für ein paar wenige zu einem einfachen, selbstverständlichen, billigen Werkzeug für Milliarden geworden. Unter ihnen sind immer mehr Bürgerwissenschaftler – von der Hobby-Astronomin bis hin zum Do-it-yourself-Biologen –, die es nutzen, um sich zu informieren, sich Anregungen und Rat zu holen, untereinander und mit Profis Daten auszutauschen. Und bezeichnenderweise ungefähr gleich alt sind die Methoden von Genanalyse und Gentechnik. Auch sie sind inzwischen deutlich einfacher, billiger, variantenreicher geworden, als sie es in der Anfangszeit waren. Ob sie irgendwann von 100 Millionen oder gar von Milliarden aktiv genutzt werden könnten, wie heute etwa Facebook, kann derzeit niemand wissen. Sicher ist aber, dass man mit ihnen potenziell Dinge machen kann, die aufregender sind als Katzenvideos und Babyfotos hochzuladen oder Katzenvideos und Babyfotos zu „liken".

Gegen Bürgerastronomie, Laien-Ökologie und Vorstadt-Klimaforschung und dagegen, dass alle Beteiligten hier das Netz und dessen Möglichkeiten nutzen, hat wohl kaum jemand etwas. Doch Biohacking, DIY-Bio, gar von Amateuren betriebene synthetische Biologie beobachten nicht nur *das Leben selbst*, sondern wollen sich an seinem Inneren zu schaffen machen, es analysieren, auseinandernehmen und wieder zusammensetzen, es manipulieren. Code für ein Computerprogramm – und sei es ein festplattenfressendes Virus – zu schreiben und in die Welt zu setzen, ist eine Sache. Mit dem Code des Lebens genauso umzugehen, ist eine andere. Dass möglicherweise von Menschen erzeugte biologische Gefahren auch in der Wahrnehmung etwas qualitativ anderes sind als Computerviren oder gar konventionelle oder chemische Waffen, zeigt etwa der Auftritt des damaligen US-Außenministers Colin Powell vor dem Weltsicherheitsrat im Februar 2003. Im Zentrum seiner Begründung für einen Krieg gegen den Irak standen mit wenig bis gar keiner Evidenz untermauerte Spekulationen über Biowaffen und mobile Biowaffen-labors in Saddams Händen. Die Bush-Cheney-Administration wählte bewusst und gezielt ein Biohazard-Szenario, das – anders als etwa Chemiewaffen, die bereits ganz real mehr als 100 000 Kurden das Leben gekostet hatten – auch außerhalb des Iraks zur Bedrohung hätte werden können. Allein damit konnte man sich die Unterstützung der US-Öffentlichkeit und eventuell auch des Sicherheitsrates erhoffen.

Die Biotechnologie ist in der Welt. Sie ist nicht kinderleicht und wird es auch in naher Zukunft nicht werden. Aber sie wird durchaus zunehmend einfacher, zugänglicher. Sie eignet sich schlicht zum Herumspielen, dazu, Joghurt zum Leuchten zu bringen und dergleichen. Sie eignet sich aber mehr und mehr auch dafür, seriöse, alltägliche, individuelle Fragen und Probleme zu bearbeiten – von den möglichen eigenen Krankheitsgenen über die Suche nach einem unsachgemäß sein Geschäft verrichtenden Hund vielleicht bis hin zur Biotech-Giftküche. Wie schnell die Entwicklung voranschreitet, ob der selbstgemachte, auf die eigene Darmflora abgestimmte Synbio-Kefir oder die selbstgebaute SARS-Variante in fünf, zehn oder zwanzig Jahren realistisch sind, weiß zwar niemand. Aber sie ist nicht aufzuhalten und nicht zurückzudrehen.

Wie real sind die Chancen und Gefahren? Tatsache ist bisher, dass Biohacker und Do-it-yourself-Biologen zwar eine Menge Spaß haben und eine Menge lernen, dass ihnen bislang aber noch kein großer wissenschaftlicher oder auch nur Anwendungs-Wurf gelungen ist. Das muss nicht so bleiben. Doch unsere eigenen Versuche haben uns teilweise recht nervtötend vor Augen geführt, wie schwierig es bislang meist schon ist, mit den verfügbaren Techniken nur Dinge zu wiederholen, die andere vorher schon Tausende Male gemacht haben.

Tatsache ist auch, dass Do-it-yourself-Biologie mindestens genauso fehleranfällig ist wie etwa die Methoden jener studierten und promovierten Polizei-Biologen, deren Erbmaterial-Fund im Jahr 2007 nach dem Mord an der Polizistin Michèle Kiesewetter eine jahrelange Fahndung auslöste. Später stellte sich heraus, dass es sich bei der angeblich sichergestellten DNA um eine Verunreinigung handelte. Der Fall ist als das „Heilbronner Phantom" in die Kriminalgeschichte eingegangen. Deshalb muss für DIY-Bio-Experimente, wenn sie den Anspruch seriöser Wissenschaft erheben wollen und wenn sie auf welche Weise auch immer veröffentlicht werden – wenn sie also ernst genommen werden wollen –, dasselbe gelten wie für Forschung in professionellen Labors. Kontrollexperimente müssen die Beobachtungen bestätigen und andere Forscher müssen in der Lage sein, die Resultate zu reproduzieren. Solange aber ein Amateur – eingehaltene Sicherheitsstandards vorausgesetzt – in seinem Labor oder im Gemeinschaftslabor erst einmal nur herumspielt, sind solche Standards so fehl am Platze wie eine DIN-Norm für Sandkastenburgen.

Tatsache ist zudem, dass, wer per Biotech Schaden anrichten will, bislang eher schlecht beraten ist, wenn er oder sie sich auf die unsicheren Methoden von Gentechnik oder synthetischer Biologie verlässt. Denn die Natur ist auch ohne solche komplizierten und eher unzuverlässigen Manipulationen voller biologischer Gefahren von Anthrax bis Ehec, die sich gut für Verbrechen eignen (siehe dazu Kapitel 9).

Allerdings stehen wir wahrscheinlich an der Schwelle zu einer Ära, in der mehr möglich sein wird – im Guten wie im Schlechten. Den Diskussionen im Jahre 2012 darüber, ob die Informationen über ein in einem Labor in den Niederlanden molekularbiologisch gebasteltes hochinfektiöses Vogelgrippe-Virus öffentlich gemacht werden sollten oder nicht, lag vor allem die Furcht zugrunde, sie könnten eventuellen Bioterroristen die Arbeit erleichtern. Ein solches Szenario kann real sein, allerdings kann es sich bislang nur in perfekt ausgestatteten staatlichen Labors oder denen mächtiger Terrororganisationen abspielen. Dass die Biohacker-Bewegung oder Teile von ihr entsprechende Absichten haben könnten, dafür gibt es bislang nicht nur – trotz recht aufwändiger Suche etwa seitens des FBI – keinerlei Hinweise. Biohackern würden auch die Mittel und Fähigkeiten dafür fehlen. Ihr Zeitvertreib besteht bislang meist nur darin, mit einfachsten technischen Mitteln und wechselndem Erfolg simple Gentech-Versuche der 80er und 90er Jahre nachzukochen. Die DIY-

Bio-Pionierin Kay Aull beschreibt die Bemühungen der „Bewegung" bislang mit den Versuchen eines Kindes, „eine Steinschleuder zu bauen".[79] Nicht einmal die Abteilungen der UN, die sich um die Sicherung des Internationalen Biowaffenabkommens kümmern, stufen Biohacker derzeit als ernstzunehmende Gefahr ein.

Natürlich kann sich das ändern, und niemand kann ausschließen, dass es in Zukunft auch böswillige Biobastler geben wird, die das biotechnische Äquivalent einer Kalaschnikow konstruieren wollen. Und man könnte sich angesichts möglichen Missbrauchs wünschen, die Biotechnik wäre nie so weit gekommen. Das ergäbe ungefähr so viel Sinn wie ein Lamento darüber, dass Kopernikus uns aus dem Zentrum des Universums gerissen hat und Darwin aus dem Zentrum der Schöpfung. Man könnte einfach Nicht-Profis und außerhalb von Profilabors alles, was Biotech heißt, verbieten. Das wäre ungefähr so sinnvoll und trüge in etwa vergleichbare Folgen nach sich wie einst die Alkohol-Prohibition in den USA: Die Werkzeuge, Zutaten und Methoden waren bekannt, die Nachfrage nach dem Produkt und das Interesse an seiner Wirkung waren vorhanden. Kein Gesetz setzte der Destillation ein Ende, sie wurde nur ins kriminelle Milieu verbannt. Sie war damit fast gar nicht mehr zu kontrollieren. Und es würde jene eingangs schon ausgemalte biotechnologische Kluft zwischen wissenden und Entscheidungen treffenden Bio-Eliten und einem mit Verboten belegten Rest der Gesellschaft erzeugen – ein System mit autoritär-totalitären Zügen.

Man könnte auch die totale Biotech-Freiheit ausrufen und den möglichen Gefahren mit einem Achselzucken begegnen.

Sinnvoll allerdings wäre etwas anderes. Es ist komplizierter als schlichte generelle Verbote. Es verlangt mehr Flexibilität und mehr Bereitschaft, mit der Zeit auf Entwicklungen zu reagieren, als Ein-für-alle-Mal-Regelungen. Und es setzt Vertrauen in Menschen voraus. Es beruht auf der Grundannahme, dass die allerwenigsten von denen, die sich für DIY-Bio, Biohacking oder synthetische Biologie interessieren, potenzielle Bioterroristen oder schlampige Bio-Idioten sind. Und es setzt darauf, dass die Mehrheit gegen die möglichen Machenschaften jener wenigen mit genau denselben Werkzeugen wirksam wird reagieren können – ähnlich wie die Anti-Spam-Programmierer auf die Spam-Programmierer. Der deutschstämmige Virologe Eckard

Wimmer von der New York State University in Stony Brook, Long Island, würde zwar nicht darauf setzen, dass die wirkungsvollste Abwehr aus Amateurlabors kommen würde, aber generell sieht er die Möglichkeit, „durch biomedizinische Forschung neue Impfstoffe und Medikamente zu entwickeln und damit immer etwas schneller zu sein als eventuelle Terroristen". Als Voraussetzung dafür sieht er keine rigiden Verbote, sondern Transparenz und Offenheit über die Dinge, die möglich sind.

Selbst gegen möglichen biologischen Terror würde also, anders als etwa bei Atombomben, eine Option bleiben: eine genauso biologische Gegenstrategie zu entwickeln, in Form einer Impfung zum Beispiel, aber vielleicht auch durch gentechnisch hergestellte Medikamente. Ein neutralisierender Gegen-Hack, zu dem Amateure irgendwann vielleicht doch alles Mögliche beitragen können, von Ideen über dezentrale Analyse von Proben bis hin zu ihren eigenen, vielleicht eine Resistenz oder ähnliches enthaltenden Genen.

Ein aufgeklärtes Bio-Bürgertum sollte zumindest eines der Ziele der Biopolitik der kommenden Jahre und Jahrzehnte sein – als Gegenstück und kompetente Kontrollinstanz zu den Bioeliten im akademischen, privatwirtschaftlichen und Verwaltungs-Sektor. Wie man mit den Ersten umgeht, die heute bereits eine solche „Biological Citizenship" für sich einfordern, wird wegweisend sein. Vorbeugende Verbote, ein alle Freizeit-Biotech-Freaks einschließender Generalverdacht, ein von Angst bestimmtes Klima, in dem Forscherneugier außerhalb des Forscherestablishments per se als suspekt oder gar gefährlich gilt, all das wäre sicher der falsche Weg. Die durchaus auch individuell gemeinte Forschungsfreiheit im Grundgesetz sollte auch in der Praxis für alle gelten – genauso wie andere Rechte wie etwa das auf körperliche Unversehrtheit, auf deren Grundlage auch die Bürgerforschung so sicher und für die Öffentlichkeit gefahrlos wie nur möglich gemacht werden sollte. Das muss an manchen Stellen durch restriktive Gesetze und deren Durchsetzung geschehen, an vielen wird es aber reichen, Dinge zu ermöglichen anstatt sie zu verbieten. Entscheidend ist, dass die Entwicklung der Biologie und der Biotechniken dynamisch ist, und genauso dynamisch muss eine von einer informierten Öffentlichkeit kontrollierte Politik auf sie reagieren können. Es gibt gute Gründe, dass in Deutschland Gentechnik derzeit außerhalb von Labors, die bestimmte Sicherheitsstandards erfüllen und von erfahrenen Fachleuten geleitet werden, verboten ist. Die Techniken und der mögliche Zugang zu ihnen werden sich aber ändern, entsprechend müssen Gesetzgeber und Behörden reagieren. Zum Schutz der Bevölkerung, aber auch im Sinne ihrer Freiheit in Selbstbestimmung und der Entfaltung der Möglichkeiten und Interessen jeder und jedes Einzelnen.

Wenn in Deutschland etwa offene Labors entstehen und auch unterstützt werden, in denen Laien mit Profis zusammenarbeiten und sich austauschen können, dann wird es wahrscheinlich nicht nur weniger versteckte, unregulierbare Küchen-, Kleiderschrank- oder Garagenlabors geben. Diese Labors, die sicher besser ausgestattet wären, als es sich die meisten daheim in der Garage leisten können, wären auch Kristallisationspunkte für Leute, die ansonsten einsam und abgeschottet basteln würden. Solche Gemeinschaftslabors würden zusätzlich zumindest teilweise sicherstellen, dass die Laien so arbeiten, dass sie weder sich noch andere noch die Umwelt gefährden. Damit würde wahrscheinlich eine stetig steigende Kompetenz der Laien einhergehen, eine in die Breite gehende spezifische Bildung und Fähigkeit zur Meinungsbildung angesichts anstehender wissenschafts- und biopolitischer Entscheidungen. Außerdem könnten dann die kreativen Impulse und Improvisationskünste der DIY-Bewegung positiv begleitet werden – wahrscheinlich mit gesellschaftlichem Mehrwert.

Damit das geschieht, müssen Profi-Forscher ihre nicht universal, aber doch weit verbreitete Nur-Gucken-Aber-Nicht-Anfassen-Attitüde bezüglich ihrer eigenen Forschung ändern. Sie müssen sich, ihre Datenbanken und ihre Zeitkonten nicht nur für Neugierige, sondern auch aktiv Interessierte öffnen. Die Bereitschaft dazu scheint, wenn man den Ergebnissen einer Studie der Statistikerin Victoria Stodden von der Columbia University in New York glaubt, sogar ziemlich groß zu sein. Dort gab zum Beispiel eine überwältigende Mehrheit der durch Stodden befragten Wissenschaftler an, sie seien bereit, nicht nur publizierte Ergebnisse frei zugänglich zu machen, sondern auch jegliche Daten und jeglichen Code, der der Publikation zugrunde lag oder in ihrer Folge noch entstanden ist.[80]

Wenn eine solche Öffnung bewusst und respektvoll geschieht, gezielt und mit echtem Einsatz jenseits der einmal im Jahr stattfindenden „Langen Nacht der Wissenschaften", kann vielleicht auch mehr herausspringen als nur ein durch PR-Arbeit und ein wenig Volksbildung beruhigtes Gewissen gegenüber den Steuerzahlern, die nach wie vor den Hauptanteil der Forschungsfinanzierung tragen. Eine motivierte DIY-Biologin kann einer Uni-Arbeitsgruppe vielleicht auch nützlicher sein als ein Lehramts-Kandidat, der nur irgendwie seine Laborpflicht abarbeitet. Warum muss jemand, der forscht, einen Uni-Abschluss oder zumindest eine Studienbescheinigung haben? Forscher wird man nicht durch ein Dokument. Forscher ist, wer Fragen stellt und dann mit wissenschaftlicher Methodik nach Wegen sucht, sie zu beantworten. Auch hier sollte der Gesetzgeber aktiv werden, denn bislang bewegen sich solche „Externe" in Uni-Labors in einer rechtlichen Grauzone.

Die Geschichte der Wissenschaft zeigt, dass akademische Titel und Diplome lange Zeit zwar hilfreich, aber nicht notwendig waren, um Forschung von klein bis bedeutend zu machen. Hinzu kommt, dass die Geschichte der technischen Innovationen in der Wissenschaft belegt, dass Amateure, Normalbürger, Nutzer einen riesigen Anteil an Neuentwicklungen wissenschaftlicher Instrumente hatten.[81] Vielen Fachrichtungen, unter ihnen auch fast alle Bereiche der Biologie, bietet das Web in Kombination mit billiger und einfacher gewordenen Methoden die Möglichkeit, die Profi-Halbprofi-Amateur-Netzwerk-Tradition so bedeutender Forscher wie Carl Linnaeus oder Charles Darwin wieder aufzugreifen. Sie könnten ihr Potenzial, schlicht weil die Kommunikation, Datenspeicherung und -zusammenführung nie da gewesene Möglichkeiten bieten, sogar erstmals wirklich effektiv nutzen. Die „Big Science" der teuren Labors, professionellen Wissenschaftler, sich multiplizierenden Publikationen[82] und institutionellen Abläufe, in der kein Platz mehr für Leute ist, die Wissenschaft einfach nur lieben (Amateur, frz: „Liebhaber"), ohne von ihr zu leben, ist insgesamt ein eher junges Phänomen des 20. Jahrhunderts. Laien (griechisch: laikós: „zum Volke gehörig"), die Zeit, Bildung und Möglichkeiten genug haben, sich an Wissenschaft zu beteiligen, gibt es heute zahlenmäßig, aber auch relativ zur Gesamtbevölkerung, wahrscheinlich mehr als je zuvor. Sie sind, wenn man als Professor oder Laborleiterin ein wenig Mühe und immer mal wieder ein paar lobende Worte oder Erwähnungen auf einer Veröffentlichung zu investieren bereit ist, eine vielversprechende Ressource und kein gesetzloser Bio-Mob.

Und ruft man sich das alte, aber noch immer oft zutreffende Klischee des Gegensatzes zwischen Elfenbeinturm auf der einen und der realen Welt auf der anderen Seite in Erinnerung, kommt noch ein wichtiger Aspekt hinzu: Von Bürgern getriebene oder zumindest mit getriebene Wissenschaft kann helfen, Wissenschaft etwas zu erden, weil sie sich logischerweise eher an den konkreten, auch alltäglichen Fragen und Bedürfnissen der Bürger orientieren wird. Das gilt etwa für die Umwelt- oder Energieforschung, vor allem aber für die Medizin. Es gilt in Industriegesellschaften, aber auch in sogenannten Entwicklungs- und Schwellenländern, vor allem, wenn praktische Hightech allmählich zugänglicher, erschwinglicher, machbarer wird.

Der irische Naturforscher Robert Boyle nannte das informelle Kollektiv im 17. Jahrhundert eng zusammenarbeitender und sich austauschender Profi- und Gentleman-Wissenschaftler, das später zur Royal Society wurde, ein „Invisible College". Eine Wiedergeburt einer in solchen „unsichtbaren Akademien" organisierten „Little Science" der vernetzten Kleinforscher parallel zur „Big Science" – und auch damit verwoben – ist möglich, über akademische, kulturelle, ökonomische, politische Grenzen hinweg. Die neuen Invisible Colleges können DIY-Biologen sein, die ohne hierarchische Strukturen interagieren, aber auch Amateurforscher, die aus Interesse, Lust oder Engagement für eine bestimmte Sache einem akademischen Forscher oder einer Forscherin zuarbeiten.

Was aus Sicht eines einzelnen, auf diese Weise die Mini-Schwarmintelligenz seines unsichtbaren Kollegiums nutzenden Profiforschers gilt, gilt aus Sicht der gesamten Gesellschaft, und das sogar noch auf mehreren Ebenen:

Laien-Wissenschaft schafft Bildung, Zugehörigkeitsgefühl, demokratische Teilhabe an vom Gemeinwesen gewollter und finanzierter Forschung und für Gesetzgebungsprozesse relevante Kompetenz der wahlberechtigten Bürger. Sie sind es, die – möglichst gut informiert und jenseits irrationaler Ängste oder Hoffnungen – als

Wähler auch mit entscheiden werden müssen, wie Biotechnologie in Forschung, Wirtschaft und im Privaten in Zukunft reguliert werden muss und wie Regularien mit der Zeit angepasst werden müssen.

Laien-Wissenschaft führt, weil ein Laienforscher sich zwangsläufig auch mit den Normen von Wissenschaft auseinandersetzen muss,[83] auch dazu, dass Amateure nicht nur Forschungsergebnisse, sondern auch Forschungsprozesse besser verstehen und einschätzen werden können. Laien-Wissenschaft ist nicht per se gefährlich, sie hilft aber per se, die Kluft zwischen Wissenschaft und Öffentlichkeit schrumpfen zu lassen.

Im speziellen Falle von DIY-Bio und Biohacking wäre es möglich, diese gefährliche Kluft − zwischen den Bio-Eliten, die mit allem Wissen und allen Techniken und Entscheidungskompetenzen ausgestattet sind, und einer bewusst in Unkenntnis über die Details gelassenen Öffentlichkeit − gar nicht erst entstehen zu lassen. Sicher wird Biohacking in absehbarer Zukunft kein so weit verbreitetes Hobby wie Kochen oder Gärtnern werden. Doch auch Computerhacker und Netzaktivisten treten − absolut und auch relativ gesehen − nicht in Massen auf, aber sie bilden eine kompetente kritische Masse. Unter anderem ihnen ist zu verdanken, dass das Netz so konstruiert ist, dass Freiheit und Zugang in seiner Architektur eingebaut und erhalten wurden. Sie können Entwicklungen beeinflussen, Schwachstellen offenlegen, einen kompetenten Gegenpol zu den Googles, Microsofts, Apples, Twitters und Zensursulas dieser Welt bilden. Etwas Vergleichbares im Bereich Biotech gibt es bislang nicht, gebraucht würde es durchaus.

Und letztlich trägt etwas, was man machen will und machen darf, was man spannend findet und worin man Erfolgserlebnisse haben kann, was einen schlauer macht und einem Teilhabe bringt, schlicht zur Steigerung der „Gross National Happiness" (das deutsche Wort dafür heißt „Bruttonationalglück") bei.

Die großen, durch Biotechnologie bestimmten Transformationen in Industrie, Landwirtschaft, Medizin und Gesundheitsversorgung werden kommen, sie sind bereits auf dem Weg. Sie werden sich auf jeden Einzelnen der Milliarden Menschen auf diesem Planeten auswirken. Parallel dazu wird Biotechnologie potenziell zugänglicher für viele, die sich für sie interessieren, egal ob der Grund für dieses Interesse pure Neugier, Geschäftsideen oder Sorgen um soziale, wirtschaftliche und ökologische Implikationen sind. In der Gegenwart und der nahen Zukunft werden auch in Deutschland und Europa die Weichen dafür gestellt werden, wie Staaten, Staatengemeinschaften und Gesellschaften mit diesen neuen Bedingungen umgehen werden.

Wir leben in einer Zeit der Chancen, diese Weichen richtig – vernünftig, aufgeklärt – zu stellen. Dabei sollten Bildung, Teilhabe, Zugang zu Wissen, Dezentralisierung der Anwendung von Wissen und Technologie, Demokratisierung der Wissenschaft die Leitmotive sein. Eine zusätzliche Abschottung von Eliten, die für das inkompetente Volk und gegen dessen möglicherweise verantwortungslose Elemente über die Anwendung von Bio-Herrschaftswissen entscheidet, wäre jedenfalls der falsche Weg.

Wir drei haben in den letzten mehr als zwei Jahren eine Menge gelernt, während wir uns selber an dieser basistechnologisch-demokratischen Biologie versuchten. Wie alle erfolgreiche Arbeit und wie alle funktionierende Demokratie war es einerseits anstrengend, schweißtreibend, teilweise frustrierend und verbunden mit manchmal unsanften Landungen auf dem Boden der Tatsachen. Es hat sich andererseits aber auch gelohnt, war erfüllend, bildend – und es hat Spaß gemacht.

In einem auf Deutsch verfassten Buch sollte zumindest einmal Goethe zitiert werden. Es hier zu tun, bietet sich auch deshalb an, weil gerade des Weimarers naturwissenschaftliche Unternehmungen nichts anderes als die Versuche eines aufgeklärten und aufklärerischen Amateurforschers waren – eines begeisterten, mal erfolgreichen, mal scheiternden, immer dazulernenden und das Gelernte teilenden Hackers.

Wir könnten den Prometheus („Bedecke deinen Himmel, Zeus ...") bemühen, denn was sind Biotech und synthetische Biologie anderes als das vom Menschen gestohlene molekulare Feuer der Götter? Wir bleiben aber lieber beim etwas bekannteren Zauberlehrling:

Die Biotechnologie und die Gentechnik sind Geister, die wir gerufen haben, die wir nun auch sicher nicht wieder loswerden. Wir können sie nicht wegzaubern, wegsperren oder wegregulieren. Wir können aber entscheiden, ob diese Geister uns alsbald dienstbar oder aber furchtbar durch die Zukunft begleiten.

Diese Technologien werden das Jahrhundert entscheidend mitdefinieren. Wenn eine möglichst breite demokratische Basis theoretischen – und mittels DIY-Biologie und Biohacking auch praktischen – Zugang zu ihnen bekommt, steigt die Chance, dass sie auch nachhaltig hilfreich und gut sein werden.

ENDE

Wir danken unseren Partnerinnen und Familien,
die uns bei diesem Experiment mit Zeit und Geduld
unterstützt haben.

HINWEISE DER AUTOREN

Wenn wir in diesem Buch das Wort „wir" benutzen, wenn „wir" mit jemandem sprechen, jemandem beim Experimentieren zusehen, selber experimentieren, in FBI-Konferenzen sitzen, etc., dann sind wir manchmal alle drei dabei gewesen, oft zu zweit, und manchmal auch nur einer von uns. Wir schreiben immer von „uns", weil wir alle gemeinsam für das stehen, was wir in diesem Buch geschrieben haben, und weil wir Lesern nicht grundlos personelle Verwirrungen zumuten wollen.

Wenn wir von unseren Ausgaben für Geräte, Laborbedarf und Reisen sprechen, dann geben wir dort weitgehend Geld aus einem „Ad-hoc-Stipendium" aus, das wir für unser Projekt von der Robert-Bosch-Stiftung bewilligt bekommen haben und ohne das es dieses Buch sicher nicht gäbe. Teilweise haben wir Reisen auch selbst finanziert oder diese wurden von Zeitschriften, für die wir Artikel geschrieben haben, bezahlt oder mitbezahlt.

Das Buch ist Teil eines durch das erwähnte Stipendium angeschobenen Gesamtprojektes von vier Journalisten, von denen alle an der „experimentellen Recherche" beteiligt waren. Drei von ihnen (Hanno Charisius, Richard Friebe und Sascha Karberg) haben dieses Buch und eine Reihe von Artikeln in Print- und Online-Medien erarbeitet. Der 60-minütige Dokumentarfilm „Die Gen-Köche" ist in der Autorenschaft zweier Mitglieder des Projektteams (Alexander Schlichter und Sascha Karberg) entstanden. Das Filmprojekt wurde mit dem

1. Preis des Dokuwettbewerbs 2010 des Bayerischen Rundfunks und der Telepool GmbH prämiert. Der Film soll 2013 im Bayerischen Fernsehen ausgestrahlt werden.

Wir haben alles, was in diesem Buch steht, sehr genau recherchiert und geprüft. Sollten uns trotzdem Fehler oder Ungenauigkeiten unterlaufen sein, freuen wir uns über Hinweise, um dies in eventuellen zukünftigen Auflagen korrigieren zu können.

Wir äußern in diesem Buch Meinungen, kommen zu Schlussfolgerungen. Es handelt sich hierbei um die gemeinsam vertretenen Ansichten der Autoren, die wir hoffentlich auch jeweils nachvollziehbar begründen. Auf dem Weg zu unseren Schlussfolgerungen haben wir viele der behandelten Themen und Aspekte ausführlich und gelegentlich auch kontrovers diskutiert. Leser werden womöglich zu anderen Schlussfolgerungen kommen. Wir halten es für wichtig, dass sich über die in diesem Buch behandelten Themen ein gesellschaftlicher Diskurs entwickelt, und freuen uns auf den Meinungsaustausch.

Die Autoren sind unter der E-Mail-Adresse nextgenbiochem@ gmail.com zu erreichen.

LITERATURHINWEISE UND ERLÄUTERUNGEN

1 http://attilachordash.newsvine.com/_news/2006/04/26/155889-bio-tech-diyers-do-not-hesitate (abgerufen im Oktober 2012)

2 Vorsicht, blutig! http://pimm.wordpress.com/2007/01/23/how-to-isolate-amniotic-stem-cells-from-the-placenta-at-home/ (abgerufen im Oktober 2012)

3 http://www.sens.org (abgerufen im Oktober 2012)

4 http://www.openbiotech.com (abgerufen im Oktober 2012)

5 http://online.wsj.com/article/SB10001424052970204124204577150801888929704.html (abgerufen im Oktober 2012)

6 http://www.nycresistor.com (abgerufen im Oktober 2012)

7 http://blog.ted.com/2012/06/26/do-it-yourself-biotech-ellen-jorgensen-at-tedglobal-2012 (abgerufen im Oktober 2012)

8 http://www.dld-conference.com/news/life-science/ellen-jorgensen-do-it-yourself-biotech_aid_3145.html (abgerufen im Oktober 2012)

9 Mitteilung der Indian Space Research Organization im März 2009: New Microorganisms Discovered In Earth's Stratosphere: http://www.sciencedaily.com/releases/2009/03/090318094642.htm (abgerufen im Oktober 2012)

10 http://www.wired.com/wiredscience/2010/12/genspace-diy-science-laboratory (abgerufen im Oktober 2012)

11 http://www.hacks.mit.edu (abgerufen im Oktober 2012)

12 http://www.heise.de/tr/artikel/Zwischen-Genie-und-Bahn-1398238.html (abgerufen im Oktober 2012)

13 http://www.igem.org (Website des iGEM-Wettbewerbs, abgerufen im Oktober 2012)

14 Alex Wright: Managing Scientific Inquiry in a Laboratory the Size of the Web. The New York Times, 27. Dezember 2010

15 http://www.nature.com/nsmb/journal/v18/n10/full/nsmb.2119. html#/ (abgerufen im Oktober 2012)

16 http://www.esajournals.org/doi/pdf/10.1890/1540-9295-10.6.283 (abgerufen im Oktober 2012)

17 Timothy Ferris: Seeing in the dark: How backyard stargazers are probing deep space and guarding Earth from interplanetary peril. New York: Simon & Schuster 2002

18 A. Sanchez-Lavega et al.: Large-Scale Storms in Saturn's Atmosphere During 1994. Science, S. 631, 2. Februar 1996

19 Daniel Dennett: Darwin's Dangerous Idea. Simon & Schuster, New York 1995

20 http://outlawbiology.net/about/wtf/ (abgerufen im Oktober 2012)

21 Alexander von Schwerin: Experimentalisierung des Menschen. Der Genetiker Hans Nachtsheim und die vergleichende Erbpathologie 1920–1945. Wallstein, Göttingen 2004

22 Yochai Benkler u. Helen Nissenbaum: Commons-based peer production and virtue. Journal of Political Philosophy, Bd. 14, S. 394, 2006

23 Yochai Benkler: The wealth of networks: How social production transforms markets and freedom. Yale University Press, New Haven, CT 2007

24 Das Bänderschneckenprojekt im Internet: http://www.evolution megalab.org/de/ (abgerufen im Oktober 2012)

25 Fachartikel aus dem Projekt zur Evolution der Bänderschnecken: http://www.plosone.org/article/info:doi/10.1371/journal.pone. 0018927 (abgerufen im Oktober 2012)

26 http://www.bioweathermap.org/data.html (abgerufen im Oktober 2012)

27 http://oceana.org/sites/default/files/LA_Seafood_Testing_Report_ FINAL.pdf (abgerufen im Oktober 2012)

28 http://www.boston.com/business/articles/2011/10/23/on_the_ menu_but_not_on_your_plate/?page=2 (abgerufen im Oktober 2012)

29 Kein Mensch weiß genau, wie viele Organismen es auf der Erde gibt. Und trotzdem gibt es einige Ehrgeizige, die alles Leben katalogisieren wollen. Um sich dabei nicht nur auf äußere Merkmale verlassen zu müssen, ziehen sie außerdem einen Erbgut-Abschnitt hinzu. Jedes bekannte

Lebewesen trägt das Gen COX1 in seinem Erbgut, ohne es wären die Zellen nicht in der Lage die Energie aus der Nahrung in chemische Energie umzuwandeln, die für den Betrieb der Zellfunktionen notwendig ist. Jedes Lebewesen trägt also dieses Gen, aber es unterscheidet sich von Art zu Art in wenigen Positionen in der Abfolge der Genbausteine. Sie bilden so etwas wie den Strichcode einer Art, weswegen die genetische Artbestimmung auch als DNA-Barcoding bezeichnet wird. Die Methode hat einen Streit unter Taxonomen ausgelöst. Die Artenforscher alter Schule halten die molekularen Unterschiede für weit weniger aussagekräftig in der Frage, ob zwei ähnlich aussehende Organismen nun zu einer Art gehören oder ob sie in zwei getrennte einzuteilen sind. Die Befürworter wiederum sehen im genetischen Strichcode die einzige Möglichkeit, die Taxonomie weiterhin als ernstzunehmende Forschung zu betreiben. Allerdings funktioniert das System nur mit Einschränkungen: Bei noch sehr jungen Arten, lassen sich kaum Unterschiede zu den verwandten Gruppen finden. Das hängt unter anderem damit zusammen, dass das COX1-Gen so wichtig ist für den Organismus, dass es sich nur sehr langsam verändert. Bei Buntbarschen in ostafrikanischen Seen etwa funktioniert die Methode nicht, genauso wenig bei vielen Landpflanzen. Hier ist eine Klassifizierung nach Äußerlichkeiten oder Verhalten aussagekräftiger. Der große Vorteil des Barcodings besteht darin, dass man kein Artenexperte sein muss, um die Arten an einem Ort zu bestimmen. Ein bisschen genetisches Material genügt. Der Rest ist recht einfache Laborarbeit und ein Abgleich mit der Datenbank. 2004 hat sich das „Consortium for the Barcode of Life" (www.barcodeoflife.org) entwickelt, dem inzwischen über 60 Organisationen in mehr als 30 Ländern angehören. Dass es beim genetischen Barcoding nicht nur um akademische Interessen geht, zeigte ein Fall im Sommer 2012. Nach einer Tibetreise ging eine Touristin mit Beschwerden zum Arzt, der eine Fliegenlarve unter ihrer Haut fand. Nicht einmal der Fliegenexperte der Zoologischen Staatssammlung in München konnte das Insekt identifizieren. Erst der genetische Fingerabdruck des Tieres und eine anschließende Datenbankrecherche klärten die Identität der Made – es war ein harmloses Insekt, das keine weiteren Beschwerden verursacht oder Krankheitserreger überträgt. Die Frau hatte nach Entfernung des Insekts keine weiteren Probleme mehr.

30 http://www.wired.com/science/discoveries/news/2006/01/70015 (abgerufen im Oktober 2012)

31 Deuter et al.: A method for preparation of fecal DNA suitable for PCR. Nucleic Acids Research, Bd. 23, S. 3800, 1995

32 http://www.gesetze-im-internet.de/bundesrecht/gendg/gesamt.pdf (abgerufen im Oktober 2012)

33 N. Yang et al.: ACTN3 genotype is associated with human elite athletic performance. Am. J. Hum. Genet., Bd. 73, S. 627, 2003; A.K. Niemi u. K. Majamaa: Mitochondrial DNA and ACTN3 genotypes in Finnish elite endurance and sprint athletes. Eur. J. Hum., Bd. 13, S. 965, 2005

34 Daniel McArthur auf http://www.genetic-future.com/2008/08/gene-for-jamaican-sprinting-success-no.html (abgerufen im Oktober 2012)

35 A. Lucia: Citius and longius (faster and longer) with no alpha-actinin-3 in skeletal muscles? Br J Sports Med., Bd. 41, S. 616, 2007; http://www.ncbi.nlm.nih.gov/pubmed/17289854 (abgerufen im Oktober 2012)

36 Daniel McArthur: „Lack of α-actinin-3 clearly doesn't destroy your muscle", auf http://www.genetic-future.com/2008/08/gene-for-jamai can-sprinting-success-no.html (abgerufen im Oktober 2012)

37 E. Edston: The earlobe crease, coronary artery disease, and sudden cardiac death: an autopsy study of 520 individuals. Am J Forensic Med Pathol., Bd. 27, S. 129, 2006

38 55 von 2607 Frauen, die Vitamin-B-Präparate einnahmen, entwickelten eine Altersbedingte Makula-Degeneration (AMD), während 82 von 2598 Frauen, die kein Vitamin B einnahmen, an AMD erkrankten. W. Christen et al.: Folic Acid, Pyridoxine, and Cyanocobalamin Combination Treatment and Age-Related Macular Degeneration in Women: The Women's Antioxidant and Folic Acid Cardiovascular Study. Archives of Internal Medicine, Bd. 169, S. 335, 2009

39 M. Swan: Crowdsourced Health Research Studies: An Important Emerging complement to Clinical Trials in the Public Health Research Ecosystem. J Med Internet Res., Bd. 14, S. e46, 2012; http://www.jmir.org/2012/2/e46/ (abgerufen im Oktober 2012)

40 http://www.wired.co.uk/magazine/archive/2011/03/features/secrets-of-my-dna?page=all (abgerufen im Oktober 2012)

41 http://www.wired.com/magazine/2010/06/ff_sergeys_search/all/1 (abgerufen im Oktober 2012)

42 C. B. Do et al.: Web-based genome-wide association study identifies two novel loci and a substantial genetic component for Parkinson's disease. PLOS Genet, Bd. 7, S. e1002141, 2011; http://www.ncbi.nlm.nih.gov/pmc/articles/PMC3121750/ (abgerufen im Oktober 2012)

43 http://www.biotechnologie.de/BIO/Navigation/DE/Aktuelles/menschen,did=149634.html?view=renderPrint und http://www.be obachter.ch/leben-gesundheit/medizin-krankheit/artikel/pharma industrie_das-geschaeft-mit-den-genen/ (abgerufen im Oktober 2012)

44 F. Fornai et al.: Lithium delays progression of amyotrophic lateral sclerosis. PNAS, Bd. 105, S. 2052, 2008

45   P. Wicks et al.: Accelerated clinical discovery using self-reported patient
     data collected online and a patient-matching algorithm. Nat Biotech,
     Bd. 29, S. 411, 2011

46   Oberlandesgericht Celle, Urteil vom 29. Oktober 2003, Aktenzeichen
     15 UF 84/03, NJW 2004, S. 449 ff.

47   http://www.nytimes.com/2012/03/06/health/amateur-biologists-are-
     new-fear-in-making-a-mutant-flu-virus.html?pagewanted=all&_r=0
     (abgerufen im Oktober 2012)

48   Leitlinie einer Gruppe von Gensynthese-Unternehmen http://www.
     ia-sb.eu/go/synthetic-biology/synthetic-biology/biosafety-biosecurity
     (abgerufen im Oktober 2012)
     Anleitung zum Screenen vom Department of Health and Human
     Services: http://www.phe.gov/Preparedness/legal/guidance/syndna/
     Documents/syndna-guidance.pdf

49   Um zu verstehen, warum der Weg vom Gen zum biotechnisch her-
     gestellten Gift – oder gar zu einem giftigen, infektiösen Bakterium – so
     viel schwieriger ist, als etwa Bakterien zum Leuchten zu bringen, muss
     man ein paar Dinge über Rizin wissen. Das Giftmolekül, das die Pflan-
     zenzelle anhand der genetischen Bauanleitung produziert, besteht in
     der fertigen Form aus zwei Untereinheiten. Die A-Einheit ist die eigent-
     lich gefährliche, sie zerstört lebenswichtige molekulare Maschinen im
     Inneren der Zellen, ohne die diese keine Proteine mehr produzieren
     kann und zugrunde geht. Die B-Untereinheit ist dafür zuständig, das
     tödliche Molekül in die Zelle zu bringen. Damit das Gift die Rizinus-
     Pflanze nicht selbst umbringt, wird es zunächst in der inaktiven Form
     hergestellt, und erst später chemisch aktiviert, wobei die beiden Unter-
     einheiten sich erst räumlich richtig zueinander anordnen.
         Diese Art der Aktivierung ist schwierig im Labor nachzuvollziehen.
     Es hat sich jedoch gezeigt, dass es schon genügt, nur die zerstörerische
     A-Untereinheit zu verwenden. Ohne die B-Komponente, die das Ein-
     dringen in die Zellen ermöglicht, ist sie zwar längst nicht mehr so
     gefährlich wie das normale Rizin, aber noch immer stark genug, um
     Labortiere zu töten (Int. J. Immunopharmac., Bd. 14, S. 281, 1992; Bio-
     chimica et Biophysica Acta, Bd. 923, S. 59, 1987).
         Aus der Bauanleitung für das gesamte Rizin-Molekül aus dem Ge-
     nom des Wunderbaums könnte man also auch nur die gefährliche A-
     Hälfte nutzen, sie in Bakterien einsetzen und dort das giftige Rizin-A
     produzieren lassen. Die Aktivierungsschritte wären dabei nicht not-
     wendig. Die Bakterien sind gegen Rizin weitgehend immun, vergiften
     sich also nicht selbst (FEBS Journal, Bd. 216, S. 73, 1987; Gene, Bd. 93,
     S. 183, 1990).
         So hergestelltes Rizin-A wird seit Jahren als Mittel gegen Krebs er-
     probt. Dazu wird es mit Molekülen fusioniert, die Krebszellen erken-
     nen, an sie binden und dafür sorgen, dass der tödliche Teil des Rizins

von den kranken Zellen aufgenommen wird. Man könnte es natürlich auch an solche Moleküle knüpfen, die an jede Zelle binden, also die B-Komponente durch ein anderes, ähnlich arbeitendes Molekül ersetzen. So könnte zum Beispiel ein Protein namens EGF-R (Epidermaler Wachstumsfaktor-Rezeptor) für Rizin-A ein Tor zur Zelle sein. EGF-R steckt zehntausendfach in der Membran fast jeder menschlichen Zelle. Wenn man nun ein Protein, das dieses Tor aktiviert oder daran bindet, mit Ricin-A koppelt, dann gelangt das Gift in die Zelle und kann sie – wie schon nachgewiesen wurde – abtöten. (J. Cell. Physiol., Bd. 131, S. 418, 1987; Cell, Bd. 22, S. 563, 1980)

Man könnte auch beide Untereinheiten getrennt von Bakterien produzieren lassen und entweder im Reagenzglas durch ein paar schwierige chemische Reaktionen zum aktiven Rizin zusammenbauen, oder beide Komponenten dem Opfer getrennt verabreichen. Bei Labormäusen erwies sich diese Mischung ebenfalls als tödlich. (Toxicon, Bd. 22, S. 265, 1984)

In unserem Experiment haben wir zum Kopieren des Rizin-Gens an den Enden kurze Sequenzen gewählt, mit deren Hilfe wir es zweifelsohne bequem in eine der üblichen Genfähren hätten einbauen können. Diese „Fähren" oder „Vektoren" sind entweder Bakterien befallende Viren oder kleine Erbgutringe (so genannte Plasmide). In sie können mit biotechnischen Routinemethoden bestimmte Erbgutabschnitte, harmlose ebenso wie Gift-Gene, eingefügt werden. Zusätzlich gebraucht werden lediglich einerseits Restriktionsenzyme – jene molekularen Scheren also, mit denen sich DNA schneiden lässt. Andererseits ist das Enzym Ligase vonnöten, mit dem sich zwei DNA-Stücke – also in diesem Falle Rizin-Gen und Genfähren – zusammenkleben lassen. Diese beiden molekularen Werkzeuge hätten auch wir zur Verfügung gehabt. Auf diese Weise verpackt lassen sich Fremdgene dann sehr einfach in das gerne als „Arbeitstier der Genforscher" bezeichnete Darmbakterium *Escherichia coli* einschleusen.

Die Genfähre samt Rizin-Ladung (etwa, wie oben beschrieben, nur dem Gen-Teil für die A-Kette des Giftes) in die Coli-Bakterien zu bekommen, wäre tatsächlich annähernd kinderleicht. Denn wenn Coli-Bakterien einem zweiminütigen Hitzeschock von etwa 40 bis 42 Grad Celsius ausgesetzt werden, sind sie danach begierig, DNA aufzunehmen, die man ihnen mit der Nährlösung anbietet. Andere Methoden sind noch effektiver: wie etwa die Elektroporation, bei der in der Zellmembran der Bakterien durch einen Elektroschock kurz Poren geöffnet werden. Auch eine „Gene-Gun", wie sie etwa der deutsche Biohacker Rüdiger Trojok bereits selbst gebaut hat und mit der winzige DNA-beladene Goldpartikel in die Zelle geschossen werden, eignet sich, um Fremdgene einzuschleusen.

50 Sicherheitsanforderungen für biologische Labore: http://www.efbs. admin.ch/fileadmin/efbs-dateien/dokumentation/empfehlungen/12_

LITERATURHINWEISE UND ERLÄUTERUNGEN

Unterhaltshandbuch_BSL-2-_und_BSL-3Labors/12_Unterhaltshand
buch_BSL-2_und_BSL-3_Laboratorien.pdf (abgerufen im Oktober 2012)

51 Gesetz zur Regelung der Gentechnik § 3c: Als gentechnisches Verfahren gilt nicht die „Selbstklonierung nicht pathogener, natürlich
vorkommender Organismen, bestehend aus aa) der Entnahme von
Nukleinsäuresequenzen aus Zellen eines Organismus, bb) der Wieder-
einführung der gesamten oder eines Teils der Nukleinsäuresequenz
(oder eines synthetischen Äquivalents) in Zellen derselben Art oder in
Zellen phylogenetisch eng verwandter Arten, die genetisches Material
durch natürliche physiologische Prozesse austauschen können, und cc)
einer eventuell vorausgehenden enzymatischen oder mechanischen
Behandlung."

52 http://www.roche-diagnostics.de/diagnostics/service_beratung/info_
portal/blue_genes_molekularbiologie/Seiten/blue_genes.aspx/ (abgerufen im Oktober 2012)

53 Stellungnahme des BVL zum Blue-Gene-Koffer http://www.bvl.bund.
de/SharedDocs/Downloads/06_Gentechnik/ZKBS/01_Allgemeine_
Stellungnahmen_deutsch/01_allgemeine_Themen/Blue_Genes.pdf?__
blob=publicationFile&v=4 (abgerufen im Oktober 2012)

54 Stellungnahme der ZKBS zu neuen Techniken der Pflanzenzüchtung,
Juni 2012 (Az.: 402.45310.0104); http://www.bvl.bund.de/Shared
Docs/Downloads/06_Gentechnik/ZKBS/01_Allgemeine_Stellung
nahmen_deutsch/04_Pflanzen/Neue_Techniken_Pflanzenzuechtung.
pdf?__blob=publicationFile&v=3 (abgerufen im Oktober 2012)

55 http://www.tab-beim-bundestag.de/de/untersuchungen/u9800.html
(abgerufen im Oktober 2012)

56 http://www.opbw.org/ und http://www.sunshine-project.de/Themen/
BTWC-dokumente/btwctextdeutsch.pdf (abgerufen im Oktober 2012)

57 Security Implications of Synthetic Biology and Nanotechnology – A
Risk and Response Assessment of Advances in Biotechnology, UNICRI,
2011; http://igem.org/wiki/images/e/ec/UNICRI-synNanobio-final-
2-public.pdf (abgerufen im Oktober 2012)

58 http://bioweathermap.org/data.html (abgerufen im Oktober 2012)

59 http://diybio.org/safety/howitworks/ (abgerufen im Oktober 2012)

60 http://www.openbioprojects.net/4201.html (abgerufen im Oktober
2012)

61 http://brmlab.cz/ (abgerufen im Oktober 2012)

62 https://brmlab.cz/project/ratbox (abgerufen im Oktober 2012)

63 http://www.emptytriangle.com/archive/show/52 (abgerufen im Oktober 2012)

64 http://www.waag.org (abgerufen im Oktober 2012)

65 http://amplino.org (abgerufen im Oktober 2012), http://science.leiden
univ.nl/index.php/ibl/newsitem/september_2012_ibl_student_
wins_40.000_euro_with_amplino_project/ (abgerufen im Oktober 2012)

66 http://goodiybio.org (abgerufen im Oktober 2012)

67 http://www.madlab.org.uk (abgerufen im Oktober 2012)

68 http://www.lapaillasse.org/about/ (abgerufen im Oktober 2012)

69 http://people.csail.mit.edu/cadlerun/docs/Beal2011TASBE.pdf (abgerufen im Oktober 2012)

70 http://m.faz.net/aktuell/wissen/mensch-gene/entzifferung-im-usb-
stick-das-massenscreening-unserer-genome-wird-eingefaedelt-
11674295.html (abgerufen im Oktober 2012)

71 M. Itaya et al.: Combining two genomes in one cell: Stable cloning
of the Synechocystis PCC6803 genome in the Bacillus subtilis 168
genome. PNAS, Bd. 102, S. 15971, 2005; http://www.pnas.org/content/
102/44/15971.full.pdf (abgerufen im Oktober 2012)

72 http://www.ncbi.nlm.nih.gov/pubmed/9646162 (abgerufen im Oktober 2012)

73 Marcus Wohlsen: Biopunk. Current Books, New York 2011, S. 197

74 Zitat aus der BBC-Radiosendung „The Forum" vom 25. August 2012,
zugänglich über http://www.bbc.co.uk/podcasts/series/forum (abgerufen im Oktober 2012)

75 http://www.wired.com/magazine/2010/04/ff_hackers/ (abgerufen im
Oktober 2012)

76 Leah Lievrouw und Kathleen Carley: Changing patterns of communication among scientists in an era of "telescience". Technology in Society, Bd. 12, S. 457, 1990

77 Leah Lievrouw: Social Media and the Production of Knowledge: A Re-
turn to Little Science? Social Epistemology, Bd. 24, S. 219, 2010

78 Victoria Stodden: Open Science: Policy Implications for the Growing
Phenomenon of User-Led Scientific Innovation. Journal of Science
Communication, Bd. 9, 2010; http://jcom.sissa.it/archive/09/01/Jcom
0901%282010%29A05/Jcom0901%282010%29A05.pdf (abgerufen
am 27. August 2012)

79 http://online.wsj.com/article/SB124207326903607931.html (Artikel
im Wall Street Journal über Kay Aull, abgerufen im Oktober 2012)

80 http://www.stanford.edu/~vcs/papers/SMPRCS2010.pdf (abgerufen
im Oktober 2012)

81 Eric von Hippel: The Dominant Role of Users in the Scientific Instrument Innovation Process. Research Policy, Bd. 5, S. 212, 1976

82 Derek J. de Solla Price: Little science, big science. Columbia University Press, New York 1963

83 Robert K. Merton: The Normative Structure of Science (1942), in: ders. und Norman W. Storer: The Sociology of Science, Theoretical and Empirical Investigations. The University of Chicago Press, Chicago 1973, S. 267 – 280

REGISTER